网络空间安全学科系列教材

密码学引论

（微课版）

唐明 王张宜 王后珍 冯琦 何琨 张焕国 编著

清華大學出版社
北京

内容简介

本书具有以下3个特色。

第一个特色是：本书重点讲述中国商用密码算法(SM2、SM3、SM4、ZUC)、我国的密码法和我国的商用密码标准，同时坚持中国商用密码与国际著名密码相结合，反映国际密码先进技术，介绍美国的AES、SHA-3、RSA和ElGamal密码。

第二个特色是：本书重点讲述中国密码、中国政府重视信息安全、华为技术创新、我国在革命战争时期的密码奇功等内容，有利于提高青年读者热爱祖国、报效祖国、忠于祖国的思想情操。

第三个特色是：面向普通高等学校的教学，从理论和实践相结合的角度讲述密码学的基本理论、基本技术和基本应用，符合《高等学校信息安全专业指导性专业规范》(第2版)的要求。内容简明扼要，通俗易懂，生动有趣。

本书适合用作网络空间安全学科各专业密码学课程的教材，也适合用作计算机科学与技术、信息与通信工程、电子信息等学科的相关专业的教材，还适合用作电子和信息领域科技人员的技术参考书。

图书在版编目(CIP)数据

密码学引论：微课版/唐明等编著. -- 北京：清华大学出版社，2025.5.
(网络空间安全学科系列教材). -- ISBN 978-7-302-68971-3

Ⅰ. TN918.1

中国国家版本馆CIP数据核字第20255J74P7号

责任编辑：张　民　常建丽
封面设计：刘　键
责任校对：王勤勤
责任印制：宋　林

出版发行：清华大学出版社
网　　址：https://www.tup.com.cn，https://www.wqxuetang.com
地　　址：北京清华大学学研大厦A座　　**邮　　编**：100084
社 总 机：010-83470000　　**邮　　购**：010-62786544
投稿与读者服务：010-62776969，c-service@tup.tsinghua.edu.cn
质量反馈：010-62772015，zhiliang@tup.tsinghua.edu.cn
课件下载：https://www.tup.com.cn，010-83470236
印 装 者：三河市铭诚印务有限公司
经　　销：全国新华书店
开　　本：185mm×260mm　　**印　　张**：14.5　　**字　　数**：332千字
版　　次：2025年5月第1版　　**印　　次**：2025年5月第1次印刷
定　　价：49.00元

产品编号：109679-01

网络空间安全学科系列教材

编委会

出版说明

21 世纪是信息时代，信息已成为社会发展的重要战略资源，社会的信息化已成为当今世界发展的潮流和核心，而信息安全在信息社会中将扮演极为重要的角色，它会直接关系到国家安全、企业经营和人们的日常生活。随着信息安全产业的快速发展，全球对信息安全人才的需求量不断增加，但我国目前信息安全人才极度匮乏，远远不能满足金融、商业、公安、军事和政府等部门的需求。要解决供需矛盾，必须加快信息安全人才的培养，以满足社会对信息安全人才的需求。为此，教育部继 2001 年批准在武汉大学开设信息安全本科专业之后，又批准了多所高等院校设立信息安全本科专业，而且许多高校和科研院所已设立了信息安全方向的具有硕士和博士学位授予权的学科点。

信息安全是计算机、通信、物理、数学等领域的交叉学科，对于这一新兴学科的培养模式和课程设置，各高校普遍缺乏经验，因此中国计算机学会教育专业委员会和清华大学出版社联合主办了“信息安全专业教育教学研讨会”等一系列研讨活动，并成立了“高等院校信息安全专业系列教材”编委会，由我国信息安全领域著名专家肖国镇教授担任编委会主任，指导“高等院校信息安全专业系列教材”的编写工作。编委会本着研究先行的指导原则，认真研讨国内外高等院校信息安全专业的教学体系和课程设置，进行了大量具有前瞻性的研究工作，而且这种研究工作将随着我国信息安全专业的发展不断深入。系列教材的作者都是既在本专业领域有深厚的学术造诣，又在教学第一线有丰富的教学经验的学者、专家。

该系列教材是我国第一套专门针对信息安全专业的教材，其特点是：

① 体系完整、结构合理、内容先进。

② 适应面广。能够满足信息安全、计算机、通信工程等相关专业对信息安全领域课程的教材要求。

③ 立体配套。除主教材外，还配有多媒体电子教案、习题与实验指导等。

④ 版本更新及时，紧跟科学技术的新发展。

在全力做好本版教材，满足学生用书的基础上，还经由专家的推荐和审定，遴选了一批国外信息安全领域优秀的教材加入系列教材中，以进一步满足大家对外版书的需求。“高等院校信息安全专业系列教材”已于 2006 年年初正式列入普通高等教育“十一五”国家级教材规划。

2007年6月,教育部高等学校信息安全类专业教学指导委员会成立大会暨第一次会议在北京胜利召开。本次会议由教育部高等学校信息安全类专业教学指导委员会主任单位北京工业大学和北京电子科技学院主办,清华大学出版社协办。教育部高等学校信息安全类专业教学指导委员会的成立对我国信息安全专业的发展起到重要的指导和推动作用。2006年,教育部给武汉大学下达了“信息安全专业指导性专业规范研制”的教学科研项目。2007年起,该项目由教育部高等学校信息安全类专业教学指导委员会组织实施。在高教司和教指委的指导下,项目组团结一致,努力工作,克服困难,历时5年,制定出我国第一个信息安全专业指导性专业规范,于2012年年底通过经教育部高等教育司理工科教育处授权组织的专家组评审,并且已经得到武汉大学等许多高校的实际使用。2013年,新一届教育部高等学校信息安全专业教学指导委员会成立。经组织审查和研究决定,2014年,以教育部高等学校信息安全专业教学指导委员会的名义正式发布《高等学校信息安全专业指导性专业规范》(由清华大学出版社正式出版)。

2015年6月,国务院学位委员会、教育部出台增设“网络空间安全”为一级学科的决定,将高校培养网络空间安全人才提到新的高度。2016年6月,中央网络安全和信息化领导小组办公室(下文简称“中央网信办”)、国家发展和改革委员会、教育部、科学技术部、工业和信息化部及人力资源和社会保障部六大部门联合发布《关于加强网络安全学科建设和人才培养的意见》(中网办发文〔2016〕4号)。2019年6月,教育部高等学校网络空间安全专业教学指导委员会召开成立大会。为贯彻落实《关于加强网络安全学科建设和人才培养的意见》,进一步深化高等教育教学改革,促进网络安全学科专业建设和人才培养,促进网络空间安全相关核心课程和教材建设,在教育部高等学校网络空间安全专业教学指导委员会和中央网信办组织的“网络空间安全教材体系建设研究”课题组的指导下,启动了“网络空间安全学科系列教材”的工作,由教育部高等学校网络空间安全专业教学指导委员会秘书长封化民教授担任编委会主任。本丛书基于“高等院校信息安全专业系列教材”坚实的工作基础和成果、阵容强大的编委会和优秀的作者队伍,目前已有多部图书获得中央网信办和教育部指导评选的“网络安全优秀教材奖”,以及“普通高等教育本科国家级规划教材”“普通高等教育精品教材”“中国大学出版社图书奖”等多个奖项。

“网络空间安全学科系列教材”将根据《高等学校信息安全专业指导性专业规范》(及后续版本)和相关教材建设课题组的研究成果不断更新和扩展,进一步体现科学性、系统性和新颖性,及时反映教学改革和课程建设的新成果,并随着我国网络空间安全学科的发展不断完善,力争为我国网络空间安全相关学科专业的本科和研究生教材建设、学术出版与人才培养做出更大的贡献。

我们的E-mail地址是zhangm@tup.tsinghua.edu.cn,联系人:张民。

“网络空间安全学科系列教材”编委会

前言

人类社会在经历了机械化、电气化之后,进入一个崭新的信息化时代。

在信息化时代,电子信息产业成为世界第一大产业。信息就像水、电、石油一样,与所有行业和所有人都相关,成为一种基础资源。信息和信息技术改变了人们的生活和工作方式。离开计算机、网络、电视和手机等电子信息设备,人们将无法正常生活和工作。因此可以说,在信息时代,人们生存在物理世界、人类社会和网络空间组成的三元世界中。

当前的形势是:一方面,信息技术与产业空前繁荣;另一方面,危害信息安全的事件不断发生。敌对势力的破坏、网络战、信息战、黑客攻击、病毒入侵、利用计算机犯罪、网络上不良内容泛滥、隐私泄露等事件,对信息安全构成了极大威胁,信息安全的形势是严峻的。

对于我国来说,信息安全形势的严峻性不仅在于上面这些威胁,还在于我国在信息核心技术方面的差距。由于我国在核心信息技术方面与国外发达国家相比存在差距,我国不得不在关键芯片,高档仪器,操作系统、数据库等基础软件和EDA等关键应用软件方面大量使用国外产品。近年来,美国对部分中国科技企业实施了出口管制措施,这就使我国的信息安全和国家安全形势更加复杂严峻。

信息安全事关国家安全,事关社会稳定,事关经济发展,必须采取措施确保我国的信息安全。

我国政府高度重视信息安全和国家安全,为确保我国信息安全和国家安全制定了正确的方针路线。我国人民在党中央和习主席的领导下,团结一致、拼搏创新,有志气、有能力确保我国的信息安全和国家安全。

发展我国信息技术与产业、确保我国信息安全和国家安全、把我国建成网络信息强国,人才是关键。人才培养,教育是基础。

2001年,武汉大学创建了我国第一个信息安全本科专业。2015年,我国建立了网络空间安全一级学科。目前,全国设立信息安全本科专业的高等院校已超过100所,设立网络空间安全专业和密码科学与技术等专业的高等院校也很多。

在军事上,密码是决定战争胜负的重要因素之一。有些军事评论家认为,盟军在破译密码方面的成功,使第二次世界大战提前十年结束。同样,在我国革命战争时期,我党我军在密码斗争方面的成功,为我国革命战争取得胜利发挥了巨大作用。

密码学理论是网络空间安全学科的理论基础之一,密码技术是网络空间安全的关键技术和共性技术。因此,为了培养大批网络空间安全优秀人才,必须提供适用的密码学教材。

本书具有以下3个特色。

第一个特色是:本书重点讲述中国商用密码算法(SM2、SM3、SM4、ZUC)、我国的密码法和我国的商用密码标准,同时坚持中国商用密码与国际著名密码相结合,反映国际密码先进技术,介绍美国的AES、SHA-3、RSA和ElGamal密码。

第二个特色是:本书中重点讲述中国密码、我国政府重视信息安全、华为技术创新、我国在革命战争时期的密码奇功等内容,有利于提高青年读者热爱祖国、报效祖国、忠于祖国的思想情操。

第三个特色是:面向普通高等学校的教学,从理论和实践相结合的角度讲述密码学的基本理论、基本技术和基本应用,符合《高等学校信息安全专业指导性专业规范》(第2版)的要求。内容简明扼要,通俗易懂,生动有趣。

本书共11章。第1章为密码学概论,第2章介绍分组密码,第3章介绍序列密码,第4章介绍密码学Hash函数,第5章介绍公钥密码,第6章介绍数字签名,第7章介绍密码分析(选修),第8章介绍密钥管理,第9章介绍密码协议,第10章介绍认证,第11章介绍密码学发展与应用中的几个问题(选修),每章后面都给出一定数量的习题与实验研究。

本书第1章和第11章由张焕国编写,第2章由唐明编写,第3~4章由王张宜编写,第5~6章由王后珍编写,第7章由唐明、王张宜编写,第8~9章由冯琦、何琨编写,第10章由何琨编写。唐明和张焕国对全书进行了统稿。

本书是编者在武汉大学国家网络安全学院长期从事信息安全教学和科研的基础上写成的。其研究工作得到国家自然科学基金、国家973计划、国家863计划、国家重点研发计划等项目的资助,在此表示诚恳的感谢!

本书在筹备和编写过程中,得到了国家重点研发计划项目(编号:2022YFB3103800)的支持。

在本书的写作过程中,编者参考引用了大量的参考文献,编者向这些文献的作者表示诚挚的谢意。

因编者学术水平所限,书中难免有不妥和错误之处,恳请读者理解和批评指正。

全体编者于武汉大学

2024年10月

目 录

第1章 密码学概论

本章主要介绍与信息安全和密码学相关的一些基本观点、基本概念和基本知识。本章的内容是基本的,但是对于从事信息安全和密码领域工作的读者来说,具有重要的指导意义。

1.1 信息安全是信息时代永恒的需求

人类社会在经历了机械化、电气化后,进入一个崭新的信息化时代。

在信息化时代,电子信息产业成为世界第一大产业。信息就像水、电、石油一样,与所有行业和所有人都相关,成为一种基础资源。信息和信息技术改变着人们的生活和工作方式。离开计算机、网络、电视和手机等电子信息设备,人们将无法正常生活和工作。因此可以说,在信息时代人们生存在物理世界、人类社会和网络空间(Cyberspace)组成的三元世界中。

当前的形势是:一方面,信息技术与产业空前繁荣;另一方面,危害信息安全的事件不断发生。敌对势力的破坏、网络战、信息战、黑客攻击、病毒入侵、利用计算机犯罪、网络上有害内容泛滥、公民隐私泄露等事件,对信息安全构成了极大威胁,信息安全的形势是严峻的。

此外,量子计算机技术已经取得长足发展。由于量子计算机具有并行性,如果量子计算机的规模进一步扩大,则许多现有公钥密码(RSA、ElGamal、ECC 等)将不再安全。理论分析表明,1448 量子位的量子计算机可以攻破 256 位的 ECC 密码,2048 量子位的量子计算机可以攻破 1024 位的 RSA 密码。到量子计算时代,我们仍然需要确保信息安全,仍然需要使用密码。但是,我们使用什么密码?这是摆在我们面前的重大战略问题。

最近人工智能技术取得突破性进展,例如,AlphaGo,GPT-4,Chat-GPT 等成果给人们展示了空前的成功和诱人的前景,在全世界掀起一场人工智能热潮。人工智能是一种先进的技术,但是,任何技术都是一把双刃剑。一方面,利用人工智能可以确保信息安全。例如,人脸识别技术可以在访问控制中提高身份识别的精准度和效率。另一方面,已经有人利用人工智能换脸术,伪造视频,进行诈骗。我们应当利用法律、管理、教育、技术等措施,让人工智能技术为确保信息安全发挥更大的作用,禁止利用人工智能破坏信息安全和社会安定。

综上所述,无论信息技术和产业如何发展,信息安全始终是一个重要的问题。因此,我们可以说,信息安全是信息时代永恒的需求!

在信息时代,人们生存在物理世界、人类社会和网络空间组成的三元世界中,然而,什么是网络空间呢?如何确保网络空间信息安全?信息论是信息科学的理论基础。下面根据信息论的基本观点阐述这些问题。

2008 年,美国第 54 号总统令对网络空间进行了定义:网络空间是信息环境中的一个整体域,它由独立且互相依存的信息基础设施和网络组成,包括互联网、电信网、计算机系统、嵌入式处理器和控制器系统。

我们认为,以上定义总体是合理的,但列出许多具体的系统和网络比较烦琐。而且,随着信息技术的发展,还会出现新的系统和网络,又需要对定义进行修改和调整。显然,这是不必要的。

我们给出自己的定义:**网络空间是信息时代人们赖以生存的信息环境,是所有信息系统的集合。**

人身安全是大家最关心的事情,也是大家最熟悉的安全问题。人身安全是人对其生存环境的基本要求,即要确保人身免受其生存环境的危害。因此,哪里有人,哪里就存在人身安全问题,人身安全是人的影子。同样,信息安全是信息对其生存环境的基本要求,即要确保信息免受其生存环境的危害。因此,哪里有信息,哪里就存在信息安全问题,信息安全是信息的影子。

因为网络空间既是人的生存环境,也是信息的生存环境,因此网络空间安全是人和信息对网络空间的基本要求。又因为网络空间是所有信息系统的集合,是复杂的巨系统,所以网络空间的信息安全问题更加复杂严重。

根据信息论的基本观点,系统是载体,信息是内涵。因此,**网络空间安全的核心内涵仍然是信息安全,没有信息安全就没有网络空间安全。**

信息论的基本观点还告诉我们:信息只有存储、传输和处理 3 种状态。据此,要确保信息安全,就必须确保信息在存储、传输和处理 3 种状态下安全。

由此,我们给出网络空间安全学科的定义:**网络空间安全学科是研究信息存储、信息传输和信息处理中的信息安全保障问题的一门新兴学科。**

2015 年,我国建立了网络空间安全一级学科,网络空间安全人才培养进入快车道。

根据信息论的基本观点:"系统是载体,信息是内涵,信息不能脱离系统而孤立存在。"我们不能脱离信息系统而孤立地看待和处理信息安全问题。这是因为,如果信息系统的安全受到危害,则必然危害到存在于信息系统中的信息的安全。因此,我们应当从信息系统安全的角度全面看待和处理信息安全问题。

信息系统安全主要包括设备安全、数据安全、行为安全和内容安全。

(1) 设备安全:信息系统设备(硬设备和软设备)的安全是信息系统安全的首要问题。这里包括 3 方面。

① 设备的稳定性:设备在一定时间内不出故障的概率。

② 设备的可靠性:设备能在一定时间内正确执行任务的概率。

③ 设备的可用性:设备随时可以正确使用的概率。

信息系统的设备安全是信息系统安全的物质基础。对信息设备的任何损坏都将危害信息系统的安全。我国信息安全行业中的一句行话:“信息系统设备稳定可靠地工作是第一位的安全”,用通俗的语言精辟地说明了信息系统设备安全的基础作用。

(2) 数据安全:采取措施确保数据免受未授权的泄露、篡改和毁坏。

① 数据的保密性:数据不被未授权者知晓的属性。

② 数据的完整性:数据是真实的、未被篡改的、完整无缺的属性。

③ 数据的可用性:数据可以随时正常使用的属性。

仅有信息系统的设备安全是远远不够的。即使计算机系统的设备没有受到损坏,其数据安全也可能已经受到危害,如机密数据可能泄露,数据可能被篡改。由于危害数据安全的行为在很多情况下并不留下明显痕迹,因此常常在数据安全已经受到危害的情况下,用户也不一定能发现。所以,必须在确保信息系统设备安全的基础之上进一步确保数据安全。

(3) 行为安全:信息系统的硬件动作和软件执行轨迹构成了系统的行为。行为安全从主体行为的过程和结果考察是否能确保信息安全。从行为安全的角度分析和确保信息安全,符合哲学上实践是检验真理唯一标准的基本原理。

① 行为的保密性:行为的过程和结果不能危害数据的保密性,必要时行为的过程和结果也应是保密的。

② 行为的完整性:行为的过程和结果不能危害数据的完整性,行为的过程和结果是预期的。

③ 行为的可控性:当行为的过程偏离预期时,能发现、控制或纠正。

信息系统的服务功能,最终是通过系统的行为提供给用户的。因此,只有确保信息系统的行为安全,最终才能确保系统的信息安全。

(4) 内容安全:是信息安全在政治、法律、道德层次上的要求,是语义层次的安全。内容安全要求:

① 信息内容在政治上是健康的;

② 信息内容符合国家法律法规;

③ 信息内容符合中华民族优良的道德规范。

我们要求数据表达的内容是健康的、合法的、道德的。如果数据内容充斥着不健康的、违法的、违背道德的内容,就会危害国家安全、危害社会安定、危害精神文明。

信息系统安全的4方面,并不处在同一个层次上。其中,设备安全、数据安全和行为安全属于系统层次的安全,内容安全属于语义层次的安全。它们共同构成信息系统安全。

根据上面的分析,信息系统安全包含系统层次的安全和语义层次的安全。因此,要确保信息安全,就必须同时确保系统和语义两个层次的安全,即要同时确保信息在存储、传输和处理3种状态下的系统和语义两个层次的安全。图1-1给出了信息系统安全的层次结构。

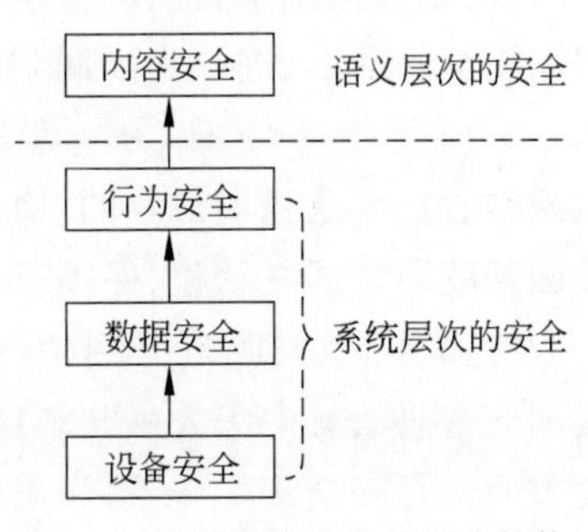

图1-1　信息系统安全的层次结构

就确保系统层次安全的技术措施而言,**信息系统的硬件系统安全和操作系统安全是信息系统安全的基础,密码和网络安全等技术是信息系统安全的关键技术。**

对于任何信息系统来说,硬件是最底层,硬件之上是软件。操作系统是软件的最底层,而且是系统资源的管理者。因此,硬件和操作系统是信息系统的基础。如果作为信息系统基础的硬件和操作系统是不安全的,则整个信息系统的安全将无法确保。由此可知,信息系统的硬件安全和操作系统安全是信息系统安全的基础。密码和网络安全等技术是信息系统安全的关键技术。这是因为,对于数据安全,密码是确保数据保密性和完整性最有效的技术。密码具有坚实的数学基础,上升到科学层次。网络化是近代信息系统最主要的特征之一,网络安全问题成为信息安全领域中最突出的问题。习主席说:**"没有网络安全就没有国家安全"**。可见网络安全问题的严重性和重要性。密码技术可以在网络安全领域发挥重要作用,但是许多网络安全问题仅靠密码技术是不能解决的。网络安全问题具有综合性的特点,涉及协议安全、软件安全和硬件安全等许多方面。目前多数网络安全措施仍属于技术范畴,还没有上升到科学层次。

编者经常用一句通俗易懂的话说明密码与网络安全技术的关系:"密码和杀病毒软件都重要,两者谁也不能代替谁。再好的密码也不能杀病毒,再好的杀病毒软件也不能当密码用。"这句话受到学生的欢迎。

1.2 信息安全和国家安全

我国政府高度重视信息安全,为确保我国信息安全和国家安全制定了正确的方针路线。我国人民在党中央和习主席的领导下,团结一致、拼搏创新,有志气、有能力确保我国的信息安全和国家安全。

1.2.1 我国政府高度重视信息安全

2014年4月15日,习主席在中央国家安全委员会第一次会议上发表重要讲话,提出贯彻落实总体国家安全观,构建集政治安全、国土安全、军事安全、经济安全、文化安全、社会安全、科技安全、信息安全、生态安全、资源安全、核安全等于一体的国家安全体系。

2014年4月19日,习主席在中央网络安全和信息化领导小组第一次会议上指出:**"没有网络安全就没有国家安全,没有信息化就没有现代化。"**这一论断把网络安全提升到国家安全的高度,进一步强调了网络安全的重要性。

2016年4月19日,习主席又一次指出我国必须加强网络核心技术的创新与发展:**互联网核心技术是我们最大的"命门",核心技术受制于人是我们最大的隐患。我们要掌握我国互联网发展主动权,保障互联网安全、国家安全,就必须突破核心技术这个难题。**

2016年,我国颁布了《中华人民共和国网络安全法》。后来,又陆续颁布了《中华人民共和国密码法》《中华人民共和国数据安全法》和《中华人民共和国个人信息保护法》,形成完整的信息安全法律体系,为确保我国信息安全奠定了法律基础。

2018年3月21日,中央决定:中央网络安全和信息化领导小组改组为中央网络安全和信息化委员会，负责相关领域重大工作的顶层设计、总体布局、统筹协调、整体推进、监督落实。这一变动表明其指导网络安全和信息化的职能进一步加强。

2001年，武汉大学创建了我国第一个信息安全专业。2015年，我国建立了网络空间安全一级学科。国内许多大学都建立了信息安全、网络空间安全、密码科学与技术等专业，为我国培养了大批高质量的信息安全人才。

2022年，习主席在二十大报告中再次强调：**国家安全是民族复兴的根基，社会稳定是国家强盛的前提。必须坚定不移贯彻总体国家安全观，把维护国家安全贯穿党和国家工作各方面全过程，确保国家安全和社会稳定。**

党中央和习主席是全国人民的领导核心，党中央和习主席已经给我们制定了正确的方针政策。在党中央和习主席的正确领导下，中国人民一定能够确保我国的信息安全和国家安全。

1.2.2　中国人民有志气、有能力确保信息安全和国家安全

自改革开放以来，我国的经济与科学技术都有了突飞猛进的发展，经济总量居世界第二，科学技术也居世界前列。最近几年，我国入围世界500强的企业数持续超过美国，蝉联世界第一。世界排名前十的互联网企业我国占四家。多数电子信息产品的产量和拥有量，我国都居世界第一。

但是，当前信息安全的形势是严峻的。敌对势力的破坏、网络战、信息战、黑客攻击、病毒入侵、利用计算机犯罪、网络上有害内容泛滥、公民隐私泄露等事件，对信息安全构成了极大威胁。对于我国来说，信息安全形势的严峻性，不仅在于上面这些威胁，还在于我国在信息核心技术方面的差距。由于我国在核心信息技术方面与国外发达国家相比存在差距，因此我国不得不在关键芯片，高档仪器，操作系统、数据库等基础软件和EDA等关键应用软件方面大量使用国外产品。最近几年，我国的信息安全和国家安全形势更加复杂严峻。

面对严峻的形势，中国人民应当怎么办呢？答案只有一个，英勇斗争，发愤图强，取得胜利。

中华人民共和国成立至今，我国已经经历了几次国外敌对势力的打压，甚至可以说，我国就是在不断地战胜国外敌对势力的打压中发展壮大起来的。

毛泽东主席早在1935年，中国革命力量还很弱的时候就自信地指出：**中华民族有同自己的敌人血战到底的气概，有在自力更生的基础上光复旧物的决心，有自立于世界民族之林的能力。**

中华民族是一个伟大的民族，5000多年的文明历史光照世界。中国人民清醒地知道，落后就要挨打。因此，中国必须强大，民族必须复兴！习主席领导全国人民走上国家富强与民族复兴之路。中国的国家富强和民族复兴是中国人民的共同心愿，这是任何外部势力所不能阻挡的！

中华人民共和国成立后，美国等西方国家对我国进行经济封锁、政治围堵，给我国的发展造成很大的困难。中国人民不畏强暴，英勇斗争，发愤图强，很快就取得了经济发展、军事力量壮大、原子弹和氢弹爆炸、火箭和卫星上天、法国与我国建交、恢复我国在联合国

的合法地位等一个又一个的胜利,彻底粉碎了美国等西方国家对我国的封锁和围堵。

习主席指出:核心技术受制于人是我们最大的隐患。我国要尽快在核心技术上取得突破。要有决心、恒心、重心,树立顽强拼搏、刻苦攻关的志气,坚定不移实施创新驱动发展战略,抓住基础技术、通用技术、非对称技术、前沿技术、颠覆性技术。我国网信领域广大企业家、专家学者、科技人员要树立这个雄心壮志。

华为公司是我国著名的科技企业,在通信、5G、信息技术、集成电路设计等领域具有世界领先的优势。但是,我国在集成电路芯片制造领域却存在短板。美国不断收紧对华芯片出口管制措施,使华为的高端芯片和高端手机无法生产使用。

然而,华为公司却不低头、不妥协。经过顽强拼搏、刻苦攻关,只用了一年多的时间,华为公司自己就掌握了高端芯片的制造技术,并于2023年9月推出麒麟9000S高端芯片和高端手机Mate 60 Pro,由于技术先进,功能齐全,质量好,受到广大用户的欢迎。2024年一季度,华为手机的销量重回国内第一。

美国不但在芯片方面对华为公司实施出口管制措施,而且还在EDA软件、操作系统等软件方面对华为公司实施出口管制措施。对此,华为公司同样进行刻苦攻关、顽强拼搏,在软件方面也取得了杰出的成果。

① 联合国内EDA企业,共同研制出14nm以上工艺所需EDA软件系统,实现了14nm以上EDA工具的国产化。

② 推出了旨在万物互联的鸿蒙操作系统(HarmonyOS)。目前,搭载华为鸿蒙操作系统的生态设备数已经突破7亿,开发者突破220万。鸿蒙操作系统的市场占有率超过美国苹果的iOS,打破了外国操作系统安卓和iOS独霸中国市场的局面。

③ 推出了面向数字基础设施的欧拉操作系统(openEuler)。欧拉操作系统支持服务器、云计算、边缘计算等应用。目前,欧拉操作系统装机量超过300万套,国内服务器操作系统市场占有率已超过36.5%。

综上,华为的事实说明中国人民有志气、有能力确保我国的信息安全和国家安全!

密码技术是确保信息安全的关键技术。本书主要讲授密码学的基本理论、基本技术和基本应用。今天我们学习密码学,就要遵循习主席的指示,要掌握密码核心技术,为确保我国信息安全和国家安全做出自己的贡献!

1.3 密码技术是信息安全的关键技术

密码技术是一门古老的技术,大概自人类社会出现战争便产生了**密码(Cipher)**。由于密码长期以来仅用于政治、军事、外交、公安等部门,其研究本身也只限于秘密进行,所以密码被蒙上了神秘的面纱。在军事上,密码成为决定战争胜负的重要因素之一。有些军事评论家认为,盟军在破译密码方面的成功,使第二次世界大战提前十年结束。在我国革命战争时期,我党我军在密码斗争方面的成功,为我国革命战争取得胜利发挥了巨大作用。

密码技术的基本思想是对数据进行编码,以确保数据的保密和保真,即确保数据的保密性和完整性(真实性)。

所谓编码,就是对数据进行一组可逆的数学变换。编码前的数据称为**明文**(Plaintext),编码后的数据称为**密文**(Ciphertext)。编码的过程称为**加密**(Encryption),去掉编码恢复明文的过程称为**解密**(Decryption)。加解密要在**密钥**(Key)的控制下进行。将数据以密文的形式存储在计算机中或送入网络信道中传输,而且只给合法用户分配密钥。这样,即使密文被非法窃取,因为未授权者没有密钥而不能得到明文,因此未授权者不能理解它的真实含义,从而达到确保数据保密性的目的。同样,因为未授权者没有密钥,也不能伪造出合理的明密文,因而篡改数据必然被发现,从而达到确保数据完整性(真实性)的目的。

除此之外,对于保真还有其他重要技术,如密码学 Hash 函数和数字签名等技术。其中,密码学 Hash 函数在第 4 章讲述,数字签名在第 6 章讲述。

由此可见,密码技术对确保数据安全性具有特别重要和有效的作用。

密码的发展经历了由简单到复杂,由古典到近代的发展历程。在密码发展的过程中,科学技术的发展和战争的刺激都起了巨大的推动作用。

1946 年,电子计算机一出现便用于密码破译,使密码技术进入电子时代。

1949 年. 香农(Shannon)发表了题为《保密系统的通信理论》的著名论文,对信息源、密钥、加密和密码分析进行了数学分析,把密码置于坚实的数学基础之上,标志着密码学作为一门独立的学科的形成。

然而,对于传统密码,通信的双方必须预约使用相同的密钥,而密钥的分配只能通过其他安全途径,如派遣专门信使等。在计算机网络中,设共有 n 个用户,任意两个用户都要进行保密通信,故需要$\frac{n(n-1)}{2}$种不同的密钥,当 n 较大时,这个数字很大。另外,为了安全,要求密钥经常更换。如此大量的密钥要经常产生、分配和更换,其困难性和危险性是可想而知的。而且有时甚至不可能事先预约密钥,如企业间想通过通信网络洽谈生意而又要保守商业秘密,在许多情况下不可能事先预约密钥。因此,传统密码在密钥分配上的困难成为它在计算机网络环境中应用的主要障碍。

1976 年,W. Diffie 和 M. E. Hellman 提出公开密钥密码的概念,从此开创了一个密码新时代。公开密钥密码从根本上克服了传统密码在密钥分配上的困难,特别适合计算机网络应用,而且实现数字签名容易,因而特别受到重视。目前,公开密钥密码已经得到广泛应用,在计算机网络中将公开密钥密码和传统密码相结合已经成为网络中应用密码的主要形式。国际上公认比较安全的公开密钥密码有基于大整数因子分解困难性的 RSA 密码、基于有限域上离散对数问题困难性的 ElGamal 密码和基于椭圆曲线离散对数问题困难性的椭圆曲线密码(ECC)等。

1977 年,美国颁布了数据加密标准(Data Encryption Standard,DES),这是密码史上的一个创举。DES 开创了向世人公开加密算法的先例。它设计精巧、安全、方便,是近代密码成功的典范。它成为商用密码的国际标准,为确保信息安全做出了重大贡献。DES 的设计充分体现了香农信息保密理论所阐述的设计密码的思想,标志着密码的设计与分析达到了新的水平。1998 年年底,美国政府宣布不再支持 DES,DES 完成了它的历史使命。

早在1984年年底,美国总统里根就下令美国国家安全局(NSA)研制一种新密码,准备取代DES。经过近十年的研制和试用,1994年美国颁布了密钥托管加密标准(Escrowed Encryption Standard,EES)。EES的密码算法被设计成允许法律监听的保密方式,即如果法律部门不批准监听,则加密对于其他人来说是计算上不可破译的,但是经法律部门允许可以解密进行监听。如此设计的目的在于既要保护正常的商业通信秘密,又要在法律部门允许的条件下可解密监听,以阻止不法分子利用保密通信进行犯罪活动。而且EES只提供密码芯片不公开密码算法。EES的设计和应用,标志着美国商用密码政策发生了改变,由公开征集转向秘密设计,由算法公开转向算法保密。和DES一样,EES也在美国社会引起激烈的争论。商业界和学术界对不公布算法只承诺安全的做法表示不信任,强烈要求公开密码算法并取消其中的法律监督。迫于社会的压力,美国政府曾邀请少数密码专家介绍算法,企图通过专家影响民众,然而收效不大。科学技术的力量是伟大的,1995年美国贝尔实验室的年青博士M.Blaser攻击EES的法律监督字段,伪造ID获得成功,宣告了EES密码的失败。

1994年,美国颁布了数字签名标准(Digital Signature Standard,DSS),这是密码史上的第一次。数字签名就是数字形式的签名盖章。它是确保数据真实性的一种重要措施。没有数字签名,诸如电子政务、电子商务、电子金融等系统是不能实用的。鉴于数字签名的重要性,国际标准化组织已将DSS颁布为数字签名国际标准。1995年,美国犹他州颁布了《数字签名法》,从此数字签名有了法律依据。2004年,我国颁布了《中华人民共和国电子签名法》,我国成为世界上少数几个颁布数字签名法的国家。

EES密码的失败,迫使美国政府于1997年重新公开征集新的高级加密标准(Advanced Encryption Standard,AES),以取代1998年年底停止的DES。经过三轮筛选,2000年10月2日,美国政府正式宣布选中比利时密码学家Joan Daemen和Vincent Rijmen提出的一种密码算法Rijndael作为AES。2001年11月26日,美国政府正式颁布AES为美国国家标准(FIST PUBS 197)。这是密码史上的又一个重要事件,至今已有许多国际标准化组织采纳AES作为国际标准。

在美国之后,欧洲启动了NESSIE(New European Schemes for Signatures,Integrity,and Encryption)计划和ECRYPT (European Network of Excellence for Cryptology)计划。这些计划的实施为欧洲制定了一系列的密码算法,其中包括分组密码、序列密码、公开密钥密码、MAC算法和Hash函数、数字签名算法和识别方案,极大地促进了欧洲,乃至全世界的密码研究和应用。

1999年,编者受自然界生物进化的启发,将密码学与演化计算结合起来,提出了演化密码的概念和利用演化密码的思想实现密码设计和密码分析自动化的方法。在国家自然科学基金项目的长期支持下,编者的研究小组在演化密码体制、演化分组密码安全性分析、演化DES密码、演化密码芯片、密码函数的演化设计和分析、密码部件的设计自动化等方面取得了实际的成功。在椭圆曲线公钥密码方面,演化产生出大量安全椭圆曲线,一方面验证了美国国家标准与技术研究院(National Institute of Standards and Technology,NIST)推荐的曲线,另一方面产生出NIST推荐之外的许多新安全曲线,为应用提供了方便。2019年,文献[26,27]把演化密码扩展到量子计算领域,采用量子模拟退火算法进行大整数因子分解，多次刷新了利用量子计算机分解大整数的世界纪录。今天，演化密码已经走向实际应用，为确保我国信息安全做出了实际贡献。

智能化是信息系统的发展方向，和许多其他信息系统一样，密码系统也将朝着智能化的方向发展，最终成为智能密码系统。实践表明，演化密码是人工智能与密码结合的产物，是实现密码系统智能化的一种有效途径。

从 2006 年开始，我国政府陆续公布了 SM4、SM2、SM3、SM9、ZUC 等商用密码算法。2015 年，国际标准化组织/国际电工委员会(ISO/IEC)接受可信计算组织(TCG)的可信平台模块 TPM2.0 为国际标准。TPM2.0 支持采用我国的商用密码 SM2、SM3、SM4，这是我国商用密码第一次成体系地被采纳为国际标准。后来，SM9、ZUC 也被 ISO/IEC 接受为国际标准。

这些都是中国密码史上的重要事件，标志着我国密码事业的发展和密码科学与技术的繁荣。

了解到我国学者在分析美国 SHA 系列 Hash 函数方面的成功进展后，2007 年美国 NIST 开始公开征集 Hash 函数新标准 SHA-3，经过三轮评选，于 2012 年 10 月 2 日，NIST 公布了最终的胜出者 Keccak 算法。Keccak 算法成为美国的新 Hash 函数标准 SHA-3。Keccak 算法是由比利时和意大利的密码专家组成的团队联合设计的。

量子计算机技术已经取得了重要的进展。由于量子计算具有并行性，因此量子计算机具有超强的计算能力。一些在电子计算机环境下计算困难的问题，在量子计算机环境下却容易计算，这就使得基于计算复杂性的现有公钥密码的安全受到挑战。

目前，针对密码破译的量子计算算法主要有两种：第一种攻击算法是 Grover 在 1996 年提出的一种通用数据库搜索算法，其计算复杂度为 $O(2^{n/2})$。用穷举攻击一个密码，本质上就是在一个庞大的明文数据库中搜索到一个正确的明文。计算复杂度为 $O(2^{n/2})$ 说明，把 Grover 算法用于密码攻击，相当于把密码的密钥长度减少一半，这就对现有密码构成了一定的威胁，但是并没有构成本质的威胁，因为只要把密钥加长一倍，就可以抵抗这种攻击。第二种攻击算法是 1997 年 Shor 提出的在量子计算机上求解整数因子分解和求解离散对数问题的多项式时间算法。Shor 算法是多项式时间算法，对密码的威胁是本质的。根据理论分析，利用 1448 量子位的量子计算机可以求解 256 位的椭圆曲线离散对数，因此也就可以破译 256 位的椭圆曲线密码。利用 2048 量子位的量子计算机可以分解 1024 位的大合数，因此就可以破译 1024 位的 RSA 密码。

对于我国来说，问题的紧迫性还在于，我国的居民二代身份证和许多商业应用，正在使用 256 位的椭圆曲线密码，而且许多国际电子商务系统正在使用 1024 位的 RSA 密码。

虽然量子计算机技术发展很快，但是目前的量子计算机多数都属于专用型量子计算机，尚不能执行 Shor 算法。也就是说，目前的量子计算机尚不能对现有公钥密码构成实际的威胁。但是，随着量子计算技术的进一步发展，总有一天会对现有公钥密码构成实际的威胁。

在量子计算环境下我们仍然需要确保信息安全，仍然需要使用密码，但是如何才能确保量子环境下的信息安全？我们能够使用什么密码？成为摆在我们面前的一个重大战略问题。

对量子计算环境下密码的一个基本要求是能够抵抗量子计算机的攻击。我们称能够抵抗量子计算机的攻击的密码为抗量子密码。根据目前的研究,有以下3种抗量子密码。

(1) 基于量子物理学的量子密码。

量子密码是一种基于量子物理学的非数学密码。

量子密码中比较成熟的是量子密钥分配(QKD)技术。它利用量子物理技术产生真随机数用作密钥,通过安全的量子协议进行密钥协商,然后利用传统的序列密码方式对明文加密。密钥的使用采用"一次一密"。理论上,这种保密方式应当是安全的。这是因为密钥是随机的,一个密钥只用一次,而且量子密钥的协商协议是安全的。但是应当指出,这种QKD也不是无条件安全的。已有文献报道,仍可从中窃取信息,这是因为实际物理器件的性能有时不能达到理论上的要求,因此这种加密方式实际上是否真正达到了无条件安全,还需要进行严格论证。可喜的是,我国在这一领域的研究处于国际前列。早在2009年,中国科技大学就将量子密钥分配实际应用于安徽芜湖地区的电子政务网络。2016年8月,我国发射了世界第一颗量子科学实验卫星"墨子号",实现了空间领域千公里级的量子密钥分配。

应当指出,量子密码绝非只有量子密钥分配,应当有更丰富的内容,特别是加解密和签名与验证算法等。但是,目前除量子密钥分配外的许多研究尚不成熟,需要加强研究。

(2) 基于生物学困难问题的DNA密码。

生物信息科学技术的发展推动了DNA计算机和DNA密码的研究。DNA计算具有许多现在的电子计算无法比拟的优点,如具有高度的并行性、极高的存储密度和极低的能量消耗。人们已经开始利用DNA计算机求解数学难题。我们知道,如果能够利用DNA计算机求解数学难题,就意味着可以利用DNA计算机破译密码。与量子计算机类似,DNA计算机也是并行计算的,因此同样对现有公钥密码构成严重的潜在威胁。

人们在积极研究DNA计算机的同时,也开始了DNA密码的研究。目前人们已经提出一些DNA密码方案,尽管这些方案还不能实用,但已经显示出诱人的魅力。由于DNA密码的安全基于生物学困难问题,不依赖于计算困难问题,所以不管未来的电子计算机、量子计算机和DNA计算机具有多么强大的计算能力,DNA密码对它们的计算攻击都是免疫的。

目前DNA密码还处在早期的探索阶段,面临许多需要解决的问题。首先,它主要依靠实验手段,尚缺少理论体系。其次,实现技术难度大,应用成本高。这些问题只有通过深入的研究和技术进步才能逐步解决。

(3) 基于数学的抗量子计算密码。

哲学的基本原理告诉我们:凡是有优点的东西,一定也有缺点。因此,量子计算机既然有优势(有其擅长计算的问题,有其可以破译的密码),就一定有劣势(有其不擅长计算的问题,有其不能破译的密码)。

理论上,只要依据量子计算机不擅长计算的数学问题设计构造密码,就可以抵抗量子计算机的攻击。实际上,虽然量子计算机可以破译RSA、ElGamal、ECC等密码,但是量子计算机并不能破译所有密码。还有许多密码是量子计算机不能破译的,它们都是抗量子计算密码,如基于纠错码的一般译码问题困难性的McEliece密码、基于多变量二次方程组求解困难性的 MQ 密码、基于格困难问题的格密码,以及许多其他密码。

出于对抗量子计算密码需求的迫切性,2016 年 12 月美国国家标准技术研究所(NIST)启动在全球范围内征集抗量子计算密码算法标准。经过三轮评审,于 2022 年 7 月 5 日公布Kyber、Dilithium、Falcon、Sphincs 4 个密码胜出作为标准,并宣布 Bike、Classic McEliece、Hqc、Sike 4 个密码进入第四轮评审。

我国学者也提交了自己的算法,反映出我国密码科学技术水平的提高。

我们相信,量子密码、DNA 密码、抗量子计算密码将会把我们带入一个新的密码时代。

密码学历来是中国人擅长的学科之一。无论是传统密码,还是公开密钥密码,无论是基于数学的密码,还是基于非数学的密码,中国人都做出了自己的卓越贡献。

虽然我国在信息领域的一些核心技术方面落后于美国,但我国在信息安全领域中的许多方面都有自己的特色。例如,在密码技术、量子密钥分配、恶意软件防治、可信计算(Trusted Computing)等方面我国都有自己的特色,而且具有很高的水平。可信计算是近年来发展起来的一种信息系统安全综合性技术,其终极目标是构建安全可信的计算环境。我国在可信计算领域起步不晚,创新很多,成果可喜,已经站在世界可信计算领域的前列。

综上所述,信息安全是信息时代永恒的需求,密码是信息安全的关键技术,将发挥不可替代的作用。

1.4 密码学的基本概念

1.4.1 密码体制

一个密码系统,通常简称为密码体制,由 5 部分组成,如图 1-2 所示。

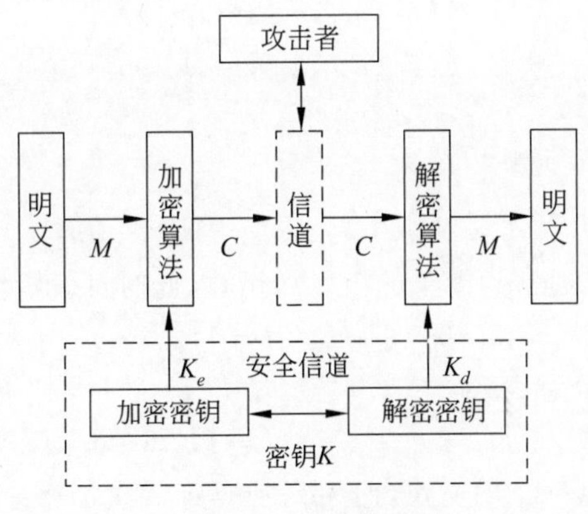

图 1-2 密码体制

① 明文空间 M,它是全体明文的集合。

② 密文空间 C,它是全体密文的集合。

③ 密钥空间 K,它是全体密钥的集合。其中,每一个密钥 K 均由加密密钥 K_e 和解密密钥 K_d 组成,即 $K=<K_e,K_d>$。

④ 加密算法 E,它是一族由 M 到 C 的加密变换。

⑤ 解密算法 D,它是一族由 C 到 M 的解密变换。

对于每个确定的密钥,加密算法将确定一个具体的加密变换,解密算法将确定一个具体的解密变换,而且解密变换就是加密变换的逆变换。对于明文空间 M 中的每一个明文 M,加密算法 E 在密钥 K_e 的控制下将明文 M 加密成密文 C:

$$C=E(M,K_e) \tag{1-1}$$

而解密算法 D 在密钥 K_d 的控制下由密文 C 解密出同一明文 M:

$$M=D(C,K_d)=D(E(M,K_e),K_d) \tag{1-2}$$

如果一个密码体制的 $K_d=K_e$,或由其中一个很容易推出另一个,则称为单密钥密码体制,或对称密码体制,或传统密码体制,否则称为双密钥密码体制。进而,如果在计算上 K_d 不能由 K_e 推出,这样将 K_e 公开也不会损害 K_d 的安全,于是便可将 K_e 公开,这种密码体制称为公开密钥密码体制,简称为公钥密码体制。公开密钥密码体制的概念,由 W. Diffie 和 M. Hellman 于 1976 年提出。它的出现是密码发展史上的一个里程碑。

根据明密文的划分和密钥的使用不同,可将密码体制分为分组密码体制和序列密码体制。

设 M 为明文,分组密码将 M 划分为一系列的明文块 M_i,$i=1,2,\cdots,n$,通常每块包含若干位(bit)或字符,并且对每一块 M_i 都用同一个密钥 K_e 进行加密,即

$$M=(M_1,M_2,\cdots,M_n)$$
$$C=(C_1,C_2,\cdots,C_n)$$

其中,

$$C_i=E(M_i,K_e) \quad i=1,2,\cdots,n \tag{1-3}$$

序列密码将明文和密钥都划分为位(bit)或字符的序列,并且对于明文序列中的每一位或字符,都用密钥序列中的对应分量加密,即

$$M=(m_1,m_2,\cdots,m_n)$$
$$k_e=(k_{e_1},k_{e_2},\cdots,k_{e_n})$$
$$C=(c_1,c_2,\cdots,c_n)$$

其中,

$$c_i=E(m_i,k_{e_i}) \quad i=1,2,\cdots,n \tag{1-4}$$

式(1-4)中的加密算法 E 通常为简单的模 2 加运算,此时可表示为

$$c_i=m_i \oplus k_{e_i} \quad i=1,2,\cdots,n \tag{1-5}$$

根据式(1-5),解密可表示为

$$m_i=c_i \oplus k_{e_i} \quad i=1,2,\cdots,n \tag{1-6}$$

分组密码每一次加密一个明文块,而序列密码每一次加密一位或一个字符。序列密码的加密算法采用模 2 加,这是最简单的。为了确保安全,其密钥产生算法则是复杂的。分组密码的加密算法是复杂的,因此其子密钥产生算法相对简单。

根据式(1-5)和式(1-6)可知,序列密码的加密算法和解密算法都是模 2 加运算$\oplus$。加解密运算是相同的运算,这是非常奇妙的。我们称这一特性为对合性,称具有这一特性的加密和解密运算为对合运算。

一般而言,设 E 为一个数学运算,E^{-1} 为其逆运算,如果 $E=E^{-1}$,则称运算 E 为对合运算。

密码学中希望把加密运算 E 设计成对合运算,这样解密运算 $E^{-1}=E$,即解密运算与加密运算相同。在工程实现上实现了加密运算,可同时用于解密,工作量减半。第 2 章将介绍的中国商用分组密码 SM4 就是对合的,工程实现工作量减半。

分组密码和序列密码在计算机信息系统中都有广泛的应用。序列密码是世界各国重要部门使用的主流密码,而商用领域则使用分组密码较多,使用序列密码较少。我国的 SM4 和美国的 AES 都是分组密码的典型代表。我国商用序列密码——祖冲之密码(ZUC)被国际移动通信组织接受为 4G 通信加密标准,成为商用密码的典型代表。

根据加密算法在使用过程中是否变化,可将密码体制分为固定算法密码体制和演化密码体制。

1999 年,编者借鉴生物进化的思想,将密码学与演化计算相结合,提出演化密码的概念和利用演化密码的思想实现密码设计和密码分析自动化的方法,并在演化密码体制、演化分组密码安全性分析、演化 DES 密码、演化密码芯片、密码函数的演化设计和分析、密码部件的设计自动化等方面取得了实际的成功。

设 E 为加密算法,$K_0,K_1,\cdots,K_n$ 为密钥,$M_0,M_1,\cdots,M_{n-1},M_n$ 为明文,$C_0,C_1,\cdots,C_{n-1},C_n$ 为密文,如果把明文加密成密文的过程中加密算法固定不变,即

$$C_0=E(M_0,K_0),C_1=E(M_1,K_1),\cdots,C_n=E(M_n,K_n) \tag{1-7}$$

则称其为固定算法密码体制。

如果在加密过程中加密算法 E 也不断变化,即

$$C_0=E_0(M_0,K_0),C_1=E_1(M_1,K_1),\cdots,C_n=E_n(M_n,K_n) \tag{1-8}$$

其中,$E_0,E_1,\cdots,E_n$ 互不相同,则称其为变化算法密码体制。

由于加密算法在加密过程中可受密钥控制而不断变化,显然可以极大地提高密码的强度。更进一步,若能使加密算法朝着越来越好的方向演变进化,那么密码就成为一种自发展的、渐强的密码,我们称其为演化密码(Evolutionary Cryptosystems)。

另外,密码的设计是十分复杂困难的。密码设计自动化是人们长期追求的目标。编者提出一种模仿自然界的生物进化,利用演化密码的思想设计密码的方法。在这一过程中,密码算法不断演变进化,而且越变越好。设 $E_{-\tau}$ 为初始加密算法,则演化过程从 $E_{-\tau}$ 开始,经历 $E_{-\tau+1},E_{-\tau+2},\cdots,E_{-1}$,最后变为 E_0。由于 E_0 的安全强度达到实际使用的要求,因此可以实际应用。我们称这一过程为"十月怀胎",$E_{-\tau}$ 为"初始胚胎",E_0 为"一朝分娩"的新生密码。

用 $S(E)$ 表示加密算法 E 的强度,则这一演化过程可表示为

$$\begin{cases}E_{-\tau}\rightarrow E_{-\tau+1}\rightarrow E_{-\tau+2}\rightarrow\cdots\rightarrow E_{-1}\rightarrow E_0\\ S(E_{-\tau})<S(E_{-\tau+1})<S(E_{-\tau+2})<\cdots<S(E_{-1})<S(E_0)\end{cases} \tag{1-9}$$

综合以上密码设计和工作两方面,可把加密算法 E 的演变进化过程表示为

$$\begin{cases}E_{-\tau}\rightarrow E_{-\tau+1}\rightarrow E_{-\tau+2}\rightarrow\cdots\rightarrow E_{-1}\rightarrow E_0\rightarrow E_1\rightarrow E_2\rightarrow\cdots\rightarrow E_n\\ S(E_{-\tau})<S(E_{-\tau+1})<\cdots<S(E_{-1})<S(E_0)\leqslant S(E_1)\leqslant S(E_2)\leqslant\cdots\leqslant S(E_n)\end{cases} \tag{1-10}$$

其中,$E_{-\tau} \to E_{-\tau+1} \to \cdots \to E_{-1}$ 为加密算法的设计演化阶段,即"十月怀胎"阶段。在这一阶段中,加密算法的强度尚不够强,不能实际使用,因此我们要求密码算法的安全性越变越好。这一过程在实验室进行。E_0 为"一朝分娩"的新生密码,它是密码已经成熟的标志。$E_0 \to E_1 \to E_2 \to \cdots \to E_n$ 为密码的工作阶段,而且在工作过程中仍不断地演变。考虑到密码算法的安全性可能达到理论上界,此时不可能再提高,因此要求密码算法的安全性不减。即使密码算法的安全性保持相等,但由于密码算法不断变化,仍可以极大地提高实际密码应用系统的安全性,这就是演化密码的思想,演化密码的原理框图如图 1-3 所示。

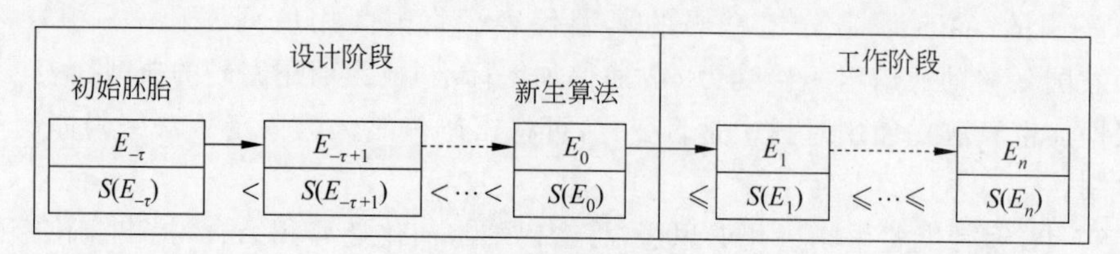

图 1-3　演化密码的原理框图

根据演化密码的概念,编者的研究小组以 DES 密码为实例,通过演化计算技术对其关键部件 8 个 S 盒进行演化设计,演化设计出的新 S 盒在安全性指标方面优于原来的 S 盒,并不断用新 S 盒代替原 S 盒,从而构成了演化 DES 密码,做到密码算法动态可变,而且越变越好。在椭圆曲线公钥密码方面,演化产生出大量安全椭圆曲线,一方面验证了美国 NIST 推荐的曲线,另一方面产生出 NIST 推荐之外的许多新安全曲线,为应用提供了方便。后来,文献[26,27]又把演化密码扩展到量子计算机领域,采用量子模拟退火算法进行大整数因子分解,攻击 RSA 密码,多次刷新量子分解大整数的世界纪录。

今天,演化密码已经得到实际应用,为确保我国信息安全发挥了实际作用。

智能化是信息系统的发展方向,和许多其他信息系统一样,密码系统也将朝着智能化的方向发展,最终成为智能密码系统。实践表明,演化密码是人工智能与密码结合的产物,是实现密码系统智能化的一种有效途径。

1.4.2 密码的安全性

密码是确保信息安全的关键技术,因此密码本身的安全性是十分重要的。

如果能根据密文系统地确定出明文或密钥,或者能根据明文-密文对系统地确定出密钥,则我们说这个密码是可破译的。研究密码破译的科学称为密码分析学。

这里要提醒读者注意"系统地"3 个字。它告诉我们:虽然猜出一两个明文或密钥,是对破译密码有利的,但是偶然猜出一两个明文或密钥,不能算破译了密码。

密码分析者攻击密码的方法主要有以下 3 种。

(1) 穷举攻击。所谓穷举攻击,是指密码分析者采用依次试遍所有可能的密钥对所获得的密文进行解密,直至得到正确的明文;或者逐一选用一个确定的密钥对所有可能的明文进行加密,直至得到所获得的密文,从而得知所选密钥就是正确的密钥。显然,理论上,对于任何实用密码,只要有足够的资源,都可以用穷举攻击将其攻破。从平均角度讲,采用穷举攻击破译一个密码必须试遍所有可能密钥的一半。

穷举攻击所花费的时间等于尝试次数乘以一次解密(加密)所需的时间。显然,可以通过增大密钥量或加大解密(加密)算法的复杂性对抗穷举攻击。当密钥量增大时,尝试的次数必然增大。当解密(加密)算法的复杂性增大时,完成一次解密(加密)所需的时间延长。从而使穷举攻击实际上不能成功。

穷举攻击是对密码的一种最基本的攻击,它适用于攻击任何类型的密码,因此能够抵抗穷举攻击是对近代密码的基本要求。

值得注意的是,如果分析者不得不采用穷举攻击时,他们往往会首先尝试那些可能性最大的密钥。例如,基于用户为了容易记忆,往往会选择一些短的数据或有意义的数据作为口令(如姓名、生日、电话号码、邮箱地址等)的事实,黑客在用暴力攻击用户口令时往往首先尝试这些短的和有意义的口令。这一事实告诉我们,为了口令安全,用户不应选择这种短的数据或有意义的数据作为口令。

(2) 数学攻击。所谓数学攻击,是指密码分析者针对加解密算法的数学基础和某些密码学特性,通过数学求解的方法破译密码。对于基于数学的密码来说,设计一个密码本质上就是设计一个数学函数,而破译一个密码本质上就是求解一个数学难题。如果这个难题是理论上不可计算的,则这个密码就是理论上安全的。如果这个难题虽然是理论上可计算的,但是由于计算复杂性太大而实际上不可计算,则这个密码就是实际安全的,或计算上安全的。到目前为止,在基于数学的密码中,只有"一次一密"密码是理论上安全的密码,其余的密码都只能是计算上安全的密码。可见,数学攻击是对基于数学的密码的主要威胁。为了对抗这种数学攻击,应选用具有坚实数学基础和足够复杂的加解密算法。

统计攻击是最早的一种数学攻击,在密码发展的早期阶段,曾为破译密码做出过极大的贡献。所谓统计攻击,是指密码分析者通过分析密文和明文的统计规律破译密码。许多古典密码都可以通过分析密文字母和字母组的频率及其他统计参数而破译。对抗统计攻击的方法是设法使明文的统计特性不带入密文。这样,密文不带有明文的痕迹,从而使统计攻击不可能成功。能抵抗统计攻击已成为近代密码的基本要求。

由于计算机的程序文件都是少量语句(指令)的大量重复,计算机的数据库文件往往具有特定的数据结构,如果加密算法不好或进行加密的方法不好,很可能将明文文件中的这种数据模式带入密文文件中,这对安全是不利的。2.3 节将介绍消除这种数据模式影响的技术和方法。

对于近代密码,人们已经找到许多有效的数学分析方法,如差分攻击、线性攻击、代数攻击、相关攻击等。第 7 章将介绍其中一些主要的数学分析方法。

(3) 物理攻击。所谓物理攻击,是指密码分析者根据密码系统或密码芯片的物理特性,通过物理和数学的分析破译密码。物理攻击的理论依据是,任何密码算法在以硬件的形式工作时,必然与其工作环境发生物理交互,相互作用,相互影响。于是,攻击者就可以主动策划实施并检测这种交互、作用和影响,从而获得有助于密码分析的信息。这类信息被称为侧信道信息(Side Channel Information,SCI)。基于侧信道信息的密码攻击被称为侧信道攻击或侧信道分析(Side Channel Analysis,SCA)。常用的侧信道信息有能量消耗信息、时间消耗信息、声音信息、电磁辐射信息,等等。常见的侧信道攻击方法有能量分析攻击、时间分析攻击、声音分析攻击、电磁辐射分析攻击、故障攻击,等等。第 7 章将介绍其中一些主要的侧信道攻击方法。

目前,国内外在密码芯片的物理攻击方面已经发展到很高的水平。有效攻击范围覆盖了所有类型的密码,既可攻击传统密码(分组密码和序列密码),又可攻击公钥密码(RSA、ECC、ElGamal 等)。攻击的效果可以有效获得部分密钥或完整密钥,甚至还可获得部分密码算法结构。许多理论上安全的密码,由于其物理实现方面的不足,被侧信道攻击所攻破的实例屡见不鲜。近年来,侧信道攻击已经发展到对 CPU、SOC 芯片和密码协议实现的攻击。据报道,对 Intel 的某些 CPU 芯片进行功耗分析,可突破访问控制读出其中的数据。

侧信道攻击的发展对密码芯片的设计和实现提出更高的要求。如何使密码芯片既能高效地工作,又能有效抵抗侧信道攻击,成为密码芯片设计与实现的新目标。

侧信道攻击的出现使我们深刻认识到,密码系统的安全也是一个系统安全问题。密码算法的安全是其中重要的必要条件,但仅有密码算法的安全是远远不够的,还必须确保其实现安全和应用安全。

此外,根据密码分析者可利用的数据资源分类,可将密码攻击的类型分为以下 4 种。

① 仅知密文攻击(Ciphertext-only Attack)。所谓仅知密文攻击,是指密码分析者仅根据截获的密文破译密码。因为密码分析者能利用的数据资源仅为密文,因此这是对密码分析者最不利的情况。

② 已知明文攻击(Known-plaintext Attack)。所谓已知明文攻击,是指密码分析者根据已经知道的某些明文-密文对破译密码。例如,密码分析者可能知道从用户终端送到计算机的密文数据是从一个标准词 LOGIN 的密文开始的。又如,加密成密文的计算机程序文件特别容易受到这种攻击。这是因为诸如 BEGIN、END、IF、THEN、ELSE 等词的密文有规律地在密文中出现,密码分析者可以合理地猜测它们。再如,加密成密文的数据库文件也特别容易受到这种攻击。这是因为对于特定类型的数据库文件的字段及其取值往往具有规律性,密码分析者可以合理地猜测它们,如学生成绩数据库文件一定包含诸如姓名、学号、成绩等字段,而且成绩的取值范围为 0～100。近代密码学认为,一个密码仅当它能经得起已知明文攻击时才是可取的。

③ 选择明文攻击(Chosen-plaintext Attack)。所谓选择明文攻击,是指密码分析者能够选择明文并获得相应的密文。这是对密码分析者十分有利的情况。计算机文件系统和数据库系统特别容易受到这种攻击,这是因为用户可以随意选择明文,并获得相应的密文文件和密文数据库。例如,Windows 环境下的数据库 SuperBase 的密码就被编者的研究小组用选择明文方法破译。如果分析者能够选择明文并获得密文,那么他将会特意选择那些最有可能恢复出密钥的明文。

④ 选择密文攻击(Chosen-ciphertext Attack)。所谓选择密文攻击,是指密码分析者能够选择密文并获得相应的明文。这也是对密码分析者十分有利的情况。这种攻击主要用来攻击公开密钥密码体制,特别是攻击其数字签名。

一个密码,无论密码分析者截获了多少密文和用什么技术方法进行攻击,都不能被攻破,则称为**绝对不可破译**的密码。绝对不可破译的密码在理论上是存在的,这就是著名的“一次一密”密码。

① 密钥是真随机的；

② 密钥至少与明文一样长；

③ 一个密钥只用一次。

但是，由于在密钥管理上的困难，“一次一密”密码是不实用的。理论上，如果能够利用足够的资源，那么任何实际可使用的密码又都是可破译的。

一个密码如果不能被密码分析者根据可利用的资源所破译，则称为计算上不可破译的密码。因为任何秘密都有其时效性，因此，对于我们，更有意义的是在**计算上不可破译**(Computationally Unbreakable)的密码。

值得注意的是，随着计算机网络的广泛应用，可以把全世界的计算机资源联合起来，形成巨大的计算能力，从而形成巨大的密码破译能力，使得原来认为十分安全的密码被破译。1994 年，40 多个国家的 600 多位科学家通过 Internet，历时 9 个月破译了 RSA-129 密码，1999 年又破译了 RSA-140 密码。这些都是明证。因此，在信息化的 21 世纪，只有经得起全球范围的电子计算机、量子计算机和 DNA 计算机攻击的密码才是安全的密码。

1.5　我国革命战争时期的密码奇功

在我国革命战争时期，我党我军在密码斗争中的成功，为革命战争的胜利做出了极大贡献。完全可以说：“没有我党我军在密码斗争中的成功，就没有中国革命战争的胜利，就没有今天的新中国!”

1.5.1　四渡赤水密码建奇功

1960 年 5 月 27 日，英国陆军元帅蒙哥马利来华访问，受到毛主席的接见。他对毛主席说：“阁下指挥辽沈、淮海、平津三大战役取得胜利，可与世界上任何伟大的战役相媲美。”而毛主席却笑着摇摇头说：“四渡赤水，才是我的得意之笔。”

“四渡赤水”，是指长征中红军在贵州、云南、四川三省交界的赤水河流域与国民党军进行的一段运动战役。这是一个极其困难的时期，天上有敌机轰炸，地上有敌人围追堵截。围堵红军的敌人有 40 多万人，而红军不过 3 万人。在这种情况下，如何确保红军安全就成为一个生死存亡的问题。毛主席巧妙地指挥红军先后四次渡过赤水河，在运动中避强击弱，打击敌人，战胜敌人，确保了红军的安全。

1939 年，毛主席在一次讲话时谈起长征，他说：“没有二局，长征是很难想象的。有了二局，我们就像打着灯笼走夜路。”毛主席说的“二局”是红军总司令部一个负责密码通信的机要单位，局长为曾希圣，副局长为钱壮飞，成员有王诤、曹祥仁、邹毕兆等几十人。其主要职责是负责红军的保密通信和破译敌军的密码。

在长征中，“二局”在中央的直接领导下，凭着小功率的电台收报机，一路上每天 24 小时不间断收听各路国民党军的电报。“二局”成功地破译了敌人经常变化的各类密码 860 多种，摸清了蒋介石“围剿”红军的战略企图和军事部署，并对敌人的一举一动都掌握得清清楚楚，不仅是红军征途中的“灯笼”，还是红军领导人的“千里眼”“顺风耳”。“二局”为红军摆脱敌人的围追堵截,战胜敌军,发挥了巨大作用,立下了不朽的功勋!

更令人惊讶的是,“二局”不仅能够破译敌人的各类密码,摸清敌人的军事部署,使得红军能够避强击弱,战胜敌人,摆脱敌人的围追堵截,甚至还能够冒充蒋介石发出电报,把围堵红军的敌军调走。

就在红军第四次渡过赤水河,秘密来到乌江边,选择了一个合适的渡江点,准备择机渡过乌江的时候,“二局”破译了敌人的密电,得知有 6 个师的敌人就在附近,离红军的渡江点只有一天的路程,而我军要到达渡江点需要 3 天时间。如果敌人比我们先到达渡江点,则红军渡江将十分困难。面对如此不利的情况,毛主席、周恩来等领导找来“二局”局长曾希圣共同商量对策,大家长时间沉默不语。曾希圣突然提出一个大家都意想不到的冒险方案。他说,我们把敌军调走。因为我们已经熟悉了敌人的密码、密电格式和用语习惯,我们以蒋介石的语气给敌军发一道命令,把敌军调往别的地方。对此大胆计划,所有人都非常兴奋,但也都捏着一把汗。毛主席命令按此方案执行,结果红军的一封电报,把敌军调走了,为红军度过乌江赢得了时间。这是红军在对敌密码对抗中的又一次伟大胜利。

综上可见,红军在密码对抗中的成功,为确保红军长征胜利做出了伟大的贡献!

1.5.2 “豪密”奇功

1929 年年末,我党在上海的第一部秘密电台建立。同年 12 月,我党在香港也建立了秘密电台。1930 年 1 月,上海与香港两个秘密电台之间第一次通报成功。这是我党历史上第一次无线电通报成功。但是,由于当时没有安全的密码,香港的秘密电台很快就被英国殖民政府发现,并被破坏。

当时,党中央在上海,苏区根据地分散在全国各地,迫切需要建立党中央与各地苏区的无线电通信联系。这次事件告诉我们,没有一套安全的密码是不行的。

在这样的情况下,主持中央特科工作的周恩来,亲自创建了我党的无线电保密通信事业。在编制密码方面,周恩来提出编码思想后,汇总集体智慧,亲自动手,编制出一套高级密码。因为周恩来在党内的代号是“伍豪”,所以这套密码便被称作“豪密”。后来的应用实践表明,“豪密”为革命战争时期确保我党我军的核心机密安全提供了可靠保障,做出了重大贡献。

1931 年 3 月,中央决定派时任中央组织部部长的任弼时率无线电报务人员前往中央苏区,出发前,周恩来将“豪密”交给任弼时带送到中央苏区。不久,红军在与国民党军作战过程中又缴获了一部大功率电台。很快,中央苏区就利用这套密码和这部电台与设在上海的党中央取得了联系,从此建立了两地的无线电保密通信联系。中央苏区发出的第一份电报就是用“豪密”加密的,内容是“弼时安全到达了”。从此“豪密”正式开始使用,并逐步推广到全党和全军。

针对周恩来编制的“豪密”,蒋介石曾下令给国民党内的密码破译专家:不惜一切代价也要破译“豪密”。然而,他们在绞尽脑汁后,也未能破译。

那么,“豪密”究竟是怎样编制的呢?为何国民党的破译专家一直破不了?在密码破译上,全世界都有一个共同的破译规律,就是寻找重复。当无法破译的时候,就把各封电报搜集在一起，然后通过重复的码寻找加密规律。

“豪密”是按一次一密方式加密的，所以“豪密”是不会重复的。曾在周恩来身边长期从事机要工作的人员提及“豪密”时说：“‘豪密’是周恩来发明的密码，有数学在里边的。密码是数学和文字构成的，不会重复。”

为什么“豪密”能够做到不重复呢？实际上，“豪密”是一种“底本”加“乱数”的密码，或者说是一种二次加密密码。首先用“底本”简单加一次密，然后再用“乱数”加一次密。由于经过了两次加密，所以安全性提高了。这与现在的一些电子支付工具的保密措施类似。许多电子支付系统在使用时，除了要有支付密码外，还要有短信发来的“验证码”。支付密码和验证码同时正确，才能支付。虽然支付密码是固定的，但是验证码是随机的，安全性得到保证。

具体来讲，“豪密”的“底本”就是一种简单的单表代替密码本，而“乱数”是一种由具有随机性的数字编成的表。首先用“底本”加密，然后再把“乱数”按一定的算法与之进行运算加密，采用的算法就是简单的“模 10 加减法”，即普通加法不进位，普通减法不借位。这样经过两次加密，要破译就很难了。因为“豪密”的“乱数”运算可以是加法，也可以是减法，而且还是可变化的，这样更增加了安全性。又因为“乱数”是一种具有随机性的数字，即使用“底本”加密后有重复的码字，在加上“乱数”之后就实现了同字不同码、同码不同字的加密效果，大幅提高了安全性。又由于“乱数”的产生与报文相关，加密不同报文的“乱数”是不同的，所以是一次一密的加密方式。这是我国最早的一次一密加密体制。

以前面提到的电文“弼时安全到达了”为例，假设“底本”是汉字电码，则“底本”处理后为“1732　2514　1344　0356　0451　6671　0055”，再设“乱数”为“6378　5596　6766　7754　7659　1439　7055”，加密算法为加法，则经过“乱数”加密后的密文为“7000　7000　7000　7000　7000　7000　7000”。即使敌人截获了密文，也是无法破译的。

由上可知，“豪密”的安全性很大程度上取决于“乱数”。那么“乱数”是如何编制的呢？

目前还没有公开的文字或者当事人公布“豪密”的具体技术细节。又因为年代久远，已经无法找到原件，所以我们只能从一些已经公开的相关人员的只言片语中猜出其中的奥秘。

在一份已经公开的 1936 年周恩来发给张国焘的电报中有这样一句话：“关于二、六军团方面的情报，可否你方担任供给，请将与其通报密码之书名第几本与报首及页行字数加注告我，以便联络通电，免误时间。”

这份电报发出的背景是这样的：当时中央红军与红二、六军团联系的密码本掌握在张国焘手中。因为张国焘决心分裂红军，故意不让中央红军与红二、六军团取得联系，因此迟迟不将密码本交出来，于是周恩来去电向张国焘索要密码本。

从这份电报中提到的“书名第几本与报首及页行字数”中可以看出，当时红军所用的“豪密”的“乱数”，很可能是根据书名、册码、报首、页码、行数与字序等信息进行简单运算产生的。通信的双方各拿一本相同的书，发报方将书的上述信息通过电报发给对方，对方据此产生出相同的“乱数”，于是就可以正确解密了。又因为“乱数”与报首、页码、行数与字序等信息相关，所以不同的报文产生的“乱数”不同，从而实现了一次一密加密。

周恩来创造这套“豪密”密码体制为中国革命的胜利发挥了特别重要的作用，使得我党在对敌无线电斗争中始终掌握主动权,一直到解放战争结束,国民党方面的专家也未能破译“豪密”。

从上面介绍的红军长征四渡赤水过程中的密码奇功和周恩来亲自编制的“豪密”,可以清楚地看出:我党我军在对敌密码对抗中的成功,为我国革命战争的胜利做出了极大贡献。完全可以说:“没有我党我军在对敌密码对抗中的成功,就没有中国革命战争的胜利,就没有今天的新中国!”我党我军密码人对中国革命事业的无限忠诚、不畏艰险的革命精神是永远值得我们敬仰、学习和纪念的!

1.6 我国的密码法和商用密码标准

密码是确保信息安全的关键技术。为了确保我国的信息安全,规范密码应用和管理,促进密码事业发展,保障网络与信息安全,维护国家安全和社会公共利益,保护公民、法人和其他组织的合法权益,我国颁布了《中华人民共和国密码法》和一系列商用密码标准。密码法和商用密码标准阐明了我国的密码政策,构成了我国密码工作的基本依据。

1.6.1 中华人民共和国密码法

1. 我国密码工作的总原则

统一领导、分级负责,依法管理、保障安全。

2. 统一领导

坚持中国共产党对密码工作的领导。中央密码工作领导机构对全国密码工作实行统一领导,制定国家密码工作重大方针政策,统筹协调国家密码重大事项和重要工作,推进国家密码法治建设。

3. 分级负责

国家密码管理部门负责管理全国的密码工作。县级以上地方各级密码管理部门负责管理本行政区域的密码工作。

国家机关和涉及密码工作的单位在其职责范围内负责本机关、本单位或者本系统的密码工作。

国家密码管理部门依照法律、行政法规的规定,制定密码管理规章。

中国人民解放军和中国人民武装警察部队的密码工作管理办法,由中央军事委员会根据密码法制定。

4. 分类管理

我国把密码划分为核心密码、普通密码和商用密码。

核心密码、普通密码用于保护国家秘密信息。核心密码保护信息的最高密级为绝密级。普通密码保护信息的最高密级为机密级。

核心密码、普通密码属于国家秘密。密码管理部门依照国家法律、行政法规、国家有关规定对核心密码、普通密码实行严格统一管理。

在有线、无线通信中传递的国家秘密信息，以及存储、处理国家秘密信息的信息系统，应当依照法律、行政法规和国家有关规定使用核心密码、普通密码进行加密保护、安全认证。

商用密码用于保护不属于国家秘密的信息。公民、法人和其他组织可以依法使用商用密码保护网络与信息安全。

5. 商用密码

国家鼓励商用密码技术的研究开发、学术交流、成果转化和推广应用，健全统一、开放、竞争、有序的商用密码市场体系，鼓励和促进商用密码产业发展。

国家建立和完善商用密码标准体系。国务院标准化行政主管部门和国家密码管理部门依据各自职责，组织制定商用密码国家标准、行业标准。

国家推动参与商用密码国际标准化活动，参与制定商用密码国际标准，推进商用密码中国标准与国外标准之间的转化运用。

国家鼓励商用密码从业单位采用商用密码推荐性国家标准、行业标准，提升商用密码的防护能力，维护用户的合法权益。

国家推进商用密码检测认证体系建设，制定商用密码检测认证技术规范、规则，鼓励商用密码从业单位自愿接受商用密码检测认证，提升市场竞争力。

涉及国家安全、国计民生、社会公共利益的商用密码产品，应当依法列入网络关键设备和网络安全专用产品目录，由具备资格的机构检测认证合格后，方可销售或者提供。

大众消费类产品采用的商用密码不实行进口许可和出口管制制度。

6. 依法管理

任何组织或者个人不得窃取他人加密保护的信息或者非法侵入他人的密码保障系统，不得利用密码从事危害国家安全、社会公共利益、他人合法权益等违法犯罪活动，由有关部门依照《中华人民共和国网络安全法》和其他有关法律、行政法规的规定对违者追究法律责任。

1.6.2　我国的商用密码标准

什么是标准呢？ISO/IEC把标准定义为：“在一定范围内获得最佳秩序，经协商一致建立并由公认机构批准，为共同使用和重复使用，对活动及结果提供规则、指导或给出特性的文件”。有了标准，就有了参与事务的各方必须遵守的要求和规格，参与各方才能互相衔接、配合一致，共同完成工作。如果没有标准，参与事务的各方就没有共同遵守的要求和规格，便会出现参与各方互不衔接，不能配合，工作就不能顺利完成。因此，标准化是现代社会科技进步和社会文明的标志。在现代化社会中没有标准是不堪设想的。

举一个日常生活中的例子。我们的工作和生活离不开电灯。全国有许多个生产灯泡的厂家。正是因为国家有灯泡的技术标准，灯泡接头的大小有统一的规格要求，各厂家都遵守这个标准，才使得我们随便购买的灯泡，都可以顺利安装，方便使用。如果国家没有灯泡的技术标准，很可能一个厂家生产的灯泡接头大，另一个厂家生产的灯泡接头小，用户买的灯泡拿回家装不上，不能使用。

为了指导和协调我国的标准化工作,1978 年 5 月国务院成立了国家标准总局,同年以中华人民共和国名义参加了 ISO/IEC。2011 年 10 月,经国家标准总局和国家密码管理局批准,成立了密码行业标准化技术委员会。它是在密码领域内从事密码标准化工作的非法人技术组织,归国家密码管理局领导和管理,主要从事密码技术、产品、系统和管理等方面的标准化工作。

根据《中华人民共和国密码法》的规定,我国把密码划分为核心密码、普通密码和商用密码 3 类。其中,核心密码和普通密码用于保护国家秘密信息,其密码算法和应用也属于国家秘密。密码管理部门依照国家法律、行政法规、国家有关规定对核心密码、普通密码实行严格统一管理。商用密码用于保护不属于国家秘密的信息。公民、法人和其他组织可以依法使用商用密码保护网络与信息安全。因此,对于大多数人来说,研究和应用最多的密码是商用密码。

商用密码是保护网络与信息安全的关键技术,在社会信息化的今天,几乎所有的单位都需要使用商用密码保护网络与信息安全。但是,商用密码是一种高科技成果,有深入的数学理论基础和复杂细致的应用技术。因此,一般单位是不具备设计高质量密码的能力的。如果国家没有商用密码标准,就会出现各单位自行设计密码,结果是密码算法和协议不统一,而且质量良莠不齐。这样不仅不能保证密码质量,而且也无法互联互通,更谈不上确保网络与信息安全,同时在经济上也是一种浪费。相反,由国家组织专业部门与民间高手联合设计,经过充分分析和测试,设计出高质量的密码算法和协议,然后经过试用,颁布为国家标准,让大家方便使用,这显然是一种既安全又节省的办法。

我国的商用密码标准工作经历了从无到有、从弱到强的发展道路。在商用密码标准方面已经建立起一套体系完整、技术先进、方便应用的商用密码标准体系。商用密码算法 SM2、SM3、SM4、SM9、ZUC 等相继颁布为国家密码标准。

① 椭圆曲线公钥密码算法 SM2,国家密码标准号 GB/T 32918—2016。

② 信息安全技术 SM3 密码杂凑算法,国家密码标准号 GB/T 32905—2016。

③ 信息安全技术 SM4 分组密码算法,国家密码标准号 GB/T 32907—2016。

④ 标识密码算法 SM9,国家密码标准号 GB/T 0044—2016。

⑤ 祖冲之密码算法 ZUC,国家密码标准号 GB/T 33133—2016。

商用密码算法的标准化极大地促进了我国的信息安全产业的发展,为确保我国网络与信息安全做出巨大贡献。

我国不仅在商用密码国家标准化方面取得很大成绩,而且还在我国商用密码标准国际化方面也取得了可喜的成绩。这对彰显我国商用密码科技进步和增强我国在国际事务中的话语权发挥了重要作用。

2011 年 9 月,ZUC 算法被 3GPP LTE 采纳为第四代移动通信的国际标准。

2012 年,国际可信计算组织(TCG)颁布了可信平台模块 TPM2.0 标准,TPM2.0 标准支持中国商用密码 SM2、SM3、SM4。2015 年,ISO 接受 TPM2.0 标准为国际标准,这是中国商用密码第一次成体系地在国际标准中得到应用。

2017 年 11 月,ISO/IEC 接受我国 SM2 和 SM9 数字签名算法成为国际标准。

2018 年 11 月,ISO/IEC 接受我国 SM3 密码杂凑函数算法成为国际标准。

2020年8月,ISO/IEC接受我国ZUC序列密码算法成为国际标准。

2021年2月,ISO/IEC接受我国SM4分组密码算法成为国际标准。

由此可见,我国商用密码算法成体系地被ISO/IEC接受成为国际标准,标志着我国掌握了商用密码的核心技术,标志着我国商用密码算法设计能力达到国际先进水平!

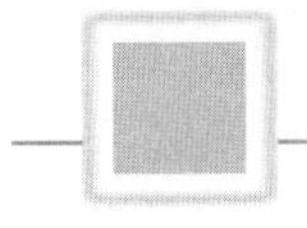

习题

1. 分析对信息安全的主要威胁,并上网了解最新的信息安全威胁态势。

2. 为什么说信息安全是信息时代永恒的需求?

3. 说明为什么要从信息系统安全的角度看待和处理信息安全问题。解释什么是信息系统的设备安全,什么是数据安全,什么是行为安全,什么是内容安全。

4. 为什么说“信息系统的硬件系统安全和操作系统安全是信息系统安全的基础,密码、网络安全等技术是关键技术”?

5. 阐述中国人民有志气、有能力确保我国的信息安全和国家安全。

6. 密码技术的基本思想是什么?

7. 解释密码体制的概念,说明密码体制框图(图1-2)中攻击者的作用。

8. 说明密码体制的分类。它们各有什么特点?

9. 说明什么是对合运算。举出3种对合运算。

10. 说明什么是演化密码。它有什么优缺点?

11. 什么是密码分析?密码分析的方法主要有哪些类型?它们各有什么特点?

12. 说明什么是“计算上不可破译”。它对我们有什么意义?

13. 为什么说“一次一密”密码是不实用的?

14. 为什么说理论上任何实用的密码都是可破译的?

15. 上网查阅资料,了解我党我军在中国革命战争中的密码奇功。中国密码先辈们的光辉事迹给我们留下什么教育和启发?

16. 学习《中华人民共和国密码法》,解读我国的密码工作总原则。

17. 什么是商用密码?了解我国对商用密码的管理政策与商用密码标准化的作用。

第2章 分组密码

分组密码是目前世界商用密码的主流密码。本章介绍两种著名的分组密码：美国的高级加密标准(AES)和中国的商用密码SM4。

2.1 高级加密标准

美国政府于1997年开始公开征集新的数据加密标准算法AES，以替代已被认为不安全的DES。历经多轮筛选和评估，2000年10月2日，美国政府正式宣布选中比利时密码学家Joan Daemen和Vincent Rijmen提出的一种密码算法Rijndael作为AES。2001年11月26日，AES被正式颁布为美国国家标准(编号为FIST PUBS 197)。值得注意的是，AES不仅在美国国内得到广泛应用，也受到了国际标准化组织(ISO、IETF、IEEE 802.11等)的认可和采纳，成为密码史上的一个重要里程碑。Rijndael算法之所以最终能被选为AES的原因是其具有安全性好、效率高、实用、灵活的特点。

2.1.1 数学基础

Rijndael算法中的许多运算都是按字节或4字节进行的。为了描述方便，把1字节看成有限域GF(2^8)上的一个元素，把一个4字节的字看成系数取自GF(2^8)，并且次数小于4的多项式。

有限域GF(2^8)上的元素有几种不同的表示方法，当然不同的表示方法的实现效率不同。Rijndael算法采用了多项式表示法。

定义 2-1 设单字节 $B=b_7b_6b_5b_4b_3b_2b_1b_0$，则其可定义为系数为{0,1}的二进制多项式：$b_7x^7+b_6x^6+b_5x^5+b_4x^4+b_3x^3+b_2x^2+b_1x^1+b_0$。

定义2-1为我们提供了一种简单而有效的方法，实现了单字节与次数低于8的GF(2)上多项式一一对应。当给出1字节时，我们可以轻松将其转换为一个GF(2)上的次数低于8的多项式，只需将字节的各位作为多项式的系数即可。反之亦然，对于一个GF(2)上的次数低于8的多项式，我们可以提取其系数，得到相应的字节表示。这种双向的转换方法为加密算法提供了便利，因为它使得我们可以在字节和多项式之间自由转换，而无须复杂的转换过程。通过这种对应关系，我们可以更加直观地理解加密算法中的运算过程，并更加方便地进行算法的设计和实现。

例如，设字节 $B=10011011$，则其对应的多项式为 $x^7+x^4+x^3+x+1$。又如，设多项式为 $x^7+x^5+x^2+x+1$，则其对应的字节为 $B=10100111$。

定义 2-2 在 $GF(2^8)$上的加法定义为二进制多项式的加法，其系数模 2 相加。

例如，$(x^7+x^4+x^3+x+1)+(x^6+x^5+x^3+x^2+x+1)=(x^7+x^6+x^5+x^4+x^2)$，对应的二进制字节加为$(10011011)\oplus(01101111)=(11110100)$。

定义 2-3 在 $GF(2^8)$上的乘法（用符号 · 表示，乘号 · 常可省略）定义为二进制多项式的乘积，再模一个次数为 8 的不可约二进制多项式。

在 Rijndael 中此不可约多项式建议为

$$m(x)=x^8+x^4+x^3+x+1 \tag{2-1}$$

其系数的十六进制表示为 11B。

例如，$(x^6+x^4+x^2+x+1)\cdot(x^7+x+1)=x^{13}+x^{11}+x^9+x^8+x^7+x^6+x^5+x^4+x^3+1$，而 $x^{13}+x^{11}+x^9+x^8+x^7+x^6+x^5+x^4+x^3+1 \bmod x^8+x^4+x^3+x+1=x^7+x^6+1$。

定义 2-4 在 $GF(2^8)$中，二进制多项式 $b(x)$的乘法逆为满足式(2-2)的二进制多项式 $a(x)$，并记为 $b^{-1}(x)$：

$$a(x)b(x) \bmod m(x)=1 \tag{2-2}$$

定义 2-5 在 $GF(2^8)$中，倍乘函数 $x\text{time}(b(x))$定义为 $x\cdot b(x) \bmod m(x)$。

具体运算时可把字节左移一位（最右位补 0）。若原字节的 $b_7=1$，则左移后变成八次多项式，需要取模 $m(x)$，即需要异或 11B。

函数 $x\text{time}(x)$也被称为 x 乘或 x 倍乘。例如，$x\text{time}(57)=x(x^6+x^4+x^2+x+1)=(x^7+x^5+x^3+x^2+x) \bmod x^8+x^4+x^3+x+1=x^7+x^5+x^3+x^2+x=$ 'AE'。又如，$x\text{time}(\text{AE})=x(x^7+x^5+x^3+x^2+x)=x^8+x^6+x^4+x^3+x^2 \bmod x^8+x^4+x^3+x+1=47$。

定义 2-6 有限域 $GF(2^8)$上的多项式是系数取自域 $GF(2^8)$上元素的多项式。

这样，一个 4 字节的字与一个次数小于 4 的 $GF(2^8)$上的多项式对应。例如，字 $c=$ '03010102'与多项式 $c(x)=\text{'03'}x^3+\text{'01'}x^2+\text{'01'}x+\text{'02'}$对应。知道了字 c，取出各字节作为系数便得到多项式 $c(x)$。反之，知道了多项式 $c(x)$，取出其各系数便得到字 c。

定义 2-7 $GF(2^8)$上的多项式的加法定义为对应项系数相加。

因为在域 $GF(2^8)$上的加是简单的按位异或，所以在域 $GF(2^8)$上的两个 4 字节的字的加也就是简单的按位异或。

定义 2-8 $GF(2^8)$上的多项式 $a(x)=a_3x^3+a_2x^2+a_1x+a_0$ 和 $b(x)=b_3x^3+b_2x^2+b_1x+b_0$ 相乘模 x^4+1 的积（表示为 $c(x)=a(x)\cdot b(x) \bmod x^4+1$）为 $c(x)=c_3x^3+c_2x^2+c_1x+c_0$，其系数由下面 4 个式子得到：

$$\left.\begin{aligned} c_0&=a_0\cdot b_0\oplus a_3\cdot b_1\oplus a_2\cdot b_2\oplus a_1\cdot b_3\\ c_1&=a_1\cdot b_0\oplus a_0\cdot b_1\oplus a_3\cdot b_2\oplus a_2\cdot b_3\\ c_2&=a_2\cdot b_0\oplus a_1\cdot b_1\oplus a_0\cdot b_2\oplus a_3\cdot b_3\\ c_3&=a_3\cdot b_0\oplus a_2\cdot b_1\oplus a_1\cdot b_2\oplus a_0\cdot b_3 \end{aligned}\right\} \tag{2-3}$$

利用定义 2-8，有 $x\cdot b(x)=b_2x^3+b_1x^2+b_0x+b_3 \bmod x^4+1$。

2.1.2 Rijndael 加密算法

Rijndael 算法具有高度的灵活性,其数据块长度和密钥长度都可以根据具体需求进行调整。数据块的长度为 128 位,密钥的长度可以分别选择 128 位、192 位或 256 位。

Rijndael 算法没有采用 DES 所采用的 Feistel 网络结构,而是采用了代替/置换网络结构(SP 结构)。其中,Rijndael 轮函数主要由以下 3 层组成。

① 非线性层:进行非线性 S 盒变换 ByteSub,由 16 个 S 盒并置而成,起混淆的作用;

② 线性混合层:进行行移位变换 ShiftRow 和列混合变换 MixColumn,以确保多轮之上的高度扩散;

③ 密钥加层:进行轮密钥加变换 AddRoundKey,将轮密钥简单地异或到中间状态上,实现密钥的加密控制作用。

图 2-1 示出了 Rijndael 算法的组成结构。

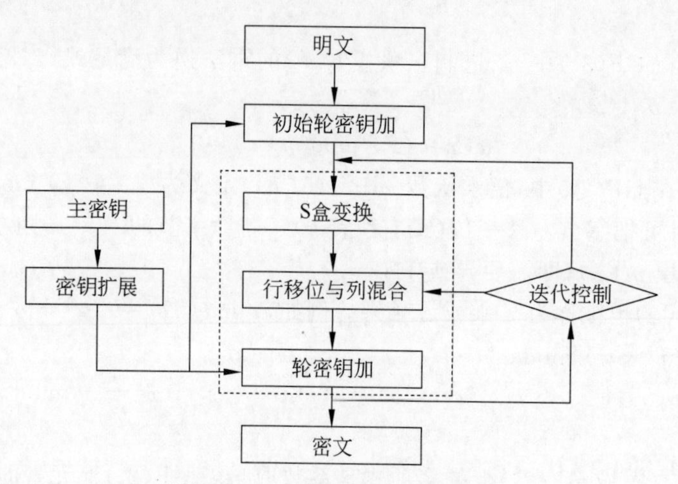

图 2-1 Rijndael 算法的组成结构

1. 状态

在 Rijndael 算法中,加解密要经过多次数据变换操作,每次变换操作产生一个中间结果,将这个中间结果称为状态。各种不同的密码变换都是对状态进行的。

把状态表示为二维字节矩阵(每个元素为一字节),状态矩阵一般有 4 行。状态矩阵的列定义为 Nb,Nb 是通过数据块长度除以 32 计算的。例如:数据块长度为 128 时,Nb=4。同理,数据块长度为 192 时,Nb=6。数据块长度为 256 时,Nb=8。因为状态矩阵有 4 行,且每个元素为一字节,所以状态矩阵的每列组成一个 4 字节的字。在 Rijndael 中,有些加密变换是以字节为单位进行的,而有些加密变换则是以字为单位进行的。

例如,数据块长度为 128 的状态如表 2-1 所示。

进行加密处理时,数据块按列优先的顺序写入状态,即按 $a_{0,0}$,$a_{1,0}$,$a_{2,0}$,$a_{3,0}$,$a_{0,1}$,$a_{1,1}$,$a_{2,1}$,$a_{3,1}$,$a_{0,2}$,$a_{1,2}$,$a_{2,2}$,$a_{3,2}$,$a_{0,3}$,$a_{1,3}$,$a_{2,3}$,$a_{3,3}$ 的顺序写入状态中。加密操作结束时,密文按同样的顺序从状态中取出。

表 2-1　数据块长度为 128 的状态

$a_{0,0}$	$a_{0,1}$	$a_{0,2}$	$a_{0,3}$
$a_{1,0}$	$a_{1,1}$	$a_{1,2}$	$a_{1,3}$
$a_{2,0}$	$a_{2,1}$	$a_{2,2}$	$a_{2,3}$
$a_{3,0}$	$a_{3,1}$	$a_{3,2}$	$a_{3,3}$

类似地，密钥也可表示为二维字节数组（每个元素为一字节），它有 4 行，Nk 列。Nk 等于密钥块长度除以 32。密钥长度为 128 的密钥二维字节数组如表 2-2 所示。密钥也按列优先的顺序存储到密钥二维字节数组中，即按 $k_{0,0}$，$k_{1,0}$，$k_{2,0}$，$k_{3,0}$，$k_{0,1}$，$k_{1,1}$，$k_{2,1}$，$k_{3,1}$，$k_{0,2}$，$k_{1,2}$，$k_{2,2}$，$k_{3,2}$，$k_{0,3}$，$k_{1,3}$，$k_{2,3}$，$k_{3,3}$的顺序存储到密钥二维字节数组中。

表 2-2　密钥长度为 128 的密钥二维字节数组

$k_{0,0}$	$k_{0,1}$	$k_{0,2}$	$k_{0,3}$
$k_{1,0}$	$k_{1,1}$	$k_{1,2}$	$k_{1,3}$
$k_{2,0}$	$k_{2,1}$	$k_{2,2}$	$k_{2,3}$
$k_{3,0}$	$k_{3,1}$	$k_{3,2}$	$k_{3,3}$

Rijndael 算法的迭代轮数 Nr 由 Nb 和 Nk 共同决定，具体取值列在表 2-3 中。

表 2-3　算法迭代轮数 Nr

Nr	Nb=4	Nb=6	Nb=8
Nk=4	10	12	14
Nk=6	12	12	14
Nk=8	14	14	14

2. 轮函数

Rijndael 加密算法的轮函数采用代替/置换网络结构（SP 结构），由 S 盒变换 ByteSub、行移位变换 ShiftRow、列混合变换 MixColumn、轮密钥加变换 AddRoundKey 组成，用伪 C 语言可写为

```
Round(State,RoundKey)
  { ByteSub(State);
    ShiftRow(State);
    MixColumn(State);
    AddRoundKey(State,RoundKey);
    }
```

加密算法中的最后一轮的轮函数与上面的标准轮函数略有不同。定义如下：

```
FinalRound(State,RoundKey)
  { ByteSub(State);
    ShiftRow(State);
```

```
    AddRoundKey(State,RoundKey);
}
```

容易看出,最后一轮的轮函数与标准轮函数相比,去掉了列混合变换 MixColumn(State)。

1) S 盒变换 ByteSub

ByteSub 变换是按字节进行的代替变换,也称为 S 盒变换。它是作用在状态中每字节上的一种非线性字节变换。这个变换(或称 S_box)按以下两步进行。

① 把字节的值用它的乘法逆(根据定义 2-4)代替,其中'00'的逆就是它自己。

② 经①处理后的字节值再进行如下定义的仿射变换:

$$\begin{pmatrix} y_0 \\ y_1 \\ y_2 \\ y_3 \\ y_4 \\ y_5 \\ y_6 \\ y_7 \end{pmatrix} = \begin{pmatrix} 1 & 0 & 0 & 0 & 1 & 1 & 1 & 1 \\ 1 & 1 & 0 & 0 & 0 & 1 & 1 & 1 \\ 1 & 1 & 1 & 0 & 0 & 0 & 1 & 1 \\ 1 & 1 & 1 & 1 & 0 & 0 & 0 & 1 \\ 1 & 1 & 1 & 1 & 1 & 0 & 0 & 0 \\ 0 & 1 & 1 & 1 & 1 & 1 & 0 & 0 \\ 0 & 0 & 1 & 1 & 1 & 1 & 1 & 0 \\ 0 & 0 & 0 & 1 & 1 & 1 & 1 & 1 \end{pmatrix} \begin{pmatrix} x_0 \\ x_1 \\ x_2 \\ x_3 \\ x_4 \\ x_5 \\ x_6 \\ x_7 \end{pmatrix} \oplus \begin{pmatrix} 1 \\ 1 \\ 0 \\ 0 \\ 0 \\ 1 \\ 1 \\ 0 \end{pmatrix} \tag{2-4}$$

例如,设输入字节 $\boldsymbol{X}=[x_7,x_6,x_5,x_4,x_3,x_2,x_1,x_0]=[95]=[10010101]$,它的乘法逆为$[8A]=[10001010]$,$\boldsymbol{Y}=[y_7,y_6,y_5,y_4,y_3,y_2,y_1,y_0]=[2A]=[00101010]$。

值得注意的是:

① S 盒变换的第一步是把字节的值用它的乘法逆代替,是一种非线性变换。

② 由于式(2-4)的系数矩阵中每列都含有 5 个 1,这说明改变输入中的任意一位,将影响输出中的 5 位发生变化。

③ 由于式(2-4)的系数矩阵中每行都含有 5 个 1,这说明输出中的每一位都与输入中的 5 位相关。

④ ByteSub 变换就相当于 DES 中的 S 盒子。它为加密算法提供非线性,是决定加密算法安全性的关键。它是一种 8 位输入、8 位输出的非线性变换。

为了确保加密算法是可逆的,如上定义的 ByteSub 变换必须是可逆的。

2) 行移位变换 ShiftRow

ShiftRow 变换是对状态的行进行循环移位变换。在 ShiftRow 变换中,状态的第 0 行不移位,第 1 行循环左移 C1 字节,第 2 行循环左移 C2 字节,第 3 行循环左移 C3 字节。

移位值 C1,C2 和 C3 与 Nb 有关,具体列在表 2-4 中。

表 2-4 移位值

Nb	C1	C2	C3
4	1	2	3
6	1	2	3
8	1	3	4

3）列混合变换 MixColumn

MixColumn 变换是对状态的列进行混合变换。在 MixColumn 变换中，把状态中的每一列看作 $GF(2^8)$ 上的多项式，并与一个固定多项式 $c(x)$ 相乘，然后模多项式 x^4+1，其中 $c(x)$ 为

$$c(x) = '03'x^3 + '01'x^2 + '01'x + '02' \tag{2-5}$$

因为 $c(x)$ 与 x^4+1 是互素的，从而保证 $c(x)$ 存在逆多项式 $d(x)$，使 $c(x)d(x)=1 \bmod x^4+1$，只有逆多项式 $d(x)$ 存在，才能正确进行解密。

4）轮密钥加变换 AddRoundKey

AddRoundKey 变换是利用轮密钥对状态进行模 2 相加的变换。轮密钥长度等于数据块长度。在这个操作中，轮密钥被简单地异或到状态中。轮密钥根据轮密钥产生算法通过主密钥扩展和选择得到。

3. 轮密钥产生算法

轮密钥根据轮密钥产生算法由主密钥产生得到。轮密钥产生分两步进行：密钥扩展和轮密钥选择，且遵循以下原则。

① 轮密钥的比特总数为数据块长度与轮数加 1 的积。例如，对于 128 位的分组长度和 10 轮迭代，轮密钥的总长度为 128×(10+1)=1408 位。

② 首先将用户密钥扩展为一个扩展密钥。

③ 再从扩展密钥中选出轮密钥：第一个轮密钥由扩展密钥中的前 Nb 个字组成，第二个轮密钥由接下来的 Nb 个字组成，以此类推。

1）密钥扩展

用一个字(4 字节)元素的一维数组 W[Nb * (Nr+1)]存储扩展密钥。把主密钥放在数组 W 最开始的 Nk 个字中，其他的字由它前面的字经过处理后得到。分 Nk≤6 和 Nk>6 两种情况进行密钥扩展，两种情况的密钥扩展策略稍有不同。

① 对于 Nk≤6，按下面的策略进行密钥扩展。

符号说明：CipherKey 表示主密钥，它是一个有 Nk 个密钥字的一维数组。W 为存储扩展密钥的一维数组。

```
KeyExpansion(CipherKey, W)
  {  For(I=0; I<Nk; I++)   W[I] = CipherKey[I];
     For(I=Nk; I<Nb * (Nr+1); I++)
       {Temp=W[I-1];
        IF(I%Nk==0)
          Temp=SubByte(Rotl(Temp))   Rcon[I/Nk];
        W[I]=W[I-Nk]   Temp;
       }
  }
```

可以看出，最前面的 Nk 个字是由主密钥填充的。之后的每个字 W[I]等于前面的字 W[I-1]与 Nk 个位置之前的字 W[I-Nk]的异或。如果 I 是 Nk 的整数倍，在异或之前，要先对 W[I-1]进行 Rotl 变换和 ByteSub 变换，再异或一个轮常数 Rcon。

其中,Rotl 是对一个字里的字节以字节为单位进行循环移位的函数,设 W=(A,B,C,D),则 Rotl(W)=(B,C,D,A)。

轮常数 Rcon 与 Nk 无关,且定义为

```
Rcon[i] =(RC[i],'00','00','00')
RC[0] ='01'
RC[i] =xtime(RC[i-1])
```

使用轮常数 Rcon 的目的是防止不同轮的轮密钥存在相似性。轮常数 Rcon 是变化的,可使不同轮的轮密钥有明显的不同。

② 对于 Nk>6,有下面的密钥扩展策略。

```
KeyExpansion(CipherKey,W)
  {  For(I=0; I<Nk; I++)   W[I] =CipherKey[I];
     For(I=Nk; I<Nb*(Nr+1); I++)
       {Temp=W[I-1];
        IF(I%Nk==0)
          Temp=SubByte(Rotl(Temp))   Rcon[I/Nk];
        ELSE  IF(I%Nk==4)
          Temp=SubByte(Temp);
        W[I]=W[I-Nk]   Temp;
       }
  }
```

Nk>6 的密钥扩展策略与 Nk≤6 的密钥扩展策略相比,区别在于当 I mod Nk=4 时,需要先对 W[I-1]进行 ByteSub 变换。这个改变在扩展密钥中引入了部分字的 ByteSub 变换,从而提高了扩展密钥的安全性。这是因为当 Nk>6 时,密钥变得更长,仅对 Nk 的整数倍位置处的字进行 ByteSub 变换,会使得 ByteSub 变换的密度相对稀疏,安全性不足。

密钥扩展对于密码安全至关重要,而 AES 的密钥扩展方案经过了精心设计。首先,扩展过程实现了充分的扩散,确保密钥的每一位都能影响到轮密钥的许多位。其次,采用了非线性的 S 盒变换 ByteSub,当 Nk>6 时还增加了 ByteSub 的密度,获得了足够的混淆效果,以确保即使部分轮密钥被泄露,也无法推导出完整的密钥。此外,使用轮常数 Rcon 可消除不同轮密钥之间存在的相似性。这些措施共同确保了密钥扩展的安全性。

2) 轮密钥选择

轮密钥 I 由轮密钥缓冲区 W[Nb*I]到 W[Nb*(I+1)-1]的字组成。例如,Nb=4 且 Nk=4 的轮密钥选择如图 2-2 所示。

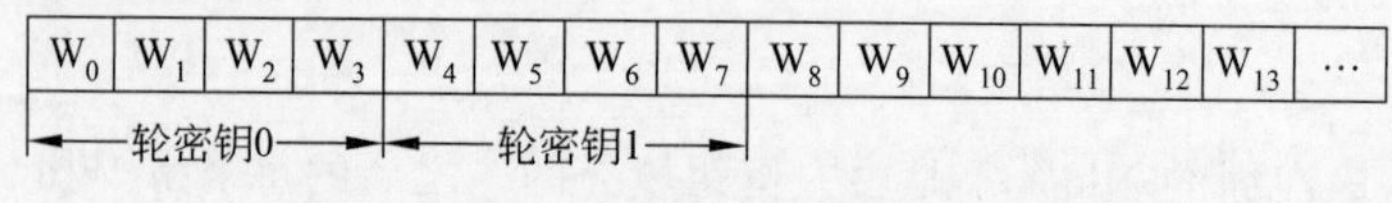

图 2-2 Nb=4 且 Nk=4 的轮密钥选择

4. 加密算法

Rijndael 加密算法由以下部分组成。

① 一个初始轮密钥加。

② Nr－1 轮的标准轮函数。

③ 最后一轮的非标准轮函数。

用伪码表示：

```
Rijndael(State,CipherKey)
{
  KeyExpansion(CipherKey, RoundKey)
  AddRoundKey(State,ExpandedKey)
  For(I=1;I<Nr;I++)
  Round(State,ExpandedKey+Nb * I)
    {ByteSub(State);
     ShiftRow(State);
     MixColumn(State);
     AddRoundKey(State, ExpandedKey+Nb * I);}
FinalRound(State, ExpandedKey+Nb * Nr)
       { ByteSub(State);
         ShiftRow(State);
         AddRoundKey(State, ExpandedKey+Nb * Nr);}
}
```

其中的 ExpandedKey 就是图 2-2 中的存储扩展密钥的数组 W[Nb *(Nr+1)]。

注意：Rijndael 加密算法的第一步和最后一步都用了轮密钥加，这一措施增强了密码的安全性。

2.1.3　Rijndael 解密算法

由于 Rijndael 算法不是对合运算，所以 Rijndael 的解密算法与加密算法不同。Rijndael 算法的设计巧妙之处在于，只需略微调整密钥扩展策略，即可得到等效的解密算法。这种等效解密算法与加密算法的结构相同，极大地方便了工程实现。等效解密算法中的变换是加密算法中相应变换的逆操作。

1. 逆变换

ShiftRow 的逆是状态的后 3 行分别移动 Nb-C1、Nb-C2 和 Nb-C3 字节。

MixColumn 的逆类似于 MixColumn，把状态的每列都乘以一个固定的多项式 $d(x)$：

$$d(x) = \text{'0B'}x^3 + \text{'0D'}x^2 + \text{'09'}x + \text{'0E'} \tag{2-6}$$

容易验证，$c(x)$与 $d(x)$的积等于单位元'01'，所以 $d(x)$是 $c(x)$的逆多项式。

AddRoundKey 的逆就是它自己。

ByteSub 的逆是把 S_box 的逆作用到状态的每个字节上。ByteSub 的逆变换按如下方法得到,首先进行式(2-7)的逆变换,然后再取 $GF(2^8)$ 上的乘法逆。式(2-7)是根据式(2-4)推出的,两式中的矩阵互为逆矩阵。

$$\begin{pmatrix} x_0 \\ x_1 \\ x_2 \\ x_3 \\ x_4 \\ x_5 \\ x_6 \\ x_7 \end{pmatrix} = \begin{pmatrix} 0 & 0 & 1 & 0 & 0 & 1 & 0 & 1 \\ 1 & 0 & 0 & 1 & 0 & 0 & 1 & 0 \\ 0 & 1 & 0 & 0 & 1 & 0 & 0 & 1 \\ 1 & 0 & 1 & 0 & 0 & 1 & 0 & 0 \\ 0 & 1 & 0 & 1 & 0 & 0 & 1 & 0 \\ 0 & 0 & 1 & 0 & 1 & 0 & 0 & 1 \\ 1 & 0 & 0 & 1 & 0 & 1 & 0 & 0 \\ 0 & 1 & 0 & 0 & 1 & 0 & 1 & 0 \end{pmatrix} \begin{pmatrix} y_0 \\ y_1 \\ y_2 \\ y_3 \\ y_4 \\ y_5 \\ y_6 \\ y_7 \end{pmatrix} \oplus \begin{pmatrix} 1 \\ 0 \\ 1 \\ 0 \\ 0 \\ 0 \\ 0 \\ 0 \end{pmatrix} \tag{2-7}$$

2. 逆轮函数的定义

逆轮函数的定义如下。

```
Inv_Round(State,Inv_RoundKey)
   {  InvByteSub(State);
      InvShiftRow(State);
      InvMixColunm(State);
      AddRoundKey(State,Inv_RoundKey);
   }
```

最后一轮的非标准逆轮函数如下。

```
Inv_FinalRound(State,Inv_RoundKey)
   {  InvByteSub(State);
      InvShiftRow(State);
      AddRoundKey(State,Inv_RoundKey);
   }
```

3. 解密算法

利用逆轮函数可将解密算法表述如下。

```
Inv_Rijndael(State,CipherKey)
{
  Inv_KeyExpansion(CipherKey,Inv_ExpandedKey);
  AddRoundKey(State,Inv_ExpandedKey+Nb * Nr);
  For(I=Nr-1 ;I>0;I--)
  Inv_Round(State, Inv_ExpandedKey+Nb * I));
      { InvByteSub(State);
        InvShiftRow(State);
        InvMixColumn(State);
        AddRoundKey(State, Inv_ExpandedKey+Nb * I);
      }
  Inv_FinalRound(State, Inv_ExpandedKey)
      { InvByteSub(State);
```

```
        InvShiftRow(State);
        AddRoundKey(State, Inv_ExpandedKey);
    }
}
```

注意：解密算法与加密算法使用轮密钥的顺序相反。

其中解密算法的密钥扩展定义如下：

① 加密算法的密钥扩展。

② 把 InvMixColumn 应用到除第一个轮密钥和最后一个轮密钥之外的所有轮密钥上。

用伪 C 代码表示如下：

```
Inv_KeyExpansion(CipherKey,Inv_ExpandedKey)
  {  Key_Expansion(CipherKey,Inv_ExpandedKey);
     For(I=1; I<Nr; I++)   InvMixColumn(Inv_ExpandedKey+Nb * I);
  }
```

2.1.4　Rijndael 的安全性

Rijndael 算法采用宽轨迹策略(Wide Trail Strategy)作为其安全设计策略,该策略专门针对差分攻击和线性攻击提出。它的主要优势在于能够确定算法的最佳差分特征的概率以及最佳线性逼近的偏差界,从而有助于评估算法对抗差分攻击和线性攻击的能力。这样一来,可以确保密码算法具备必要的抵御差分攻击和线性攻击的能力,从而保障密码算法的安全性。

1) 抗攻击能力

根据分析,Rijndael 的主要密码部件 S 盒和列混合在设计上都十分优秀。其中,列混合的一个重要密码学指标分支数达到了最佳值;S 盒在非线性度、自相关性、差分均匀性、代数免疫性等主要密码学指标方面都达到相当好的水平。Rijndael 算法中轮密钥加变换被添加到加密算法的首尾,而且密钥扩展算法中也采用了非线性的 S 盒变换,这些措施提高了 Rijndael 密码算法的安全性。

Rijndael 密码算法被颁布为 AES,得到世界范围的应用,因此吸引了全世界密码学者对其进行安全分析。许多文献对 Rijndael 密码算法进行了各种攻击分析,使人们对 AES 的安全性有了更深刻的认识。尽管在设计者和 NIST 看来,Rijndael 密码算法已经设计得相当好,但是和任何密码一样,Rijndael 密码算法有自己的优点,也有自己的弱点。根据现在的分析可知,Rijndael 密码算法中的列混合的扩散度不够,密钥扩展的非线性不够,而且缺少抵抗侧信道攻击的设计。这些不足之处给密码分析提供了可乘之机。另有文献指出,Rijndael 的 S 盒运算的输出与输入之间存在着简单的数学关系,这一数学关系是简单的,将影响其抗代数攻击的能力。

2) 弱密钥

Rijndael 的加解密算法采用不同的密钥扩展算法,而且都使用了非线性的 ByteSub

变换,并且在扩展产生每一轮密钥中使用不同的轮常数。这些措施使得 Rijndael 不存在弱密钥和半弱密钥。因此,在 Rijndael 加解密算法中,对密钥的选择没有任何限制。

3) 适应性

Rijndael 的数据块长度和密钥长度都可变,因此能够适应不同的安全应用环境。即使今后计算能力和攻击能力提高了,只要及时提高密钥的长度,便可获得满意的安全,因此密码的安全使用寿命长。

应当指出,AES 已经在世界范围得到广泛应用,而且应用时间已经超过 20 年,为确保信息安全做出了贡献。现在的分析研究揭示了 Rijndael 密码算法存在的一些安全弱点。但是现有的分析仍未对 Rijndael 密码算法构成实际的威胁,所以美国 NIST 至今仍然支持 AES 密码。但是,我们应当密切关注针对 Rijndael 密码算法的安全分析进展。

2.2 中国商用密码算法 SM4

2006 年,中国国家密码管理局发布了无线局域网产品所使用的 SM4 密码算法。这是中国首次公布自己的商用密码算法,具有重大意义。此举标志着中国商用密码管理更加科学规范,必将推动我国商用密码的科学研究和产业发展。

2.2.1 SM4 算法描述

SM4 密码算法中数据分组长度为 128 比特,密钥长度也为 128 比特。加密和密钥扩展算法均采用 32 轮迭代结构。该算法以字节(8 位)和字(32 位)为单位进行加解密数据处理。由于 SM4 是一个对合运算,因此解密算法与加密算法相同,唯一的区别在于轮密钥的使用顺序相反。

1. 基本运算

SM4 密码算法使用模 2 加和循环移位作为基本运算。

① 模 2 加:$\oplus$,32 位异或运算。

② 循环移位:$<<<i$,把 32 位字循环左移 i 位。

2. 基本密码部件

SM4 密码算法使用了以下基本密码部件。

1) S 盒

SM4 的 S 盒是一种以字节为单位的非线性代替变换,其密码学是起混淆作用,使明文、密钥、密文之间的关系错综复杂,提高了安全性。S 盒的输入和输出都是 8 位的字节。本质上是 8 位的非线性置换。设输入字节为 a,输出字节为 b,则 S 盒的运算可表示为

$$b = \mathrm{S\_box}(a) \tag{2-8}$$

S 盒的代替规则如表 2-5 所示。例如,设 S 盒的输入为 EF,则 S 盒的输出为表 2-5 中第 E

行与第 F 列交点处的值 84，即 S_box(EF)＝84。

表 2-5　S 盒的代替规则

		低位															
		0	1	2	3	4	5	6	7	8	9	A	B	C	D	E	F
高位	0	D6	90	E9	FE	CC	E1	3D	B7	16	B6	14	C2	28	FB	2C	05
	1	2B	67	9A	76	2A	BE	04	C3	AA	44	13	26	49	86	06	99
	2	9C	42	50	F4	91	EF	98	7A	33	54	0B	43	ED	CF	AC	62
	3	E4	B3	1C	A9	C9	08	E8	95	80	DF	94	FA	75	8F	3F	A6
	4	47	07	A7	FC	F3	73	17	BA	83	59	3C	19	E6	85	4F	A8
	5	68	6B	81	B2	71	64	DA	8B	F8	EB	0F	4B	70	56	9D	35
	6	1E	24	0E	5E	63	58	D1	A2	25	22	7C	3B	01	21	78	87
	7	D4	00	46	57	9F	D3	27	52	4C	36	02	E7	A0	C4	C8	9E
	8	EA	BF	8A	D2	40	C7	38	B5	A3	F7	F2	CE	F9	61	15	A1
	9	E0	AE	5D	A4	9B	34	1A	55	AD	93	32	30	F5	8C	B1	E3
	A	1D	F6	E2	2E	82	66	CA	60	C0	29	23	AB	0D	53	4E	6F
	B	D5	DB	37	45	DE	FD	8E	2F	03	FF	6A	72	6D	6C	5B	51
	C	8D	1B	AF	92	BB	DD	BC	7F	11	D9	5C	41	1F	10	5A	D8
	D	0A	C1	31	88	A5	CD	7B	BD	2D	74	D0	12	B8	E5	B4	B0
	E	89	69	97	4A	0C	96	77	7E	65	B9	F1	09	C5	6E	C6	84
	F	18	F0	7D	EC	3A	DC	4D	20	79	EE	5F	3E	D7	CB	39	48

2）非线性变换 t

SM4 的非线性变换 t 是一种以字为单位的非线性代替变换。它由 4 个 S 盒并置构成，本质上它是 S 盒的一种并行应用。

设输入字为 $A=(a_0,a_1,a_2,a_3)$，输出字为 $B=(b_0,b_1,b_2,b_3)$，则

$$B=t(A)=(\text{S\_box}(a_0),\text{S\_box}(a_1),\text{S\_box}(a_2),\text{S\_box}(a_3)) \tag{2-9}$$

3）线性变换部件 L

线性变换部件 L 是以字为处理单位的线性变换部件，其输入与输出都是 32 位的字。其密码学起扩散的作用，把 S 盒的混淆作用尽可能地扩散到更大范围。

设 L 的输入为字 B，输出为字 C，则

$$\begin{aligned} C&=L(B)\\ &=B\oplus(B<<<2)\oplus(B<<<10)\oplus(B<<<18)\oplus(B<<<24) \end{aligned} \tag{2-10}$$

4）合成变换 T

合成变换 T 由非线性变换 τ 和线性变换 L 复合而成，数据处理的单位是字。设输入为字 X，则先对 X 进行非线性变换 τ，再进行线性变换 L，记为

$$T(X)=L(\tau(X)) \tag{2-11}$$

由于合成变换 T 是非线性变换 τ 和线性变换 L 的复合,所以它综合起到混淆和扩散的作用,从而可提高密码的安全性。

3. 轮函数

SM4 密码算法采用对基本轮函数进行迭代的结构。利用上述基本密码部件,便可构成轮函数。SM4 密码算法的轮函数是一种以字为处理单位的密码函数。

设轮函数 F 的输入为(X_0,X_1,X_2,X_3),有 4 个 32 位字,共 128 位。轮密钥为 rk,rk 也是一个 32 位的字。轮函数 F 的输出也是一个 32 位的字。轮函数 F 的运算为

$$F(X_0,X_1,X_2,X_3,\mathrm{rk})=X_0\oplus T(X_1\oplus X_2\oplus X_3\oplus \mathrm{rk}) \tag{2-12}$$

根据式(2-11),有

$$F(X_0,X_1,X_2,X_3,\mathrm{rk})=X_0\oplus L(\tau(X_1\oplus X_2\oplus X_3\oplus \mathrm{rk})) \tag{2-13}$$

简记 $B=(X_1\oplus X_2\oplus X_3\oplus \mathrm{rk})$,有

$$\begin{aligned}F(X_0,X_1,X_2,X_3,\mathrm{rk})=X_0&\oplus[\mathrm{S\_box}(B)]\oplus[\mathrm{S\_box}(B)<<<2]\oplus\\&[\mathrm{S\_box}(B)<<<10]\oplus[\mathrm{S\_box}(B)<<<18]\oplus\\&[\mathrm{S\_box}(B)<<<24]\end{aligned} \tag{2-14}$$

据此,我们用图 2-3 表示出 SM4 的轮函数,其中 $B=(X_1\oplus X_2\oplus X_3\oplus \mathrm{rk})$,$S$ 表示 S_box 变换,虚线框展示出了 T 变换。

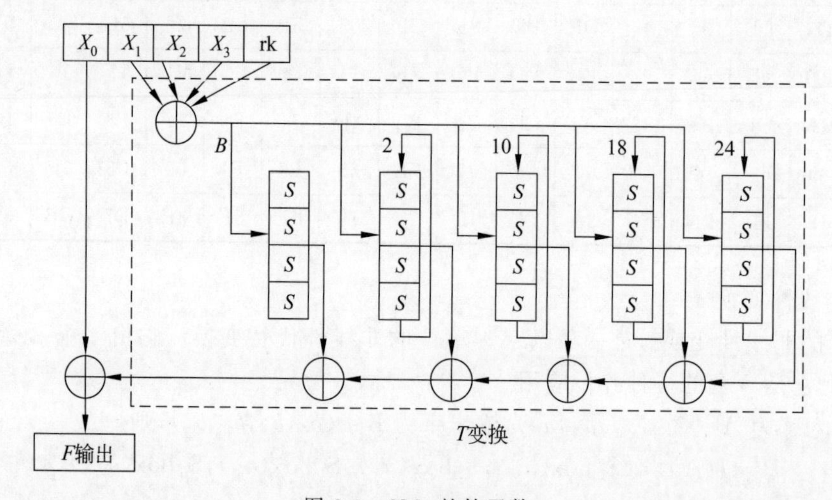

图 2-3 SM4 的轮函数

4. 加密算法

SM4 密码算法是一个分组算法。数据分组长度为 128 比特,密钥长度为 128 比特。加密算法采用 32 轮迭代结构,每轮使用一个轮密钥。

设输入明文为(X_0,X_1,X_2,X_3),有 4 个字,共 128 位。输入轮密钥为 rk_i,$i=0$,1,…,31,共 32 个字。输出密文为(Y_0,Y_1,Y_2,Y_3),有 4 个字,共 128 位,则加密算法可描述如下。

加密算法:

$$X_{i+4}=F(X_i,X_{i+1},X_{i+2},X_{i+3},\mathrm{rk}_i)$$
$$=X_i\oplus T(X_{i+1}\oplus X_{i+2}\oplus X_{i+3}\oplus \mathrm{rk}_i),\quad i=0,1,\cdots,31 \tag{2-15}$$

为了与解密算法需要的顺序一致，在加密算法之后还需要增加一个反序处理 R：

$$R(Y_0,Y_1,Y_2,Y_3)=(X_{35},X_{34},X_{33},X_{32}) \tag{2-16}$$

加密算法与反序处理的框图如图 2-4 所示。可以看出，虽然 SM4 的加密算法与 AES 一样都采用了基本轮函数迭代的结构，但是 SM4 的加密迭代处理有自己的特点。SM4 一次加密处理 4 个字，产生一个字的中间密文，这个中间密文与前 3 个字拼接在一起供下一次加密处理，共迭代加密处理 32 轮，最终产生出 4 个字的密文。整个加密处理过程像一个宽度为 4 个字的窗口在滑动，加密处理一轮，窗口滑动一个字，窗口滑动 32 次，加密迭代结束。

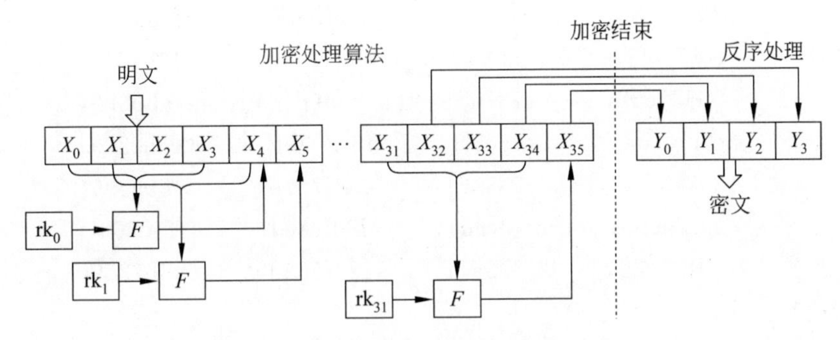

图 2-4　加密算法与反序处理的框图

5. 解密算法

SM4 密码算法是对合运算，因此解密算法与加密算法相同，只是轮密钥的使用顺序相反，解密轮密钥是加密轮密钥的逆序。

设输入密文为(Y_0,Y_1,Y_2,Y_3)，输入轮密钥为 rk_i，$i=31,30,\cdots,1,0$，输出明文为(M_0,M_1,M_2,M_3)。根据式(2-15)，应有$(Y_0,Y_1,Y_2,Y_3)=(X_{35},X_{34},X_{33},X_{32})$。因为我们在加密算法结束后加了一个反序变换 R，所以反序后的密文数据刚好符合这一要求。于是，在解密算法中直接采用$(X_{35},X_{34},X_{33},X_{32})$表示初始的待解密密文，用 X_i 表示解密过程中的中间数据。最后可得到如下的解密算法。

解密算法：

$$X_i=F(X_{i+4},X_{i+3},X_{i+2},X_{i+1},\mathrm{rk}_i)$$
$$=X_{i+4}\oplus T(X_{i+3}\oplus X_{i+2}\oplus X_{i+1}\oplus \mathrm{rk}_i),\quad i=31,30,\cdots,1,0 \tag{2-17}$$

与加密算法后需要一个反序处理的道理一样，在解密算法后也需要一个反序处理 R：

$$R(M_0,M_1,M_2,M_3)=(X_3,X_2,X_1,X_0) \tag{2-18}$$

6. 密钥扩展算法

SM4 密码算法使用 128 位的加密密钥，并采用 32 轮迭代加密结构，每一轮加密使用一个 32 位的轮密钥，共使用 32 个轮密钥，因此需要使用密钥扩展算法，从加密密钥产生出 32 个轮密钥。

1) 常数 FK

在密钥扩展中使用如下的常数:

FK_0=(A3B1BAC6),FK_1=(56AA3350),FK_2=(677D9197),FK_3=(B27022DC)。

2) 固定参数 CK

共使用 32 个固定参数 CK_i,CK_i 是一个字,其产生规则如下。

设 $ck_{i,j}$ 为 CK_i 的第 j 字节($i=0,1,\cdots,31$;$j=0,1,2,3$),即 $CK_i=(ck_{i,0},ck_{i,1},ck_{i,2},ck_{i,3})$,则

$$ck_{i,j}=(4i+j)\times 7(\bmod 256) \tag{2-19}$$

这 32 个固定参数如下(十六进制):

00070e15,	1c232a31,	383f464d,	545b6269,
70777e85,	8c939aa1,	a8afb6bd,	c4cbd2d9,
e0e7eef5,	fc030a11,	181f262d,	343b4249,
50575e65,	6c737a81,	888f969d,	a4abb2b9,
c0c7ced5,	dce3eaf1,	f8ff060d,	141b2229,
30373e45,	4c535a61,	686f767d,	848b9299,
a0a7aeb5,	bcc3cad1,	d8dfe6ed,	f4fb0209,
10171e25,	2c333a41,	484f565d,	646b7279

3) 密钥扩展算法

设输入加密密钥为 $MK=(MK_0,MK_1,MK_2,MK_3)$,输出轮密钥为 rk_i,$i=0,1,\cdots,30,31$,中间数据为 K_i,$i=0,1,\cdots,34,35$,则密钥扩展算法可描述如下。

密钥扩展算法:

① $(K_0,K_1,K_2,K_3)=(MK_0\oplus FK_0,MK_1\oplus FK_1,MK_2\oplus FK_2,MK_3\oplus FK_3)$。

② For $i=0,1,\cdots,30,31$ Do

$$rk_i=K_{i+4}=K_i\oplus T'(K_{i+1}\oplus K_{i+2}\oplus K_{i+3}\oplus CK_i)$$

说明:其中的 T' 变换与加密算法轮函数中的 T 基本相同,只将其中的线性变换 L 修改为以下的 L':

$$L'(B)=B\oplus(B<<<13)\oplus(B<<<23) \tag{2-20}$$

分析密钥扩展算法可以发现,在算法结构方面密钥扩展算法与加密算法类似,也采用了 32 轮类似的迭代处理。

特别应当注意的是,在密钥扩展算法中采用了非线性变换 τ,这将大幅加强密钥扩展的安全性。这一点与 AES 密码类似。

2.2.2 SM4 的可逆性和对合性

可逆性是对密码算法的基本要求,对合性可使密码算法实现的工作量减半。下面证明 SM4 的可逆性和对合性。

为了便于分析理解,我们把图 2-3 中的轮函数稍微改画一下,画成图 2-5 所示的简洁形式。可以看出,SM4 的加密轮函数由两个运算组成,分别是加密函数 G 和数据交换 E,在图 2-5 中分别用两个虚线框示出。

根据图 2-4，利用图 2-5，可以把 SM4 的加密过程表示为图 2-6，把 SM4 的解密过程表示为图 2-7。这样表示便于分析 SM4 的对合性与可逆性。

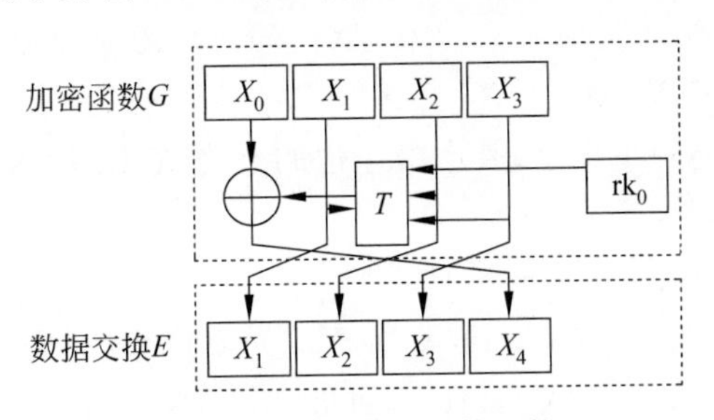

图 2-5　SM4 的加密轮函数

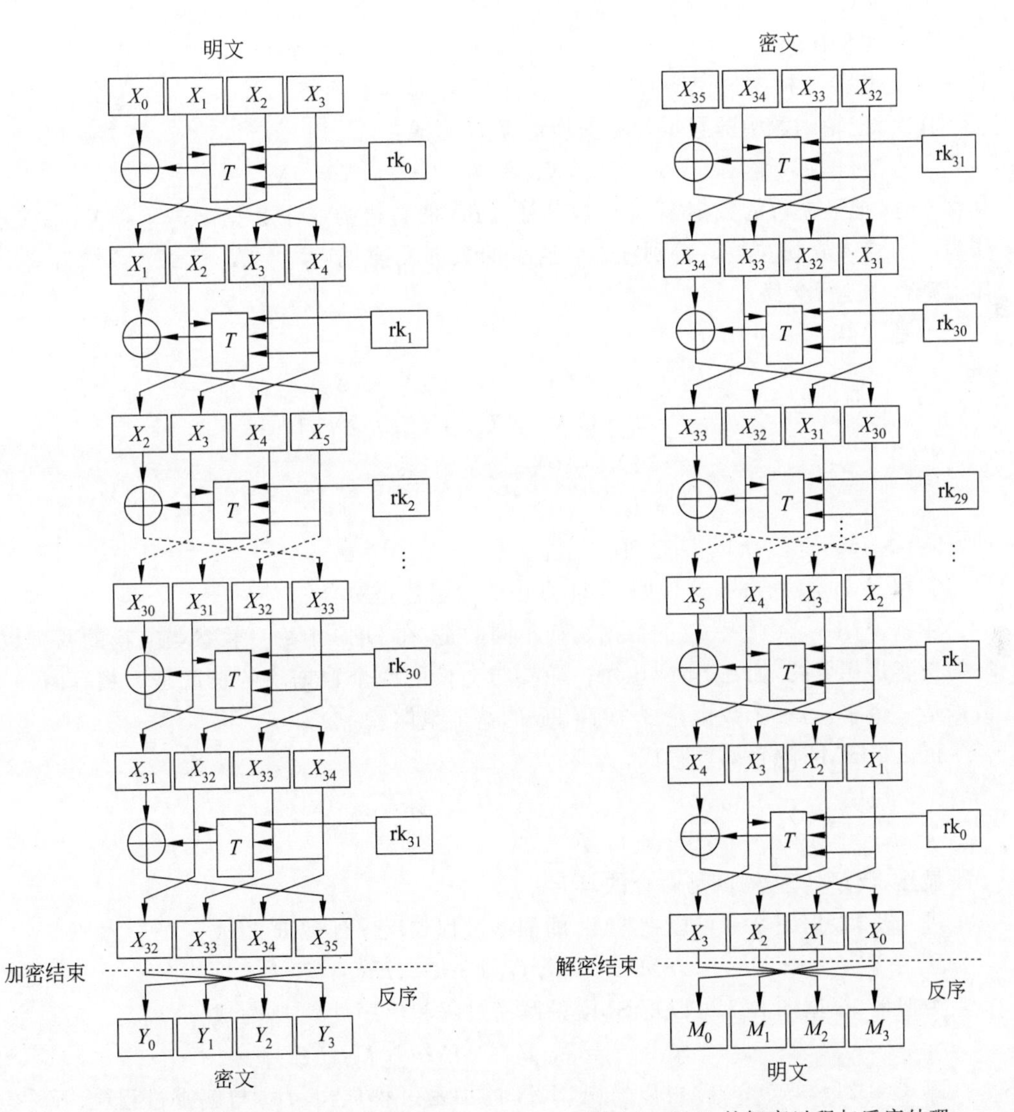

图 2-6　SM4 的加密过程与反序处理

图 2-7　SM4 的解密过程与反序处理

首先,把其中的加密函数 G 的运算写成

$$\begin{aligned} G_i &= G_i(X_i, X_{i+1}, X_{i+2}, X_{i+3}, \mathrm{rk}_i) \\ &= (X_i \oplus T(X_{i+1}, X_{i+2}, X_{i+3}, \mathrm{rk}_i), X_{i+1}, X_{i+2}, X_{i+3}) \end{aligned}$$

其含义是,把 4 个数据字 $X_i, X_{i+1}, X_{i+2}, X_{i+3}$ 和 1 个轮密钥 rk_i 字送入 G_i 加密函数进行加密,输出的加密结果仍为 4 个字,其中最左边的字为 $X_i \oplus T(X_{i+1}, X_{i+2}, X_{i+3}, \mathrm{rk}_i)$,后面依次是 $X_{i+1}, X_{i+2}, X_{i+3}$。

加密函数 G_i 是对合运算,这是因为:

$$\begin{aligned} (G_i)^2 &= G_i(G_i) = G_i(X_i \oplus T(X_{i+1}, X_{i+2}, X_{i+3}, \mathrm{rk}_i), X_{i+1}, X_{i+2}, X_{i+3}, \mathrm{rk}_i) \\ &= (X_i \oplus T(X_{i+1}, X_{i+2}, X_{i+3}, \mathrm{rk}_i) \oplus T(X_{i+1}, X_{i+2}, X_{i+3}, \mathrm{rk}_i), X_{i+1}, X_{i+2}, X_{i+3}) \\ &= (X_i, X_{i+1}, X_{i+2}, X_{i+3}) \\ &= I \end{aligned}$$

其中,I 是恒等变换。这说明 $G_i = G_i^{-1}$,所以 G_i 是对合运算。

其次,把轮函数中的数据左右交换运算 E 写成:

$$E(X_{i+4}, (X_{i+1}, X_{i+2}, X_{i+3})) = ((X_{i+1}, X_{i+2}, X_{i+3}), X_{i+4})$$

其含义是,把最左边的数据字 X_{i+4} 放到最右边,把右边的 3 个数据字$(X_{i+1}, X_{i+2}, X_{i+3})$作为一个整体放到左边。特别注意:这里的数据交换把$(X_{i+1}, X_{i+2}, X_{i+3})$作为一个整体,与 X_{i+4} 进行交换。

于是可得

$$\begin{aligned} E^2 &= E\,[E(X_{i+4}, (X_{i+1}, X_{i+2}, X_{i+3}))] \\ &= E\,[((X_{i+1}, X_{i+2}, X_{i+3}), X_{i+4})] \\ &= (X_{i+4}, (X_{i+1}, X_{i+2}, X_{i+3})) \\ &= I \end{aligned}$$

即,$E^2 = I, E = E^{-1}$,所以 E 是对合运算。

G 和 E 都是对合的,这说明 SM4 算法的轮函数是对合的。

注意,与 DES 中每一轮的数据交换不同的是,在 DES 中每一轮参与交换的两个数据块的长度是相等的,而在 SM4 中每一轮参与交换的两个数据块的长度是不相等的,一个数据是一个字,另一个数据是 3 个字组成的一个整体。

可以把 SM4 的轮函数写成

$$\begin{aligned} F_i &= F_i(X_i, X_{i+1}, X_{i+2}, X_{i+3}, \mathrm{rk}_i) \\ &= G_i\, E \end{aligned}$$

显然,反序处理 R 也是对合的,$RR = I$。

进一步,根据图 2-6 可以把 SM4 的加密过程和反序处理 R 写成

$$\mathrm{SM4} = G_0\, E\, G_1\, E \cdots G_{30}\, E\, G_{31}\, R \tag{2-21}$$

类似地,根据图 2-7 可以把 SM4 的解密过程和反序处理 R 写成

$$\mathrm{SM4}^{-1} = G_{31}\, E\, G_{30}\, E \cdots G_1\, E\, G_0\, R \tag{2-22}$$

由式(2-21)和式(2-22)可以发现,SM4 的加密过程(含反序)与解密过程(含反序)的运算是相同的,只是轮密钥的使用顺序相反。这就说明,SM4 的加密算法是对合运算。同时,这也意味着 SM4 算法具有可逆性。

2.2.3 SM4 的安全性

SM4 密码算法是我国专业密码机构设计的商用密码算法，经过了专业密码机构的充分的分析测试，主要用于商用数据保密。

根据分析，SM4 的主要密码部件 S 盒设计得相当好，在非线性度、自相关性、差分均匀性、代数免疫性等主要密码学指标方面都达到很高的水平，与 AES 的 S 盒相当。SM4 的密钥扩展算法中采用了 S 盒变换，这一点与 AES 类似，这是增强安全性的重要措施。

SM4 密码算法公布后引起国际密码界的关注，国内外的密码学者已经对其进行了多种密码分析研究，但是目前的攻击尚不能对其构成实际威胁。所以，至今我国国家密码管理局仍然支持 SM4 密码。

2.3 分组密码的应用技术

对于密码应用，密码算法安全是首要的。但是，仅有密码算法安全还不够，还需要有安全的应用技术，才能使密码发挥确保信息安全的实际作用。本节介绍两类分组密码的安全应用技术：分组密码的工作模式和短块加密技术。

1981 年，美国国家科学理事会（NSB）针对 DES 的应用制定了 4 种基本工作模式：电码本（ECB）模式、密文链接（CBC）模式、密文反馈（CFB）模式和输出反馈（OFB）模式。2000 年，美国在征集 AES 的同时又公开征集 AES 的工作模式，共征集到 15 个候选工作模式，其中 X CBC 模式很有实用价值，CTR（Counter）模式很有特色。这些新的工作模式将为 AES 的应用做出贡献。

下面介绍分组密码在实际应用中的一些技术。

2.3.1 分组密码的工作模式

分组密码可以按不同的模式工作，根据实际应用的不同环境应采用不同的工作模式。只有这样才能既确保安全，又方便、高效。

1. 电码本（Electric Code Book,ECB）模式

ECB 模式直接利用分组密码对明文的各分组进行加密。设明文为 $\boldsymbol{M}=(M_1, M_2, \cdots, M_n)$，相应的密文为 $\boldsymbol{C}=(C_1, C_2, \cdots, C_n)$，其中

$$C_i = E(M_i, K), i = 1, 2, \cdots, n \tag{2-23}$$

电码本模式是分组密码的基本工作模式。

ECB 模式的一个缺点是要求数据的长度是密码分组长度的整数倍，否则最后一个数据块将是短块，这时需要特殊处理。

ECB 模式的另一个缺点是容易暴露明文的数据模式。

在计算机系统中，许多数据都具有某种固有的模式。这主要是由数据冗余和数据结构引起的。例如，各种计算机语言的语句和指令都十分有限，因而在程序中便表现为少量的语句和指令的大量重复。各种语言程序往往具有某种固定格式。数据库的记录也往往

具有某种固定结构,如学生成绩数据库一定包含诸如姓名、学号和各科成绩等字段。计算机通信通常按固定的步骤和格式进行,如工作站和网络服务器之间的联络一定从 LOGIN 开始。如果不采取措施,根据明文相同、密钥相同则密文相同的道理,这些固有的数据模式将在密文中表现出来。

掩盖明文数据模式的有效方法有采用某种预处理技术和链接技术。

所谓预处理技术,就是在用分组密码加密之前首先选用一个随机序列(如 m 序列等)与明文按位模 2 相加,这样明文的数据模式便被掩盖。这种方法的缺点是增大了数据处理的工作量,并且需要保存所用的随机序列,否则密文不能还原。

所谓链接技术,是使加解密算法的当前输出不仅与当前的输入和密钥相关,而且也和先前的输入和输出相关的一种技术。采用链接技术后密文和明文之间的关系变得更加复杂,即使明文和密钥相同,所产生的密文也可能不相同,所以可以掩盖明文的数据模式。采用链接技术后,当前的密文(明文)和先前的密文(明文)都相关,所以若某一密文(明文)块发生了错误,将影响以后的密文(明文),这种现象称为错误传播。错误传播有时是有益的,如可用于认证数据的真实性和完整性,然而有时又不希望是错误传播的,例如,对于磁盘文件加密,磁盘介质的损坏是经常的,不希望因某一点的磁盘介质损坏而影响整个文件损坏。

下面介绍分组密码的链接工作模式。

2. 密文链接(Ciphertext Block Chaining,CBC)模式

首先介绍明密文链接(Plaintext and Ciphertext Block Chaining)模式。

设明文为 $\boldsymbol{M}=(M_1,M_2,\cdots,M_n)$,相应的密文为 $\boldsymbol{C}=(C_1,C_2,\cdots,C_n)$,而

$$C_i=\begin{cases}E(M_i \oplus \boldsymbol{Z},K), & i=1 \\ E(M_i \oplus M_{i-1} \oplus C_{i-1},K), & i=2,3,\cdots,n\end{cases} \tag{2-24}$$

其中,$\boldsymbol{Z}$ 为初始化向量。

根据式(2-24)可知,即使 $M_i=M_j$,但因一般都有 $M_{i-1} \oplus C_{i-1} \neq M_{j-1} \oplus C_{j-1}$,使 $C_i \neq C_j$,从而掩盖了明文中的数据模式。

同样,根据式(2-24)可知,加密时,当 M_i 或 C_i 中发生一位错误时,自此以后的密文全都发生错误,这种现象称为错误传播无界。

解密时,因为

$$M_i=\begin{cases}D(C_i,K) \oplus \boldsymbol{Z}, & i=1 \\ D(C_i,K) \oplus M_{i-1} \oplus C_{i-1}, & i=2,3,\cdots,n\end{cases} \tag{2-25}$$

所以解密时也是错误传播无界。

进一步,为了使相同的报文也产生不同的密文,应当使 $\boldsymbol{Z}$ 随机化,每次加密均使用不同的初始化向量 $\boldsymbol{Z}$。

明密文链接的工作原理如图 2-8 所示。

明密文链接方式具有加解密错误传播无界的特性,而磁盘文件加密通常希望解密错误传播有界,这时可采用密文链接方式。明文不参与链接,只让密文参与链接,便成为密文链接方式。

加密时,有

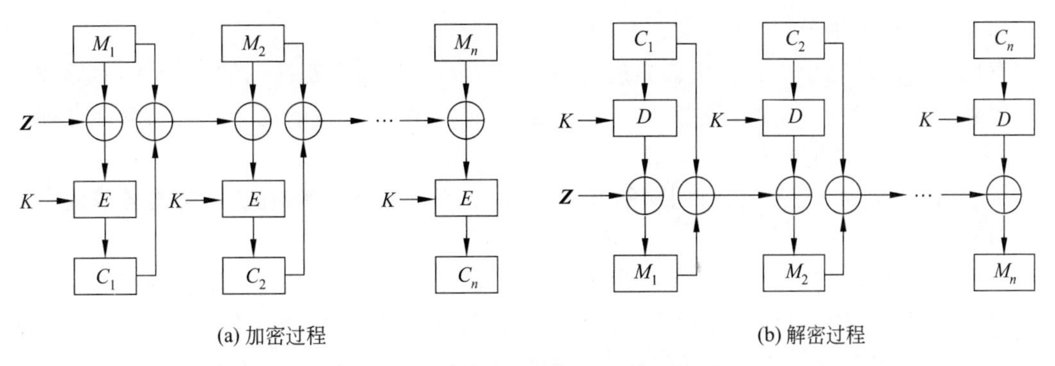

图 2-8　明密文链接的工作原理

$$C_i = \begin{cases} E(M_i \oplus \boldsymbol{Z}, K), & i=1 \\ E(M_i \oplus C_{i-1}, K), & i=2,3,\cdots,n \end{cases} \tag{2-26}$$

当 M_i 或 C_i 中发生错误时，自此以后的密文全都发生错误，同样为错误传播无界。

解密时，有

$$M_i = \begin{cases} D(C_i, K) \oplus \boldsymbol{Z}, & i=1 \\ D(C_i, K) \oplus C_{i-1}, & i=2,3,\cdots,n \end{cases} \tag{2-27}$$

若 C_{i-1} 发生了错误，则只影响 M_{i-1} 和 M_i 发生错误，其余不发生错误，因此错误传播有界。

密文链接的工作原理如图 2-9 所示。

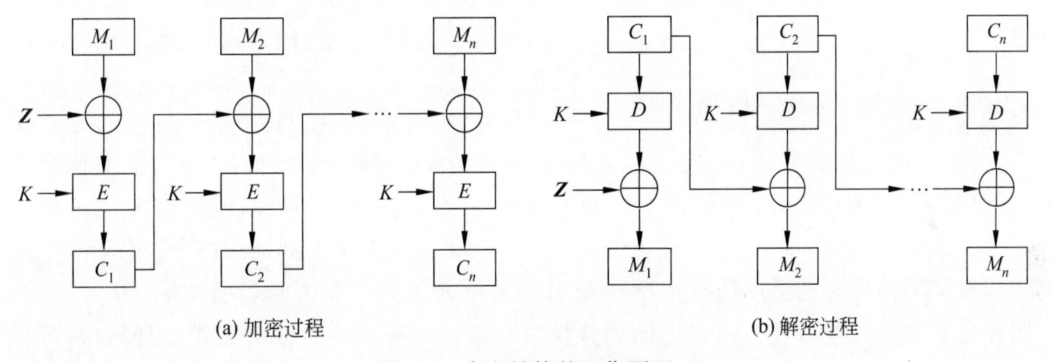

图 2-9　密文链接的工作原理

与 ECB 一样，CBC 的一个缺点也是要求数据的长度是密码分组长度的整数倍，否则最后一个数据块将是短块，这时需要特殊处理。

3. 输出反馈(Output Feedback,OFB)模式

输出反馈模式将一个分组密码转换为一个密钥序列产生器，从而可以实现用分组密码按流密码的方式进行加解密。这种工作模式的安全性取决于分组密码本身的安全性。

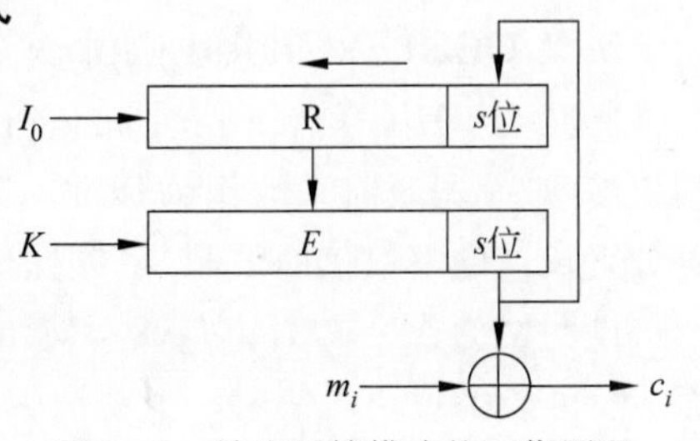

图 2-10　输出反馈模式的工作原理

输出反馈模式的工作原理如图 2-10 所示。其中，R 为移位寄存器。E 为分组密码，如 AES、SM4 等强密码。设其分组长度为 n。I_0 为 R 的

初始状态并称为种子,K 为密钥。分组密码 E 把移位寄存器 R 的状态内容作为明文,并加密成密文。E 输出的密文中最右边的 $s(1 \leqslant s \leqslant n)$ 位作为密钥序列输出,与明文异或实现序列加密。同时,移位寄存器 R 左移 s 位,E 输出中最右边的这 s 位又反馈到寄存器 R。R 的新状态内容作为 E 下一次加密的输入。如此继续。

解密时,R 和 E 按加密时同样的方式工作,产生出相同的密钥流,与密文异或便完成了解密。

这种工作模式将一个分组密码转换为一个序列密码。它具有普通序列密码的优缺点,如没有错误传播。设加密时 m_i 错了一位,则只影响密文中对应的一位,不影响其他位。同样,设解密时 c_i 错了一位,则只影响明文中对应的一位,不影响其他位。

输出反馈模式适于加密冗余度较大的数据,如语音和图像数据,但因无错误传播而对密文的篡改难以检测。

4. 密文反馈(Cipher Feedback,CFB)模式

密文反馈模式的工作原理与输出反馈模式的工作原理基本相同,不同的仅是反馈到移位寄存器 R 的不是 E 输出中的最右 s 位,而是密文 c_i 的 s 位,如图 2-11 所示。

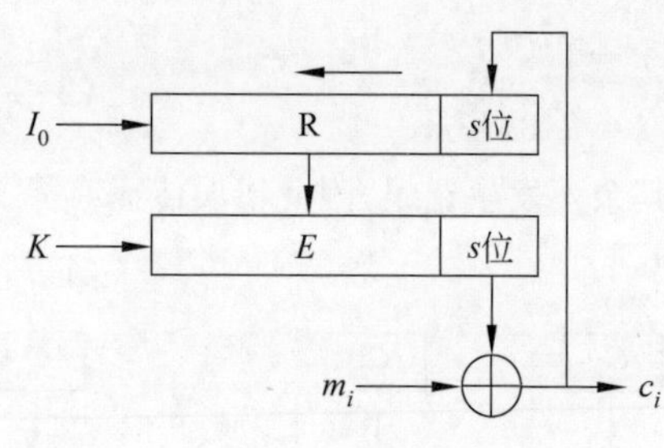

图 2-11　密文反馈模式的工作原理

加密开始时,$\mathrm{R}=I_0$,E 的输出为 $E(I_0,K)$。把 $E(I_0,K)$ 中的最右 s 位作为密钥流与明文 m_1 异或,得到相应的密文 c_1。同时把 c_1 反馈给 R,于是又可产生下一个正确的密钥流。如此继续,便完成加密。

解密时,R 和 E 按与加密时同样的方式工作,产生出同样的密钥流,与密文异或便完成了解密。解密开始时,$\mathrm{R}=I_0$,E 的输出为 $E(I_0,K)$。把 $E(I_0,K)$ 中的最右 s 位作为密钥流与密文 c_1 异或,便得到相应的明文 m_1。同时把 c_1 反馈给 R,于是又可产生下一个正确的密钥流。如此继续,便完成解密。

密文反馈模式的错误传播情况与输出反馈模式不同。加密时若明文 m_i 错了一位,则导致密文 c_i 错误,这一错误反馈到移位寄存器后将影响到后续的密钥序列错误,导致后续的密文都错误。同样,解密时若密文 c_i 错了一位,则影响明文 m_i 错误,但密文的这一错误反馈到移位寄存器后将影响到后续的密钥序列错误,导致后续的明文都错误。

这种加解密都错误传播无界的特性,使得密文反馈模式适合数据完整性认证方面的应用。

5. X CBC(Extended Cipher Block Chaining Encryption)模式

2000 年,美国学者 John Black 和 Phillip Rogaway 提出 X CBC 模式,作为 CBC 模式的扩展,被美国政府采纳作为标准。X CBC 主要避免了 CBC 要求明文数据的长度是密码分组长度的整数倍的限制,可以处理任意长的数据。

设明文为 $\boldsymbol{M}=(M_1,M_2,\cdots,M_{n-1},M_n)$,相应的密文为 $\boldsymbol{C}=(C_1,C_2,\cdots,C_{n-1},C_n)$,而 M_n 可能是短块。使用 3 个密钥 K_1、K_2、K_3 进行加密,使用填充函数 $\mathrm{Pad}(X)$ 对短块数据进行填充。

令 $\mathbf{Z}=\mathbf{0}$,以 $\mathbf{Z}$ 作为初始化向量,处理过程如下。

$$C_i=\begin{cases}E(M_i\oplus \mathbf{Z},K_1), & i=1\\ E(M_i\oplus C_{i-1},K_1), & i=2,3,\cdots,n-1\end{cases}\tag{2-28}$$

$$C_n=\begin{cases}E(M_n\oplus C_{n-1}\oplus K_2,K_1), & \text{当 } M_n \text{ 不是短块}\\ E(\mathrm{Pad}(M_n)\oplus C_{n-1}\oplus K_3,K_1), & \text{当 } M_n \text{ 是短块}\end{cases}\tag{2-29}$$

其中填充函数 $\mathrm{Pad}(X)$定义为

$$\mathrm{Pad}(X)=\begin{cases}X, & \text{当 } X \text{ 不是短块}\\ X10\cdots0, & \text{当 } X \text{ 是短块}\end{cases}\tag{2-30}$$

经填充函数 $\mathrm{Pad}(X)$填充后的数据块一定是标准块。

X CBC 与 CBC 的区别在于最后一个数据块的处理不同。CBC 要求最后一个数据块是标准块,不是短块,而 X CBC 既允许最后一个数据块是标准块,也允许是短块,而且最后一个数据块的加密方法与 CBC 不同。

X CBC 模式既允许最后一个数据块是标准块,也允许是短块,这给应用带来便利。但是,若最后一个数据块是短块,则 X CBC 会先填充后加密,因此要求通信双方共享填充的长度信息,否则发送方无法完成数据填充,接收方无法去除填充数据。有两种方法可解决这一问题:一种方法是增加指示信息,通常用最后 8 位作为填充指示符;另一种方法是如果通信双方知道明文的长度,则由式(2-31)计算出填充的数据位数。

$$\text{填充的数据位数}=\text{明文分组长度}-(\text{明文长度 mod 明文分组长度})\tag{2-31}$$

X CBC 模式的主要优点如下。

① 可以处理任意长度的数据。

② 适于计算产生检测数据完整性的消息认证码(MAC)。

X CBC 模式的主要缺点如下。

① 填充的方法不适合文件和数据库加密,因为填充有可能造成存储器溢出或破坏数据库的记录结构。

② X CBC 使用 3 个密钥,使得密钥的存储和加解密控制都比较麻烦。

6. CTR(Counter)模式

CTR 模式是 Diffie 和 Hellman 于 1979 年提出的,在征集 AES 工作模式的活动中由 California 大学的 Phillip Rogaway 等推荐。

CTR 模式与密文反馈模式和输出反馈模式一样,把分组密码转换为序列密码,本质上是利用分组密码产生密钥序列,按序列密码的方式进行加解密,如图 2-12 所示。

设 $T_1,T_2,\cdots,T_{n-1},T_n$ 是一给定的计数序列,$M_1,M_2,\cdots,M_{n-1},M_n$ 是明文,其中 $M_1,M_2,\cdots,M_{n-1}$是标准块,M_n 的长度等于 u,u 小于或等于分组长度。CTR 模式的加密过程如下。

$$\begin{cases}O_i=E(T_i,K), & i=1,2,\cdots,n\\ C_i=M_i\oplus O_i, & i=1,2,\cdots,n-1\\ C_n=M_n\oplus \mathrm{MSB}_u(O_n)\end{cases}\tag{2-32}$$

其中,$\mathrm{MSB}_u(O_n)$表示 O_n 中的高 u 位。

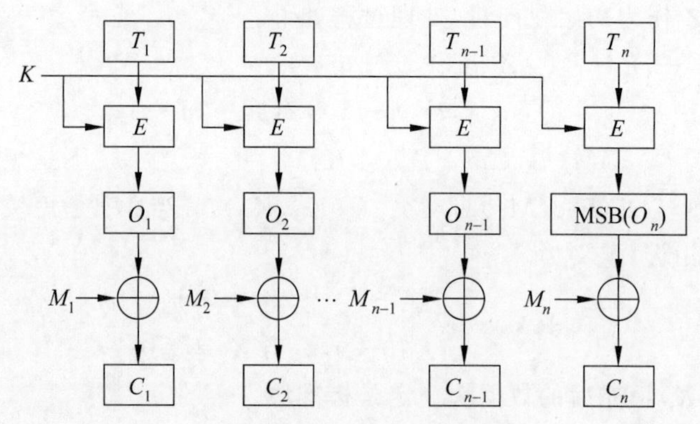

图 2-12　CTR 模式的工作原理

CTR 模式的解密过程如下。

$$\begin{cases} O_i = E(T_i, K), & i = 1, 2, \cdots, n \\ M_i = C_i \oplus O_i, & i = 1, 2, \cdots, n-1 \\ M_n = C_n \oplus \mathrm{MSB}_u(O_n) \end{cases} \tag{2-33}$$

值得注意的是,在 CTR 模式中计数序列 $T_1, T_2, \cdots, T_{n-1}, T_n$ 必须是时变的。即使用同一个密钥加密不同的明文,其计数序列也应当是不同的。否则,如果计数序列长期不变,根据 $O_i = E(T_i, K), i = 1, 2, \cdots, n$,在密钥 K 和 T_i 相同的情况下则有 O_i 相同,从而出现用相同的 O_i 进行加密,这将影响加密的保密性。

CTR 模式的优点是可并行、效率高、O_i 的计算可预处理、适合任意长度的数据、加解密速度快,而且在加解密处理方式上适合随机存取数据的加解密,因此特别适合计算机随机文件的加密,因为随机文件要求能随机访问,这对数据库加密是有重要意义的。

CTR 模式的加密算法是模 2 加,是对合运算,因此加解密使用同一算法,工程实现工作量减半。

CTR 模式的优点是没有错误传播,但因此不适合用于数据完整性认证。

以上 6 种工作模式各有特点和用途。电码本模式适于对密钥加密。明密文链接和密文链接模式适于对字符文件加密,其中前者常用于鉴别数据的真实性、完整性。输出反馈模式适于对语音、图像等冗余度大的数据加密。密文反馈模式适合数据完整性认证方面的应用。X CBC 模式适合任意长数据的链接加密。CTR 模式是对合运算,简单、高效、可并行、工程实现简单、适合随机存取数据的加解密。

2.3.2　分组密码的短块加密

因为分组密码一次只能对一个固定长度的明文(密文)块进行加(解)密,当明文长度大于分组长度,而又不是分组长度的整数倍时,短块总是最后一块。无论是网络通信加密还是文件加密,短块是经常遇到的,因此必须采用合适的技术解决短块加密问题。前面介绍的 ECB 模式和 CBC 模式都会遇到短块的处理问题。

用无用的数据填充短块,使之成为标准块,然后再利用分组密码进行加密。为了确保加密强度,填充数据应是随机的。但是收信者如何知道哪些数据是填充的呢?可采用下面两种短块加密技术。

1. 序列密码加密法

采用序列密码加密短块的原理如图 2-13 所示。这是一种混合使用分组密码和序列密码两种技术的方案，其中对标准块用分组密码加密，而对短块用序列密码加密。在图 2-13 中，M_n 为短块，M_n的长度等于 u，u 小于分组长度。其余数据块为标准块。短块加密按式(2-34)进行：

$$C_n = M_n \oplus \mathrm{MSB}_u(E(C_{n-1}, K)) \tag{2-34}$$

其中，$\mathrm{MSB}_u(E(C_{n-1}, K))$表示$(E(C_{n-1}, K))$中的高 u 位。

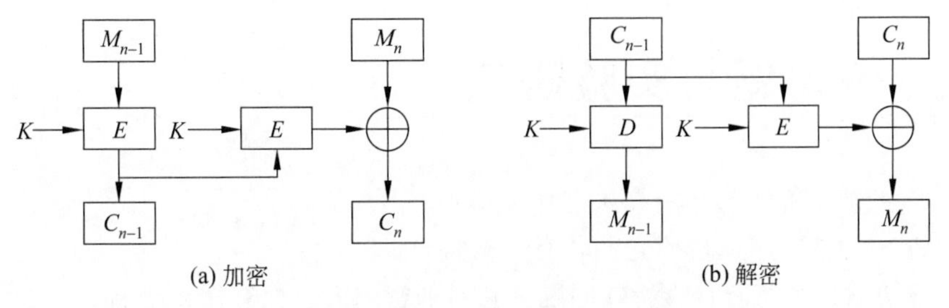

图 2-13　采用序列密码加密短块的原理

解密时，C_{n-1}的错误将直接影响 M_{n-1}和 M_n 也发生错误。C_n 中的某一位错误仅影响 M_n 中与之相应的位发生错误。

当明文 M 本身就是一个短块时，用初始向量 $\mathbf{Z}$ 代替 C_{n-1}，仍用序列密码方式加密。

$$C_n = M \oplus \mathrm{MSB}_u(E(\mathbf{Z}, K)) \tag{2-35}$$

2. 密文挪用技术

利用密文挪用技术加密短块的原理如图 2-14 所示。在对短块 M_n 加密之前，首先从密文 C_{n-1}中挪出刚好够填充的位数，填充到 M_n 中，使 M_n 成为一个标准块，这样 C_{n-1}却成了短块。然后再对填充后的 M_n 加密，得到密文 C_n。虽然 C_{n-1}是短块，但 C_n 却是标准块，两者的总位数等于 M_{n-1}和 M_n 的总位数，没有数据扩张。解密时先对 C_n 解密，还原出明文 M_n 和从 C_{n-1}中挪用的数据。把从 C_{n-1}中挪用的数据再挪回 C_{n-1}，然后再对 C_{n-1}解密，还原出 M_{n-1}。当明文本身就是一个短块时，用初始向量 $\mathbf{Z}$ 代替 C_{n-1}。

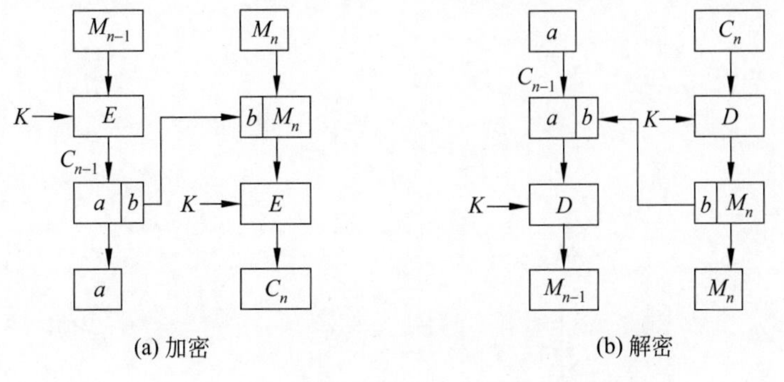

图 2-14　采用密文挪用技术加密短块的原理

解密时 C_{n-1} 中的错误只影响 M_{n-1} 也产生错误，而 C_n 中的错误则将影响 M_n 和 M_{n-1} 都发生错误。

和填充法一样，密文挪用法也需要知道挪用的位数，否则收信者不知道挪用了多少位，从而不能正确解密。

密文挪用加密短块的优点是不引起数据扩展，缺点是解密时要先解密 C_n，还原挪用后再解密 C_{n-1}，从而使控制变得复杂。

最后指出，采用序列密码加密短块的方法的安全性较弱。如果短块很短，可能被穷举攻破。而采用密文挪用加密短块的方法的安全性较高，因此在实际应用中多采用密文挪用的方法加密短块。

习题与实验研究

1. AES 的解密算法与加密算法有什么不同？

2. 比较 SM4 和 AES，说明它们各有什么特点。

3. 计算机数据加密有什么特殊问题？它对加密的安全性有什么影响？

4. 什么是错误传播？错误传播有用处吗？

5. 分析密文链接(CBC)模式、输出反馈(OFB)模式、密文反馈(CFB)模式和 CTR 模式的错误传播情况。

6. 软件实验：编程验证 AES 密码算法加密轮函数与 SM4 密码算法加密轮函数，比较其加密速度，研究其雪崩效应(输入改变 1 比特，看输出改变几比特)。

7. 实验研究：以 SM4 或 AES 密码为基础，开发出文件加密软件系统，软件要求如下。

① 具有文件加密和解密功能；

② 具有加解密速度统计功能；

③ 采用密文链接和密文挪用短块处理技术；

④ 具有较好的人机界面。

第3章 序列密码

序列密码是密码学的一个重要分支,由于人们对序列密码的研究比较充分,而且序列密码具有实现容易、效率高等优点,所以序列密码成为许多重要应用领域的主流密码。本章讨论序列密码的基本理论和典型算法。

3.1 序列密码的概念

"一次一密"密码理论上是不可破译的,这一事实使人们感觉到:如果能以某种方式仿效"一次一密"密码,则将可以得到安全性很高的密码。长期以来,人们试图以序列密码方式仿效"一次一密"密码,从而促进了序列密码的研究和发展。目前,序列密码的理论已经比较成熟,而且具有效率高、工程实现容易等优点,所以序列密码在世界各国成为许多重要领域应用的主流密码体制。

为了安全,序列密码应使用尽可能长的密钥,而长密钥的存储、分配都很困难,于是人们采用一个短的种子密钥控制某种算法产生出长的密钥序列,供加解密使用,而短的种子密钥的存储、分配相对比较容易。

图 3-1 给出了序列密码的原理。序列密码加解密器采用简单的模 2 加法器,这使得序列密码的工程实现十分简单。于是,序列密码的关键就是产生密钥序列的算法。密钥序列产生算法应能产生随机性好的密钥序列。目前已有许多产生优质密钥序列的算法。保持通信双方的精确同步是序列密码实际应用中的关键技术之一。由于通信双方必须能够产生相同的密钥序列,所以这种密钥序列不可能是真随机序列,只能是伪随机序列,只不过是具有良好随机性的伪随机序列。

为了产生出随机性好而且周期足够长的密钥序列,密钥序列产生算法都采用带有存储部件的时序算法,其理论模型为有限自动机,其实现电路为时序电路。

如图 3-1 所示,对于序列密码,因为通信的双方拥有相同的密钥产生算法,所以只要通信双方的密钥序列产生器具有相同的种子密钥和相同的初始状态,就能产生相同的密钥序列。但是,在保密通信过程中,通信双方必须保持精确的同步,收方才能正确解密,如果失步,收方将不能正确解密。例如,如果通信中丢失或增加了一个密文字符,则收方的解密将一直错误,直到重新同步为止。这是序列密码的一个主要缺点。但是,序列密码对失步的敏感性,使我们能够容易检测插入、删除等主动攻击。序列密码的一个优点是没有

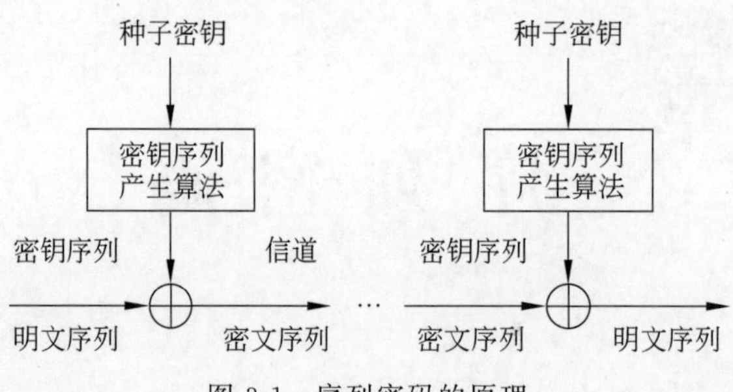

图 3-1 序列密码的原理

错误传播,当通信中某些密文字符产生了错误(如 0 变成 1,或 1 变成 0),只影响相应字符的解密产生错误,不影响其他字符。

LFSR

3.2 线性移位寄存器序列

移位寄存器是大家熟悉的概念。图 3-2 给出了移位寄存器的结构,其中省略了移位脉冲电路。图中 $s_0,s_1,\cdots,s_{n-1}$ 为 n 个寄存器,每个寄存器都记忆一个确定的内容,每来一个移位脉冲,寄存器的内容便向左移动一位,所以称为左移移位寄存器。具体移动情况为:首先通过函数 $f(s_0,s_1,\cdots,s_{n-1})$ 计算出移位寄存器的输出;然后,s_1 的内容移入 s_0,s_2 的内容移入 s_1,……,s_{n-1} 的内容移入 s_{n-2};最后,将输出反馈送入 s_{n-1}。通常称函数 $f(s_0,s_1,\cdots,s_{n-1})$ 为移位寄存器的反馈函数。如果反馈函数 $f(s_0,s_1,\cdots,s_{n-1})$ 是 $s_0,s_1,\cdots,s_{n-1}$ 的线性函数,则称移位寄存器为线性移位寄存器(LSR),否则称为非线性移位寄存器。称每一时刻移位寄存器的具体取值 $(s_0,s_1,\cdots,s_{n-1})$ 为移位寄存器的一个状态,随着移位脉冲的不断加入,移位寄存器的状态将不断变化,同时输出一个数字序列。

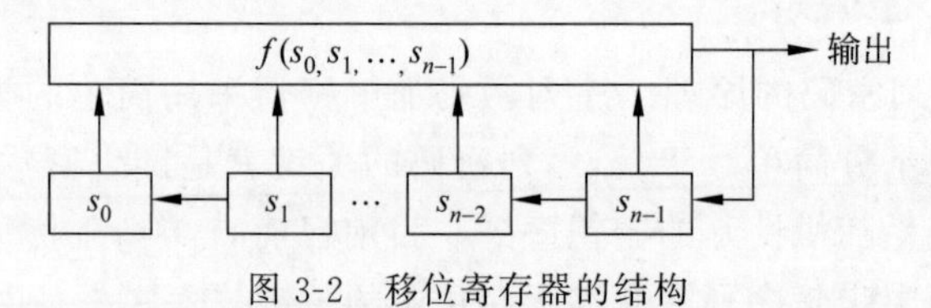

图 3-2 移位寄存器的结构

设 $f(s_0,s_1,\cdots,s_{n-1})$ 为线性函数,则 $f(s_0,s_1,\cdots,s_{n-1})$ 是 $s_0,s_1,\cdots,s_{n-1}$ 的一次函数,于是可写成

$$f(s_0,s_1,\cdots,s_{n-1})=g_0s_0+g_1s_1+\cdots+g_{n-1}s_{n-1} \tag{3-1}$$

其中,$g_0,g_1,\cdots,g_{n-1}$ 为反馈系数。在二进制的情况下,式(3-1)中的+为模 2 加$\oplus$,此时线性移位寄存器的结构如图 3-3 所示。其中,如果 $g_i=0$,则表示式(3-1)中的 g_is_i 项不存在,也就表示在图 3-3 中 s_i 不连接。同理,如果 $g_i=1$,则表示式(3-1)中的 g_is_i 项存在,也就表示在图 3-3 中 s_i 连接。故 g_i 的作用相当于一个开关,$g_i=0$,开关断开,$g_i=1$,开关闭合。

形式上,用 x^i 与 s_i 相对应,再添加一个 x^n,于是由式(3-1)的反馈函数可导出一个 x 的 n 次多项式:

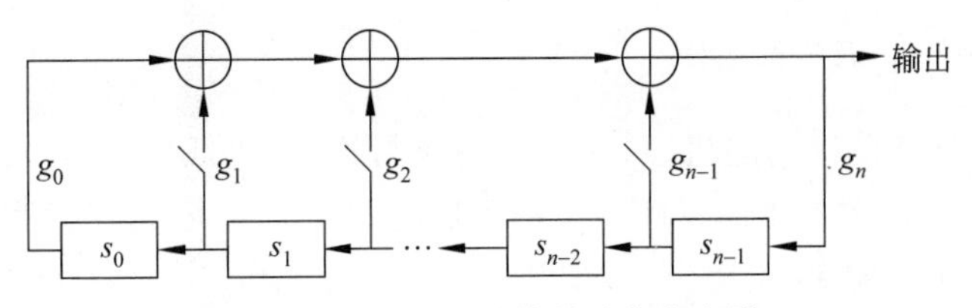

图 3-3　GF(2)上的线性移位寄存器

反馈函数：$f(s_0, s_1, \cdots, s_{n-1}) = g_0 s_0 + g_1 s_1 + \cdots + g_{n-1} s_{n-1}$

$\updownarrow \quad \updownarrow \quad \updownarrow$

连接多项式：$$g(x) = g_0 x^0 + g_1 x^1 + \cdots + g_{n-1} x^{n-1} + g_n x^n \tag{3-2}$$

称 $g(x)$ 为线性移位寄存器的连接多项式。与图 3-3 对照可知，其中 $g_n = g_0 = 1$。否则，若 $g_n = 0$，则输出不反馈到 s_{n-1}。若 $g_1 = 0$，则 s_0 不起作用，应将其去掉。

线性移位寄存器的输出序列的性质完全由反馈函数决定，即完全由连接多项式决定。有了连接多项式的概念，便可利用数学工具深入研究线性移位寄存器的输出序列的性质。目前，线性移位寄存器的输出序列的理论已经十分成熟。n 级线性移位寄存器最多有 2^n 个不同的状态。若其初始状态为零，则其后续状态恒为零。若其初始状态不为零，则其后续状态也不为零。因此，n 级线性移位寄存器的状态周期 $\leqslant 2^n - 1$，因此其输出序列的周期 $\leqslant 2^n - 1$。只要选择合适的连接多项式，便可使线性移位寄存器的输出序列周期达到最大值 $2^n - 1$。

定义 3-1　如果二元域 GF(2) 上的 n 级线性移位寄存器输出序列的周期长度达到最大值 $2^n - 1$，则称其输出序列为 m 序列。

m 序列

定义 3-2　对于一个周期为 p 的序列，设 $k_0, k_1, \cdots, k_{p-1}$ 是其中一个周期子段，则 $k_{0+\tau}, k_{1+\tau}, \cdots, k_{p-1+\tau}$ 也是一个周期子段。记这两个子段中相同的位数为 A，不相同的位数为 D，则自相关函数定义为

$$R(\tau) = \frac{A - D}{p} \tag{3-3}$$

进一步，如果有

$$R(\tau) = \begin{cases} 1, & \tau = 0 \\ -1/p, & 0 < \tau \leqslant p - 1 \end{cases} \tag{3-4}$$

则称其自相关系数达到最佳值。

根据定义 3-2 可知，自相关函数反映了一个周期序列在一个周期内平均每位的相同程度。如果一个序列的自相关函数达到最佳值，则表明其具有良好的随机性。

随机性检测

结论 3-1　二元域 GF(2)上的 m 序列具有如下的良好随机性。

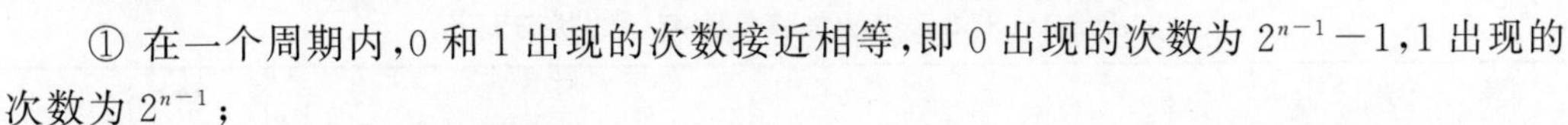

① 在一个周期内，0 和 1 出现的次数接近相等，即 0 出现的次数为 $2^{n-1} - 1$，1 出现的次数为 2^{n-1}；

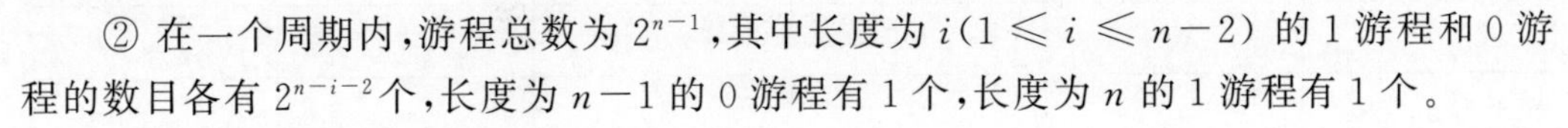

② 在一个周期内，游程总数为 2^{n-1}，其中长度为 $i(1 \leqslant i \leqslant n-2)$ 的 1 游程和 0 游程的数目各有 2^{n-i-2} 个，长度为 $n-1$ 的 0 游程有 1 个，长度为 n 的 1 游程有 1 个。

③ 自相关函数达到最佳值：

$$R(\tau)=\begin{cases}1, & \tau=0\\ -1/(2^n-1), & 0<\tau\leqslant 2^n-2\end{cases}$$

由于 m 序列具有良好的随机性,它不仅在密码领域,而且在通信、雷达等领域都得到了广泛应用。那么,怎样才能让线性移位寄存器的输出序列为 m 序列呢?这个问题理论上已经解决,而且十分容易。

结论 3-2 当且仅当二元域 GF(2)上的线性移位寄存器的连接多项式 $g(x)$为本原多项式时,其输出的非零序列为 m 序列。

定义 3-3 设 $f(x)$为二元域 GF(2)上的多项式,使得 $f(x)$整除 x^p-1 的最小正整数 p 称为 $f(x)$的周期。如果 $f(x)$的次数为 n,且其周期 $p=2^n-1$,则称 $f(x)$为本原多项式。

例 3-1 二元域 GF(2)上的多项式 $g(x)=x^4+x+1$ 是本原多项式。

首先注意,$g(x)=x^4+x+1$ 是二元域 GF(2)上的多项式,这说明 $g(x)$的系数是二元域 GF(2)上的元素。也就是说,其系数或为 0 或为 1,二者必居其一。其次注意,二元域 GF(2)上的加法是模 2 加,因为模 2 加是对合运算,模 2 加等于模 2 减,因此多项式中写+号和写−号都是可以的。我们一般都写成+号。特别指出:如果系数域中的加法运算不是对合运算,则多项式中的+号和−号是不能随意写的。

其次考查用 $g(x)$去除 $x^i-1,i=1,2,3,\cdots,14,15$ 的情况。因为 $g(x)$是四次多项式,显然它不能整除 $x-1,x^2-1,x^3-1$。进一步,逐一考查用它去除 $x^i-1,i=4,5,\cdots,14$ 的情况,发现都不能整除 x^i-1。最后用它去除 $x^{15}-1$,发现刚好能够整除,商为 $x^{11}+x^8+x^7+x^5+x^3+x^2+x+1$,所以 $g(x)=x^4+x+1$ 的周期为 $p=15$。又因为周期 $p=15=2^4-1=15$,所以 $g(x)=x^4+x+1$ 是本原多项式。

已经证明,对于任意的正整数 n,至少存在一个二元域 GF(2)上的 n 次本原多项式。这表明,对于任意的 n 级线性移位寄存器,至少有一种连接方式使其输出序列为 m 序列。

例 3-2 设 $g(x)=x^4+x+1$,$g(x)$为本原多项式,以其为连接多项式的线性移位寄存器如图 3-4 所示,分析其输出序列。

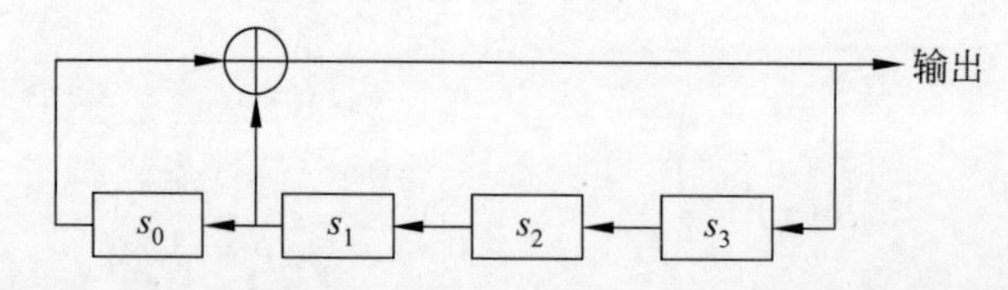

图 3-4 连接多项式为 $g(x)=x^4+x+1$ 的线性移位寄存器

首先考查其输出序列:设其初始状态为$(s_0,s_1,s_2,s_3)=(0,0,0,1)$,则状态的变迁过程如表 3-1 所示。

表 3-1 例 3-2 中线性移位寄存器的状态变迁

序 号	s_0	s_1	s_2	s_3	输 出
0	0	0	0	1	0
1	0	0	1	0	0

续表

序　　号	s_0	s_1	s_2	s_3	输　　出
2	0	1	0	0	1
3	1	0	0	1	1
4	0	0	1	1	0
5	0	1	1	0	1
6	1	1	0	1	0
7	1	0	1	0	1
8	0	1	0	1	1
9	1	0	1	1	1
10	0	1	1	1	1
11	1	1	1	1	0
12	1	1	1	0	0
13	1	1	0	0	0
14	1	0	0	0	1
15	0	0	0	1	开始重复

表 3-1 说明，例 3-2 中线性移位寄存器在初始状态为(0,0,0,1)时，输出序列为 001101011110001，在第 16 个节拍时输出序列开始重复，周期为 $p=2^4-1=15$，所以输出序列是 m 序列。因为输出为周期序列，因此可以把输出序列 001101011110001 看成一个首尾相接的环。由表 3-1 可得到如下结论。

① 改变移位寄存器的初始状态，只改变输出序列的起始点。

② 从每个寄存器输出，都可得到同一个 m 序列，只是起始点不同。

③ 移位寄存器的每个状态，都是这个 m 序列的一个子段。

其次考查其输出序列的随机性。

① 首先分析它的 0,1 分布，可知有 $2^3-1=7$ 个 0，$2^3=8$ 个 1，达到理想值。

② 其次分析它的游程分布：发现它有 2 个长度为 1 的 0 游程和 2 个长度为 1 的 1 游程，有 1 个长度为 2 的 0 游程和 1 个长度为 2 的 1 游程，有 1 个长度为 3 的 0 游程和 1 个长度为 4 的 1 游程，总共有 $2^3=8$ 个游程，达到理想值。

③ 最后分析它的自相关函数：其输出序列是一个周期为 $p=15$ 的周期序列：0 0 1 1 0 1 0 1 1 1 1 0 0 0 1 0 0 1 1 0 1 0 1 1 1 1 0 0 0 1 ……。取出一个周期子段为 $k_0,k_1,\cdots,k_{p-1}=0\ 0\ 1\ 1\ 0\ 1\ 0\ 1\ 1\ 1\ 1\ 0\ 0\ 0\ 1$。令 $\tau=0$，则有 $k_{0+\tau},k_{1+\tau},\cdots,k_{p-1+\tau}=k_0,k_1,\cdots,k_{p-1}=0\ 0\ 1\ 1\ 0\ 1\ 0\ 1\ 1\ 1\ 1\ 0\ 0\ 0\ 1$，所以两个子段中相同的位数 $A=p$，两个子段中不相同的位数 $D=0$，根据式(3-3)，$R(\tau)=1$。令 $\tau=1$，则有 $k_0,k_1,\cdots,k_{p-1}=0\ 0\ 1\ 1\ 0\ 1\ 0\ 1\ 1\ 1\ 1\ 0\ 0\ 0\ 1$，$k_{0+\tau},k_{1+\tau},\cdots,k_{p-1+\tau}=k_1,k_2,\cdots,k_p=0\ 1\ 1\ 0\ 1\ 0\ 1\ 1\ 1\ 1\ 0\ 0\ 0\ 1\ 0$，简单计算可得 $A=7,D=8$，根据式(3-3)，$R(\tau)=-1/15$。类似地，验证 $\tau=2,3,\cdots,\tau=14$，仍有 $R(\tau)=$

$-1/15$。根据式(3-4)可知,这个序列的自相关函数达到最佳值。

通过例 3-2 的考查分析,可知如图 3-4 所示的线性移位寄存器的输出序列为周期 $p=15$的 m 序列,它具有良好的随机性。

虽然线性移位寄存器 m 序列具有良好的随机性,然而以线性移位寄存器的 m 序列作为密钥序列的序列密码却是可破译的。

3.3 非线性序列

线性移位寄存器序列密码在已知明文攻击下是可破译的,可破译的根本原因在于线性移位寄存器序列是线性的,这一事实促使人们向非线性领域探索。目前,研究比较多的有非线性移位寄存器序列、对线性移位寄存器序列进行非线性组合、利用非线性分组码产生非线性序列等。

3.3.1 非线性移位寄存器序列

根据图 3-2 可知,令反馈函数 $f(s_0,s_1,\cdots,s_{n-1})$为非线性函数便构成非线性移位寄存器,其输出序列为非线性序列。二元域 GF(2)上的 N 级非线性移位寄存器的输出序列的周期可达到最大值 2^N,并称周期达到最大值的非线性移位寄存器序列为 M 序列。

GF(2)上的 n 级移位寄存器共有 2^n 个状态,因此共有 2^{2^n} 种不同的反馈函数,而根据式(3-2) 可知线性反馈函数只有 2^{n-1} 种,其余均为非线性。可见,非线性反馈函数的数量是巨大的。但是值得注意的是,并非这些非线性反馈函数都能产生良好的非线性密钥序列。其中 M 序列是比较受重视的一种。这是因为 M 序列的 0,1 分布和游程分布是均匀的,而且周期最大。

目前,由于缺少得力的数学工具,对非线性移位寄存器序列的分析和研究都比较困难。

例 3-3　令 $n=3$,反馈函数 $f(s_0,s_1,s_2)=s_0\oplus s_2\oplus s_1s_2\oplus 1$,由于与运算为非线性运算,故反馈函数为非线性反馈函数,如图 3-5 所示,其输出序列为 10110100 …,周期 $p=8=2^3$,为 M 序列。

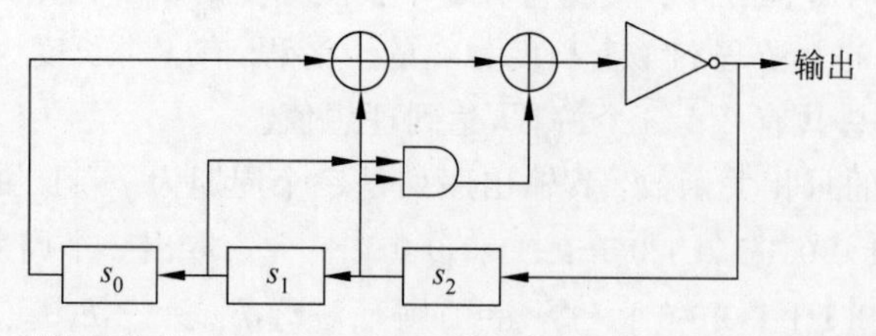

图 3-5　反馈函数为 $f(s_0,s_1,s_2)=s_0\oplus s_2\oplus s_1s_2\oplus 1$ 的非线性移位寄存器

线性移位寄存器和非线性移位寄存器在序列密码中都有许多应用。例如,欧盟的 Grain-128a 密码就是采用了线性移位寄存器与非线性移位寄存器组合的方式,产生非线性随机序列。它是欧盟 eSTREAM 密码工程的一个优胜密码。

3.3.2　对线性移位寄存器序列进行非线性组合

非线性移位寄存器序列的研究比较困难，但人们对线性移位寄存器序列的研究却比较充分和深入。于是人们想到，利用线性移位寄存器序列设计容易、随机性好等优点，对一个或多个线性移位寄存器序列进行非线性组合可以获得良好的非线性序列。图 3-6 给出了对一个 LSR 进行非线性组合的逻辑结构。通常称这里的非线性电路为前馈电路，称这种输出序列为前馈序列。图 3-7 给出了对多个 LSR 进行非线性组合的逻辑结构。

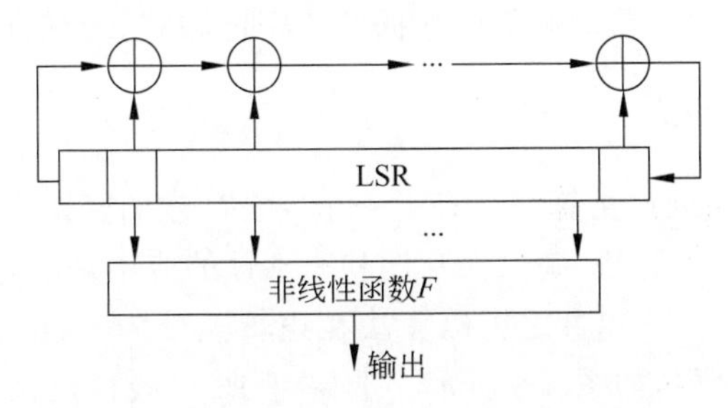

图 3-6　对一个 LSR 进行非线性组合的逻辑结构

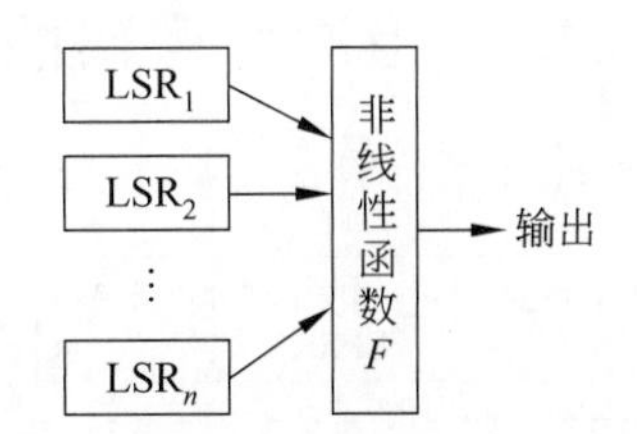

图 3-7　对多个 LSR 进行非线性组合的逻辑结构

在这里用线性移位寄存器序列作为驱动源驱动非线性电路产生非线性序列。其中用线性移位寄存器序列确保所产生序列的长周期，用非线性电路确保输出序列的非线性和其他密码性质。3.4 节中介绍的祖冲之密码的序列产生器，就是一种对一个 LSR 进行非线性组合的前馈逻辑结构。

3.3.3　利用强分组码产生非线性序列

利用好的非线性分组码，如 AES、SM4 等强密码，可以产生良好的非线性序列，而且只要这些分组密码是安全的，则由它们产生的非线性序列就是安全的。

在第 2 章中介绍了输出反馈模式 OFB 和密文反馈模式 CFB，它们都能利用分组密码产生密钥序列。

例如，在输出反馈工作模式 OFB 中，R 为移位寄存器，E 为分组密码（如 AES、SM4 等强密码），K 为密钥。设分组密码的分组长度为 n，I_0 为移位寄存器 R 的初始状态并称为种子，分组密码 E 把寄存器 R 的状态内容作为明文，并加密成密文。密文的最右边 $s(1\leqslant s\leqslant n)$位作为密钥序列输出。同时，移位寄存器 R 左移 s 位，E 输出中最右边的 s 位又反馈到寄存器 R。R 的新状态内容作为 E 下一次加密的输入。如此继续，便可产生出源源不断的密钥序列。为了提高效率，可把 s 取大一些。现在通常把 s 取为 8 位或 16 位。

3.4　中国商用祖冲之密码

祖冲之密码

2011 年 9 月 19—21 日，在第 53 次第三代合作伙伴计划（3GPP）系统架构组（SA）会议上，我国设计的祖冲之密码算法 ZUC 被采纳为新一代宽带无线移动通信系统（LTE）

国际标准,即 4G 的国际标准。这是我国商用密码算法首次走出国门参与国际标准竞争,并取得胜利。ZUC 成为国际标准提高了我国在移动通信领域的话语权和影响力,对我国移动通信产业和商用密码产业发展均具有重要意义。2020 年 8 月,ISO/IEC 接受我国 ZUC 密码算法成为国际标准。

ZUC 的名字是为了纪念我国古代数学家祖冲之。ZUC 由信息安全国家重点实验室等单位研制,经中国通信标准化协会与工业和信息化部电信研究院推荐给 3GPP。

中国提交的标准包括祖冲之密码算法 ZUC 以及基于祖冲之密码的机密性算法 128-EEA3 和完整性算法 128-EIA3,分别用于 4G 移动通信中数据的机密性和完整性保护。

3.4.1 祖冲之密码的算法结构

祖冲之密码算法本质上是一个密钥序列产生算法。有了一个安全高效的密钥序列产生算法,确保保密性和完整性的应用是容易的。

祖冲之密码算法在逻辑上分为上、中、下 3 层,如图 3-8 所示。上层是 16 级线性反馈移位寄存器(LFSR),中层是比特重组(BR),下层是非线性函数 F。与图 3-6 比较可知,祖冲之密码算法在结构上属于对一个 LFSR 进行非线性组合。

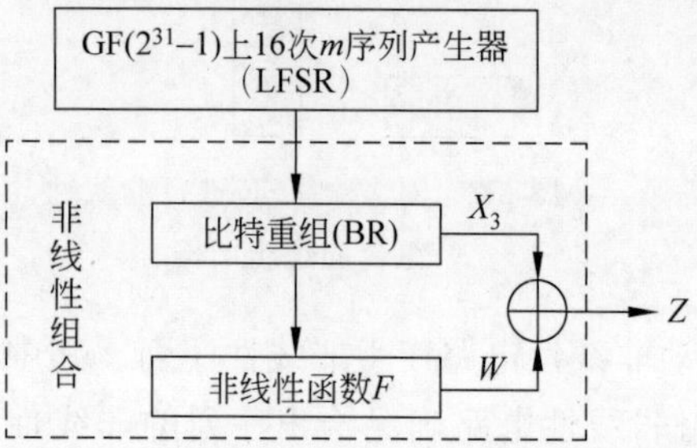

祖冲之密码算法的结构图如图 3-9 所示。

GF(2^{31}-1)上16次m序列产生器(LFSR)
非线性组合
比特重组(BR)
X_3
Z
W
非线性函数F

图 3-8 祖冲之密码算法的逻辑结构图

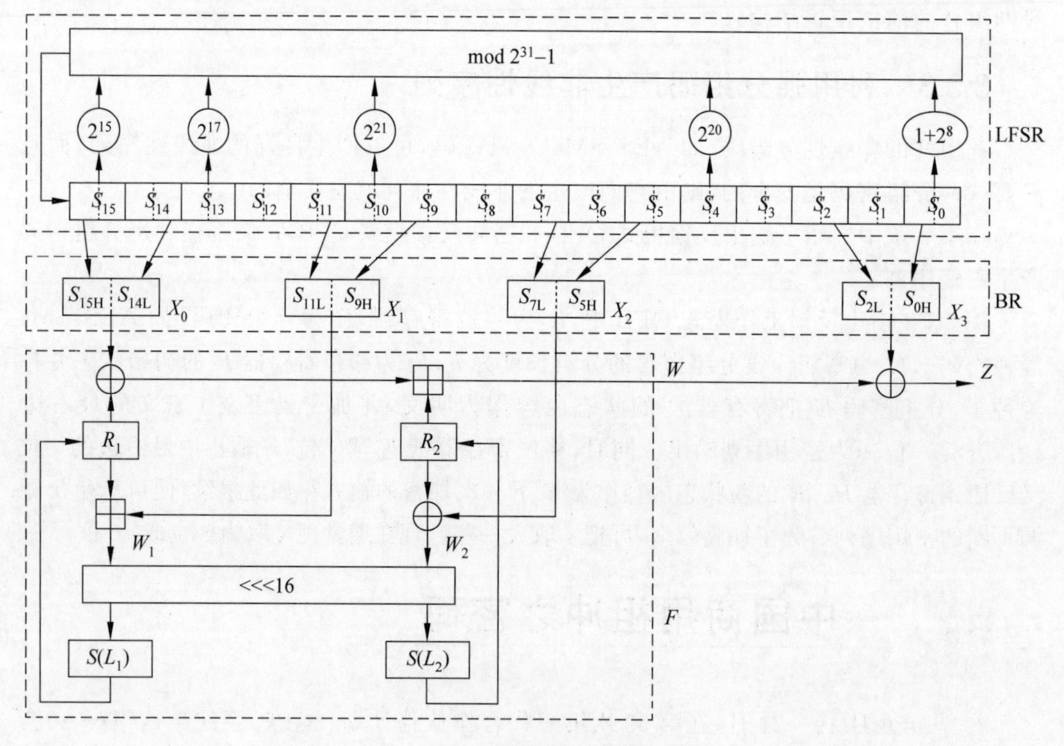

图 3-9 祖冲之密码算法的结构图

上层是一个线性反馈移位寄存器,用以提供长周期的、随机性良好的驱动序列。它以一个有限域 $GF(2^{31}-1)$ 上的16次本原多项式为连接多项式。因此,其输出为 $GF(2^{31}-1)$ 上的 m 序列,具有最长周期和良好的随机性。LFSR的输出作为中层BR的输入。

中层的BR从LFSR的状态中取出128位,拼成4个32位字(X_0,X_1,X_2,X_3),供下层的非线性函数 F 和输出密钥序列使用。

下层的非线性函数 F 从中层的BR接受3个32位字(X_0,X_1,X_2)作为输入,经过内部的异或、循环移位和模 2^{32} 运算,以及两个非线性S盒变换,最后输出一个32位字 W。由于非线性函数 F 是祖冲之密码算法中唯一的非线性部件,所以非线性函数 F 就成为确保祖冲之密码安全性的关键。

最后,非线性函数 F 输出的 W 与BR输出的 X_3 异或,形成祖冲之密码的输出密钥字序列 Z。

1. 线性反馈移位寄存器

祖冲之密码算法结构的上层是16级线性反馈移位寄存器。它由16个31比特寄存器单元变量 $s_0,s_1,\cdots,s_{15}$ 组成,每个变量在集合$\{1,2,3,\cdots,2^{31}-1\}$中取值。

线性反馈移位寄存器以有限域 $GF(2^{31}-1)$ 上的16次本原多项式

$$P(x)=x^{16}-2^{15}x^{15}-2^{17}x^{13}-2^{21}x^{10}-2^{20}x^{4}-(2^{8}+1) \tag{3-5}$$

为连接多项式。因此,其输出为有限域 $GF(2^{31}-1)$上的 m 序列,具有良好的随机性。注意,$2^{31}-1=2147483647$ 是素数,所以 $GF(2^{31}-1)$是素域。因此,其输出 m 序列的周期为 $(2^{31}-1)^{16}-1\approx 2^{496}$,这是相当大的。

线性反馈移位寄存器的作用主要是为中层的BR提供随机性良好的输入驱动序列。

线性反馈移位寄存器的运行模式有两种:初始化模式和工作模式。

1) 初始化模式

在初始化模式下,LFSR接收一个31比特字 u。u 由非线性函数 F 的32比特输出 W 通过舍弃最低位比特得到。在初始化模式下,LFSR计算过程如下。

```
LFSRWithInitialisationMode(u)
{
    ① v=2^15 s15+2^17 s13+2^21 s10+2^20 s4+(1+2^8)s0 mod (2^31-1);
    ② s16=(v+u) mod (2^31-1);
    ③ 如果 s16=0,则置 s16=2^31-1;
    ④ (s1,s2,…,s15,s16)→(s0,s1,…,s14,s15)。
}
```

初始化的目的是为LFSR设置一个随机的、非零的初始值,主要是通过设置 s_{16} 完成的。如果初始值为0,则LFSR的状态将永远为0,所以初始值不能为0,为此设置了第③行的处理:如果 $s_{16}=0$,则置 $s_{16}=2^{31}-1$。注意,LFSR的运算是按 $\bmod 2^{31}-1$ 进行的,$2^{31}-1=0 \bmod 2^{31}-1$,$2^{31}-1$ 与0同余,但不为0。

v 的计算是按式(3-5)的连接多项式计算的,是LFSR的正常运算,目的是确定 s_{16}。由于初始状态时LFSR的状态是随机的,因此 $s_{15},s_{13},s_{10},s_4,s_0$ 的值是随机的,v 的值也是随机的。为了进一步使 LFSR 的状态随机化,还引入了参数 u,u 由非线性函数 F 输出 W 通过舍弃最低位比特得到。因为在初始阶段非线性函数 F 的输出 W 是随机的,所以舍弃 W 的最低位,u 也是随机的。

2) 工作模式

在工作模式下,LFSR 不接收任何输入。其计算过程如下。

```
LFSRWithWorkMode()
{
    ① s16 = 2^15 s15 + 2^17 s13 + 2^21 s10 + 2^20 s4 + (1+2^8)s0 mod (2^31 - 1);
    ② 如果 s16 = 0,则置 s16 = 2^31 - 1;
    ③ (s1, s2, …, s15, s16) → (s0, s1, …, s14, s15)。
}
```

比较初始化模式和工作模式可知,两者的差异仅在于初始化时需要引入由非线性函数 F 输出 W 通过舍弃最低位比特得到的 u,而工作模式不需要。目的在于,引入非线性函数 F 的输出,使线性反馈移位寄存器的状态随机化。

2. 比特重组

比特重组从 LFSR 的寄存器单元中抽取 128 比特组成 4 个 32 比特字 X_0、X_1、X_2、X_3。比特重组的具体计算过程如下。

符号说明:下面式中 s_{15H} 表示 LFSR 的 s_{15} 的高 16 位,s_{14L} 表示 LFSR 的 s_{14} 的低 16 位,‖ 表示两个数据首尾拼接。例如 $s_{15H} \| s_{14L}$ 刚好组成一个 32 位字 X_0。

```
BitReconStruction()
{
    ① X0 = s15H ‖ s14L;
    ② X1 = s11L ‖ s9H;
    ③ X2 = s7L ‖ s5H;
    ④ X3 = s2L ‖ s0H
}
```

3. 非线性函数 F

非线性函数 F 内部包含 2 个 32 比特存储单元 R_1 和 R_2。F 的输入为来自比特重组的 3 个 32 比特字 X_0、X_1、X_2,输出为一个 32 比特字 W。因此,非线性函数 F 是一个把 96 比特压缩为 32 比特的非线性压缩函数。函数 F 的计算过程如下。

```
F(X0, X1, X2)
{
    ① W = (X0 ⊕ R1) ⊞ R2;其中符号⊞表示 mod 2^32 加法。
    ② W1 = R1 ⊞ X1;
    ③ W2 = R2 ⊕ X2;
    ④ R1 = S(L1(W1L ‖ W2H));
    ⑤ R2 = S(L2(W2L ‖ W1H))。
}
```

注意： 在图 3-9 中有一个循环左移 16 位的运算<<< 16，而在此处没有明显表示出来。它的作用是，把 $W_1=W_{1H}W_{1L}$ 和 $W_2=W_{2H}W_{2L}$ 两者连接起来，再循环左移 16 位，形成 $W_{1L}\parallel W_{2H}$ 和 $W_{2L}\parallel W_{1H}$，分别供 L_1 和 L_2 使用。请看，把 $W_{2H}W_{2L}W_{1H}W_{1L}$ 循环左移 16 位，刚好变成 $W_{2L}W_{1H}W_{1L}\ W_{2H}$，供 L_1 和 L_2 使用。

这里的 S 表示 S 盒变换。这里的 S 盒由 4 个并置的 8 进 8 出 S 盒构成，即

$$S=(S_0,S_1,S_2,S_3)$$

其中，$S_2=S_0$，$S_3=S_1$，于是有

$$S=(S_0,S_1,S_0,S_1) \tag{3-6}$$

S 盒 S_0 和 S_1 的置换矩阵分别如表 3-2 和表 3-3 所示。

表 3-2 S 盒 S_0

	0	**1**	**2**	**3**	**4**	**5**	**6**	**7**	**8**	**9**	**A**	**B**	**C**	**D**	**E**	**F**
0	3E	72	5B	47	CA	E0	00	33	04	D1	54	98	09	B9	6D	CB
1	7B	1B	F9	32	AF	9D	6A	A5	B8	2D	FC	1D	08	53	03	90
2	4D	4E	84	99	E4	CE	D9	91	DD	B6	85	48	8B	29	6E	AC
3	CD	C1	F8	1E	73	43	69	C6	B5	BD	FD	39	63	20	D4	38
4	76	7D	B2	A7	CF	ED	57	C5	F3	2C	BB	14	21	06	55	9B
5	E3	EF	5E	31	4F	7F	5A	A4	0D	82	51	49	5F	BA	58	1C
6	4A	16	D5	17	A8	92	24	1F	8C	FF	D8	AE	2E	01	D3	AD
7	3B	4B	DA	46	EB	C9	DE	9A	8F	87	D7	3A	80	6F	2F	C8
8	B1	B4	37	F7	0A	22	13	28	7C	CC	3C	89	C7	C3	96	56
9	07	BF	7E	F0	0B	2B	97	52	35	41	79	61	A6	4C	10	FE
A	BC	26	95	88	8A	B0	A3	FB	C0	18	94	F2	E1	E5	E9	5D
B	D0	DC	11	66	64	5C	EC	59	42	75	12	F5	74	9C	AA	23
C	0E	86	AB	BE	2A	02	E7	67	E6	44	A2	6C	C2	93	9F	F1
D	F6	FA	36	D2	50	68	9E	62	71	15	3D	D6	40	C4	E2	0F
E	8E	83	77	6B	25	05	3F	0C	30	EA	70	B7	A1	E8	A9	65
F	8D	27	1A	DB	81	B3	A0	F4	45	7A	19	DF	EE	78	34	60

表 3-3 S 盒 S_1

	0	**1**	**2**	**3**	**4**	**5**	**6**	**7**	**8**	**9**	**A**	**B**	**C**	**D**	**E**	**F**
0	55	C2	63	71	3B	C8	47	86	9F	3C	DA	5B	29	AA	FD	77
1	8C	C5	94	0C	A6	1A	13	00	E3	A8	16	72	40	F9	F8	42
2	44	26	68	96	81	D9	45	3E	10	76	C6	A7	8B	39	43	E1
3	3A	B5	56	2A	C0	6D	B3	05	22	66	BF	DC	0B	FA	62	48

续表

	0	1	2	3	4	5	6	7	8	9	A	B	C	D	E	F
4	DD	20	11	06	36	C9	C1	CF	F6	27	52	BB	69	F5	D4	87
5	7F	84	4C	D2	9C	57	A4	BC	4F	9A	DF	FE	D6	8D	7A	EB
6	2B	53	D8	5C	A1	14	17	FB	23	D5	7D	30	67	73	08	09
7	EE	B7	70	3F	61	B2	19	8E	4E	E5	4B	93	8F	5D	DB	A9
8	AD	F1	AE	2E	CB	0D	FC	F4	2D	46	6E	1D	97	E8	D1	E9
9	4D	37	A5	75	5E	83	9E	AB	82	9D	B9	1C	E0	CD	49	89
A	01	B6	BD	58	24	A2	5F	38	78	99	15	90	50	B8	95	E4
B	D0	91	C7	CE	ED	0F	B4	6F	A0	CC	F0	02	4A	79	C3	DE
C	A3	EF	EA	51	E6	6B	18	EC	1B	2C	80	F7	74	E7	FF	21
D	5A	6A	54	1E	41	31	92	35	C4	33	07	0A	BA	7E	0E	34
E	88	B1	98	7C	F3	3D	60	6C	7B	CA	D3	1F	32	65	04	28
F	64	BE	85	9B	2F	59	8A	D7	B0	25	AC	AF	12	03	E2	F2

这里的 L_1 和 L_2 为 32 比特线性变换,定义如下:

$$\begin{cases} L_1(X) = X \oplus (X <<< 2) \oplus (X <<< 10) \oplus (X <<< 18) \oplus (X <<< 24) \\ L_2(X) = X \oplus (X <<< 8) \oplus (X <<< 14) \oplus (X <<< 22) \oplus (X <<< 30) \end{cases} \tag{3-7}$$

其中,符号 $a<<<n$ 表示把 a 循环左移 n 位。

比较式(3-7)与第 2 章的 SM4 密码可知,式(3-7)中的 $L_1(X)$ 与 SM4 密码中的线性变换 $L(B)$ 相同。

由于非线性函数 F 采用了两个非线性变换 S 盒 S_0 和 S_1,从而为祖冲之密码提供了非线性。又由于 LFSR 和 BR 都是线性变换,所以非线性函数 F 就成了祖冲之密码算法中唯一的非线性部件,从而成为确保祖冲之密码安全的关键。根据香农的密码设计理论,在非线性函数 F 中采用非线性变换 S 盒的目的是为密码提供混淆作用,采用线性变换 L 的目的是为密码提供扩散作用。正是混淆和扩散互相配合,才提高了密码的安全性。

4. 密钥装入

密钥装入过程将 128 比特的初始密钥 KEY 和 128 比特的初始向量 **IV** 扩展为 16 个 31 比特字作为 LFSR 单元变量 $s_0, s_1, \cdots, s_{15}$ 的初始状态。

设 KEY 和 **IV** 分别为

$$\text{KEY} = k_0 \parallel k_1 \parallel \cdots \parallel k_{15}$$

和

$$\mathbf{IV} = \text{iv}_0 \parallel \text{iv}_1 \parallel \cdots \parallel \text{iv}_{15}$$

其中,k_i 和 iv_i 均为 8 比特的字节,$0 \leqslant i \leqslant 15$。密钥装入过程如下。

① 设 D 为 240 比特的常量,可按如下方式分成 16 个 15 比特的子串:

$$D = d_0 \parallel d_1 \parallel \cdots \parallel d_{15}$$

其中 d_i 的二进制表示为

$$d_0 = 100010011010111$$
$$d_1 = 010011010111100$$
$$d_2 = 110001001101011$$
$$d_3 = 001001101011110$$
$$d_4 = 101011110001001$$
$$d_5 = 011010111100010$$
$$d_6 = 111000100110101$$
$$d_7 = 000100110101111$$
$$d_8 = 100110101111000$$
$$d_9 = 010111100010011$$
$$d_{10} = 110101111000100$$
$$d_{11} = 001101011110001$$
$$d_{12} = 101111000100110$$
$$d_{13} = 011110001001101$$
$$d_{14} = 111100010011010$$
$$d_{15} = 100011110101100$$

为了增进安全，这里的 $d_0 \sim d_{15}$ 选用了随机性良好的 m 序列。其中 $d_0 \sim d_{14}$ 是本原多项式 x^4+x+1 产生的 m 序列的移位，d_{15} 是本原多项式 x^4+x^3+1 产生的 m 序列。

② 对 $0 \leqslant i \leqslant 15$，有

$$s_i = k_i \parallel d_i \parallel iv_i \tag{3-8}$$

5. 算法运行

1）初始化阶段

首先把 128 比特的初始密钥 KEY 和 128 比特的初始向量 **IV** 按照上面的密钥装入方法装入 LFSR 的寄存器单元变量 $s_0, s_1, \cdots, s_{15}$ 中，作为 LFSR 的初态，并置非线性函数 F 中的 32 比特存储单元 R_1 和 R_2 为全 0，然后执行下述操作。

重复执行下述过程 32 次：

① BitReconStruction()；

② $W = F(X_0, X_1, X_2)$；

③ LFSRWithInitialisationMode (u)。

之所以要上述处理过程重复执行 32 次，是为了使初始密钥 KEY 和 128 比特的初始向量 **IV** 的随机化作用充分发挥出来。根据香农关于加密像揉面团的思想，仅把密钥 KEY 和初始向量 **IV** 装入是不够的，因为还没有经过充分的搅拌和揉面团，密钥 KEY 和初始向量 **IV** 的作用还不能充分发挥出来。只有把上述处理过程重复执行 32 次，才完成了充分的搅拌和揉面团，密钥 KEY 和初始向量 **IV** 的作用才能充分发挥出来，这对确保密码安全是十分必要的。

2）工作阶段

首先执行下列过程一次，并将 F 的输出 W 舍弃：

① BitReconStruction()；

② $F(X_0, X_1, X_2)$；

③ LFSRWithWorkMode()。

之所以要把第一次执行过程的 F 输出 W 舍弃，也是担心由于初始化过程的随机化不够，而产生的 W 质量不高，所以为了安全，把第一个 W 舍弃。

然后进入密钥输出阶段。在密钥输出阶段，每运行一个节拍，执行下列过程一次，并输出一个 32 比特的密钥字 Z：

① BitReconStruction()；

② $Z = F(X_0, X_1, X_2) \oplus X_3$；

③ LFSRWithWorkMode()。

3.4.2 基于祖冲之密码的机密性算法 128-EEA3

基于祖冲之密码的机密性算法主要用于 4G 移动通信中移动用户设备 UE 和无线网络控制设备 RNC 之间的无线链路上通信信令和数据的加解密。

1. 算法的输入与输出

为了适应移动通信的应用要求，基于祖冲之密码的机密性算法 128-EEA3 需要使用一些必要的参数。算法的输入参数见表 3-4，输出参数见表 3-5。

表 3-4 算法的输入参数

输入参数	比特长度	备注
COUNT	32	计数器
BEARER	5	承载层标识
DIRECTION	1	传输方向标识
CK	128	机密性密钥
LENGTH	32	明文消息流的比特长度
IBS	LENGTH	输入比特流

表 3-5 算法的输出参数

输出参数	比特长度	备注
OBS	LENGTH	输出比特流

2. 算法工作流程

基于祖冲之密码的机密性算法 128-EEA3 的加解密框图如图 3-10 所示。

1）初始化

本算法的初始化是指根据机密性密钥 CK 以及其他输入参数（参见表 3-4）构造祖冲之算法的初始密钥 KEY 和初始向量 **IV**。

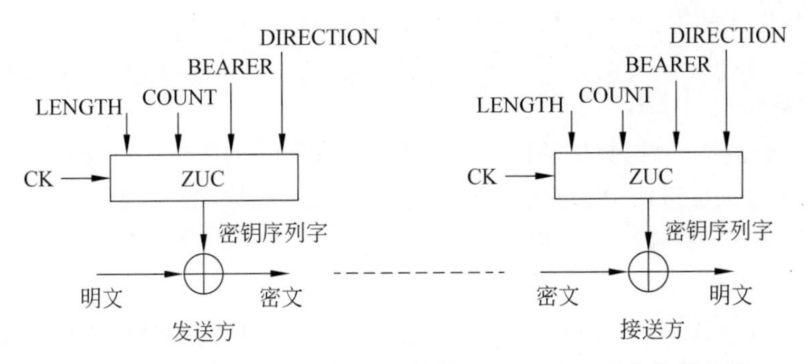

图 3-10　基于祖冲之密码的机密性算法 128-EEA3 的加解密框图

设 128 位的机密性密钥为 CK，把 CK 表示为 16 个 8 位字节，

$$\mathrm{CK}=\mathrm{CK}[0]\parallel \mathrm{CK}[1]\parallel \mathrm{CK}[2]\parallel \cdots \parallel \mathrm{CK}[15]$$

设祖冲之算法的 128 位初始密钥为 KEY，把 KEY 表示为 16 个 8 位字节，

$$\mathrm{KEY}=\mathrm{KEY}[0]\parallel \mathrm{KEY}[1]\parallel \mathrm{KEY}[2]\parallel \cdots \parallel \mathrm{KEY}[15]$$

对于确保机密性的应用，机密性密钥 CK 是事前获得的，而构造祖冲之算法初始密钥的最简单方法是，直接令祖冲之算法初始密钥等于机密性密钥，于是有

$$\mathrm{KEY}[i]=\mathrm{CK}[i],\quad i=0,1,2,\cdots,15 \tag{3-9}$$

设计数器为 COUNT，它是一个 32 位的通信计数器，把 COUNT 表示为 4 个 8 位字节，

$$\mathrm{COUNT}=\mathrm{COUNT}[0]\parallel \mathrm{COUNT}[1]\parallel \mathrm{COUNT}[2]\parallel \mathrm{COUNT}[3]$$

设祖冲之算法的 128 位的初始向量为 **IV**，把 **IV** 表示为 16 个 8 位字节，

$$\mathbf{IV}=\mathrm{IV}[0]\parallel \mathrm{IV}[1]\parallel \mathrm{IV}[2]\parallel \cdots \parallel \mathrm{IV}[15]$$

于是可按如下方式产生祖冲之密码算法的初始向量 **IV**，

$$\begin{cases}\mathrm{IV}[0]=\mathrm{COUNT}[0],\mathrm{IV}[1]=\mathrm{COUNT}[1]\\ \mathrm{IV}[2]=\mathrm{COUNT}[2],\mathrm{IV}[3]=\mathrm{COUNT}[3]\\ \mathrm{IV}[4]=\mathrm{BEARER}\parallel \mathrm{DIRECTION}\parallel 00\\ \mathrm{IV}[5]=\mathrm{IV}[6]=\mathrm{IV}[7]=00000000\\ \mathrm{IV}[8]=\mathrm{IV}[0],\mathrm{IV}[9]=\mathrm{IV}[1]\\ \mathrm{IV}[10]=\mathrm{IV}[2],\mathrm{IV}[11]=\mathrm{IV}[3]\\ \mathrm{IV}[12]=\mathrm{IV}[4],\mathrm{IV}[13]=\mathrm{IV}[5]\\ \mathrm{IV}[14]=\mathrm{IV}[6],\mathrm{IV}[15]=\mathrm{IV}[7]\end{cases} \tag{3-10}$$

2）产生加解密密钥流

为了加解密 LENGTH 比特的输入比特流，祖冲之密码必须产生足够长度的加解密密钥。由于祖冲之密码所产生的密钥是以 32 位字为单位的，所以祖冲之密码必须产生 L 个 32 位字的加解密密钥，其中 L 的取值为

$$L=\lceil \mathrm{LENGTH}/32\rceil \tag{3-11}$$

利用初始密钥 KEY 和初始向量 **IV** 执行祖冲之密码算法便可产生 L 个 32 位字的加解密密钥流。将生成的密钥流用比特串表示为 $k[0],k[1],\cdots,k[32\times L-1]$，其中 $k[0]$

为祖冲之算法生成的第一个32位密钥字的最高位比特，$k[31]$为最低位比特，其他以此类推。

3）加解密

加解密密钥流产生后，数据的加解密就十分简单了。

设长度为LENGTH的输入比特流为

$$IBS = IBS[0] \| IBS[1] \| IBS[2] \| \cdots \| IBS[LENGTH-1]$$

对应的输出比特流为

$$OBS = OBS[0] \| OBS[1] \| OBS[2] \| \cdots \| OBS[LENGTH-1]$$

其中，$IBS[i]$和$OBS[i]$均为比特，$i=0,1,2,\cdots,LENGTH-1$。

加解密只需要把明文(密文)与加解密密钥模2相加即可：

$$OBS[i] = IBS[i] \oplus k[i], \quad i=0,1,2,\cdots,LENGTH-1 \tag{3-12}$$

3.4.3 基于祖冲之密码的完整性算法128-EIA3

基于祖冲之密码的完整性算法主要用于4G移动通信中移动用户设备UE和无线网络控制设备RNC之间的无线链路上通信信令和数据的完整性认证，并对信令源进行认证。主要技术手段是利用完整性算法128-EIA3产生消息认证码(MAC)，通过对MAC进行验证，实现对消息的完整性认证。

1. 算法的输入与输出

为了适应移动通信的应用需求，基于祖冲之密码的完整性算法128-EIA3需要使用一些必要的参数。算法的输入参数见表3-6，输出参数见表3-7。

表3-6 算法的输入参数

输入参数	比特长度	备注
COUNT	32	计数器
BEARER	5	承载层标识
DIRECTION	1	传输方向标识
IK	128	完整性密钥
LENGTH	32	输入消息流的比特长度
M	LENGTH	输入消息流

表3-7 算法的输出参数

输出参数	比特长度	备注
MAC	32	消息认证码

2. 算法工作流程

基于祖冲之密码的完整性算法128-EIA3计算MAC的原理框图如图3-11所示。

基于祖冲之密码产生MAC的原理如下：根据通信参数COUNT、BEARER、

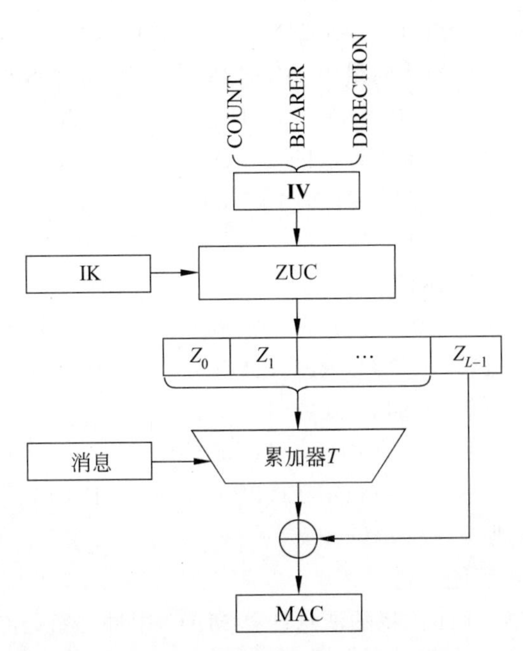

图 3-11　基于祖冲之密码的完整性算法 128-EIA3 计算 MAC 的原理框图

DIRECTION 按照一定规则产生出初始向量 **IV**,以完整性密钥 IK 作为祖冲之算法的密钥,执行祖冲之算法产生出长度为 L 的 32 位密钥字流 $Z_0, Z_1, \cdots, Z_{L-1}$。把 $Z_0, Z_1, \cdots, Z_{L-1}$看成二进制比特流,从 Z_0 的首位开始逐比特向后形成一系列新的 32 位密钥字,并在消息比特流的控制下进行累加,最后再加上 Z_{L-1}便产生出 MAC。

为了确保消息的完整性,在通信的发送端把消息及其 MAC 一块传送。在接收端根据收到的消息重新计算 MAC,并与收到的 MAC 进行比较。如果两者相等,则说明消息是完整的。如果两者不相等,则说明消息的完整性受到危害。

由于 MAC 的产生,受完整性密钥 IK 的控制,因此在没有完整性密钥 IK 的情况下篡改消息或篡改 MAC,必将被检测发现,从而确保消息的完整性。

1) 初始化

128-EIA3 算法的初始化主要是指根据完整性密钥 IK 和其他输入参数(见表 3-6)构造祖冲之算法的初始密钥 KEY 和初始向量 **IV**。

设 128 位的完整性密钥为 IK,把 IK 表示为 16 个 8 位字节:

$$\mathrm{IK} = \mathrm{IK}[0] \parallel \mathrm{IK}[1] \parallel \mathrm{IK}[2] \parallel \cdots \parallel \mathrm{IK}[15]$$

设祖冲之算法的 128 位初始密钥为 KEY,把 KEY 表示为 16 个 8 位字节:

$$\mathrm{KEY} = \mathrm{KEY}[0] \parallel \mathrm{KEY}[1] \parallel \mathrm{KEY}[2] \parallel \cdots \parallel \mathrm{KEY}[15]$$

在确保完整性的应用中,完整性密钥 IK 是事前获得的,而构造祖冲之算法初始密钥的最简单方法是,直接令祖冲之算法的初始密钥等于完整性密钥,于是有

$$\mathrm{KEY}[i] = \mathrm{IK}[i], \quad i = 0, 1, 2, \cdots, 15 \tag{3-13}$$

设计数器为 COUNT,它是一个 32 位的通信计数器,把 COUNT 表示为 4 个 8 位字节,

$$\text{COUNT}=\text{COUNT}[0]\parallel\text{COUNT}[1]\parallel\text{COUNT}[2]\parallel\text{COUNT}[3]$$

设祖冲之算法的128位初始向量为**IV**,把**IV**表示为16个8位字节,

$$\mathbf{IV}=\text{IV}[0]\parallel\text{IV}[1]\parallel\text{IV}[2]\parallel\cdots\parallel\text{IV}[15]$$

于是可按如下方式产生祖冲之密码算法的初始向量**IV**,

$$\begin{cases}\text{IV}[0]=\text{COUNT}[0],\text{IV}[1]=\text{COUNT}[1]\\ \text{IV}[2]=\text{COUNT}[2],\text{IV}[3]=\text{COUNT}[3]\\ \text{IV}[4]=\text{BEARER}\parallel 000,\text{IV}[5]=00000000\\ \text{IV}[6]=00000000,\text{IV}[7]=00000000\\ \text{IV}[8]=\text{IV}[0]\oplus(\text{DIRECTION}<<7),\text{IV}[9]=\text{IV}[1]\\ \text{IV}[10]=\text{IV}[2],\text{IV}[11]=\text{IV}[3]\\ \text{IV}[12]=\text{IV}[4],\text{IV}[13]=\text{IV}[5]\\ \text{IV}[14]=\text{IV}[6]\oplus(\text{DIRECTION}<<7),\text{IV}[15]=\text{IV}[7]\end{cases}\tag{3-14}$$

其中,符号 $A<<n$ 表示把 A 左移 n 位。

2) 产生完整性密钥字流

为了对长度为LENGTH比特的消息计算MAC,祖冲之密码必须产生足够长度的完整性密钥字流。设祖冲之密码必须产生 L 个32位字的完整性密钥,为了满足计算MAC的需要,其中 L 的取值为

$$L=\lceil\text{LENGTH}/32\rceil+2\tag{3-15}$$

利用初始密钥KEY和初始向量**IV**执行祖冲之密码算法,便可产生 L 个32位的完整性密钥字流。将生成的密钥字流表示为二进制比特串,$k[0],k[1],k[2],\cdots,k[32\times L-1]$,其中 $k[0]$ 为祖冲之算法生成的第一个32位密钥字的最高比特位,$k[31]$ 为最低比特位。其他以此类推。

为了计算MAC,需要把比特串 $k[0],k[1],k[2],\cdots,k[32\times L-1]$,重新组合成新的 $32\times(L-1)+1$ 个32位密钥字 K_i,表示的方法是把 $k[0],k[1],k[2],\cdots,k[31]$ 表示为 K_0,把 $k[1],k[2],\cdots,k[32]$ 表示为 K_1,以此类推,把 $k[32\times(L-1)],k[32\times(L-1)+1],k[32\times(L-1)+2],\cdots,k[32\times(L-1)+31]$ 表示为 $K_{32(L-1)}$,即

$$\begin{cases}K_i=k[i]\parallel k[i+1]\parallel\cdots\parallel k[i+31]\\ i=0,1,2,\cdots,32\times(L-1)\end{cases}\tag{3-16}$$

3) 计算MAC

设需要计算MAC的消息比特序列为 $M=m[0],m[1],\cdots,m[\text{LENGTH}-1]$。

设 T 为一个32比特的字变量,于是可如下计算MAC。

```
MACComputation()
{
    ① 置T=0;
    ② For(I=0;I< LENGTH;I++)
          If m[I]=1 Then T=T⊕Ki;
    ③ EndFor
    ④ T=T⊕KLENGTH;
```

⑤ $MAC = T \oplus K_{32(L-1)}$;

}

3.4.4 祖冲之密码的安全性

为了确保祖冲之密码算法的安全性,设计者在密码算法设计时就考虑了弱密钥攻击、Guess-and-Determine 攻击、Binary Decision Trees 攻击、线性区分攻击、代数攻击、选择初始向量攻击等多种密码攻击,并对算法的每一个部件都进行了精心设计,以期能够抵抗这些攻击。

在 LFSR 层采用了精心挑选的 $GF(2^{31}-1)$ 上的 16 次本原多项式,使其输出序列随机性好、周期足够大。在比特重组部分,精心选用数据使得重组的数据具有良好的随机性,并且使重复的概率足够小。在非线性函数 F 中采用了两个存储部件 R、两个线性部件 L 和两个非线性 S 盒,使得其输出具有良好的非线性、混淆特性和扩散特性。设计者经过测试评估认为,在这些安全性措施的综合作用下,祖冲之密码是可以抵抗上述攻击的,这是 ZUC 密码能被接受为国际 4G 通信密码标准的基础。

ZUC 密码发布之后,受到世界密码界的关注和好评,同时也接受了世界密码界的攻击分析。同其他密码一样,ZUC 密码有优点,自然也有不足。例如,分析表明它缺少抗侧信道攻击的设计。目前对 ZUC 密码的攻击分析虽然发现了一些不足之处,但是目前的攻击尚不能对其构成实际威胁,所以至今我国国家密码管理局、国际移动通信组织 3GPP 和 ISO/IEC 都支持 ZUC 密码。

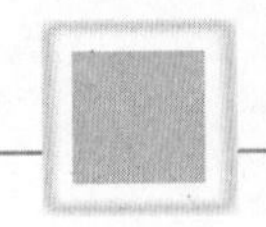

习题与实验研究

1. 为什么序列密码的密钥序列不能采用真随机序列,只能采用伪随机序列?

2. 上网搜索,了解在密码学中随机序列的随机性及其测评方法。

3. 设 $g(x)=x^4+x^3+1$,以其为连接多项式组成线性移位寄存器。画出逻辑图,写出输出序列及状态变迁。

4. 设 $g(x)=x^4+x^3+x^2+x+1$,以其为连接多项式组成线性移位寄存器。画出逻辑图,写出输出序列及状态变迁,并分析与习题 3 的输出序列有什么不同。

5. 软件实验: $g(x)=x^8+x^4+x^3+x^2+1$ 是本原多项式,以其为连接多项式组成线性移位寄存器,画出逻辑图。用软件实现这一线性移位寄存器,设初始状态为 00000001,求其输出序列。

6. 令 $n=3$, $f(s_0,s_1,s_2)=s_1 \oplus s_2 \oplus s_1 s_0 \oplus 1$,以其为反馈函数构成非线性移位寄存器。画出逻辑图,写出非线性移位寄存器的状态变迁及输出序列。

7. 证明: GF(2)上的 n 级移位寄存器有 2^n 个状态,有 2^{2^n} 种不同的反馈函数,其中线性反馈函数只有 2^{n-1} 种,其余均为非线性反馈函数。

8. 说明图 3-8 和图 3-9 中祖冲之密码算法的 3 个主要组成部件的作用。

9. 说明为什么祖冲之密码在算法运行时必须先重复执行下述过程 32 次:

① BitReconStruction();

② $W=F(X_0,X_1,X_2)$；

③ LFSRWithInitialisationMode (u)。

10. 说明为什么祖冲之密码算法完成初始化进入工作状态后，将算法第一次执行过程 F 的输出 W 舍弃？

11. 软件实验：编程实现祖冲之密码算法模块。

① 祖冲之密码算法模块；

② 基于祖冲之密码的机密性算法 128-EEA3 模块；

③ 基于祖冲之密码的完整性算法 128-EIA3 模块。

12. 实验研究：以祖冲之密码为基础开发出加密通信传输及完整性保护系统，系统要求如下。

① 具有加密通信传输功能；

② 具有数据完整性保护功能；

③ 具有较好的人机界面。

第4章 密码学 Hash 函数

密码学 Hash 函数是一类特殊的密码算法,我国密码学者在 Hash 函数的分析和设计的研究领域取得了一系列令世人瞩目的成就。本章介绍密码学 Hash 函数的概念、中国商用密码 Hash 函数 SM3,以及美国安全 Hash 函数 SHA-3。

4.1 密码学 Hash 函数的概念

密码学 Hash 函数又称密码杂凑函数,它将任意长的数据 M 映射为定长的 Hash 码 h,表示为

$$h = H(M) \tag{4-1}$$

Hash 码是所有数据位的函数,因此也被称为数据指纹和数据摘要。它具有很强的错误检测能力,即改变数据的任何一位或多位,都将极大可能地改变其 Hash 码。

显然,密码学 Hash 函数应当具有如下的基本运算性质。

① 输入可以任意长;

② 输出定长,多数情况下输入的长度大于输出的长度;

③ 有效性:对于给定的输入 M,计算 $h=H(M)$的运算是高效的。

除这些基本性质外,为了安全,密码学 Hash 函数还应满足一些安全性要求。

由于密码学 Hash 码具有很强的错误检测能力,改变数据的任何一位或多位,都将极大可能地改变其 Hash 码。因此,Hash 码与数据紧密关联,很好地反映了数据的真实性和完整性,因此人们把 Hash 码称为数据的"指纹"。又由于 Hash 码是从数据压缩而成的,其长度比数据的长度小得多,所以人们又把 Hash 码称为数据的"摘要"。

必须指出:虽然纠错编码具有检测和纠正错误的能力,但其与密码学 Hash 函数不同。纠错编码属于线性变换,不追求安全性,主要用于检测纠正非人为的错误(如用于磁盘纠错),不能抵抗人为的恶意攻击。密码学 Hash 函数属于非线性变换,追求高安全性,既可检测非人为的错误,也可检测人为的篡改,而且还能够抵抗人为的恶意攻击。另外,我们称 Hash 码是数据"指纹"或"摘要",并强调它从数据压缩而来。但密码 Hash 函数的压缩与我们以节省数据存储空间为目的的压缩算法不同。后者有加压和解压,而且解压是高保真的,如常用的压缩软件 ZIP、RAR 等。而密码学 Hash 函数只能加压,不能解压。

密码学 Hash 函数主要用于确保数据的真实性和完整性,具体地,主要用于数字签名、认证、区块链和可信计算等应用中。

密码学 Hash 函数应具有下列安全性质。

① 单向性:对任何给定的 Hash 值 h,找到使 $H(x)=h$ 的 x 在计算上是不可行的。

对于 Hash 值 $h=H(x)$,称 x 是 h 的原像。由 $h=H(x)$求出 x,称为原像攻击。如果密码学 Hash 函数具有安全性质①,则称其是抗原像攻击的。

设密码学 Hash 函数的 Hash 值是等概分布的,Hash 值 h 的长度为 n 位,那么任意输入数据 x 产生的 Hash 值 $H(x)$恰好为 h 的概率是 $1/2^n$。因此,穷举攻击对于单向性求解的时间复杂度为 $O(2^n)$。可见,只要 Hash 值 h 的长度足够大,穷举攻击是不可能成功的。这就是目前世界各国密码学 Hash 函数的 Hash 值长度都选择大于或等于 256 的原因之一。

② 抗弱碰撞性:对任何给定的数据 x,找到满足 $y\neq x$ 且 $H(y)=H(x)$的 y 在计算上是不可行的。

对于 Hash 值 $h=H(x)$,称 $y\neq x$ 且使 $H(y)=H(x)$的 y 为第二原像。由 $h=H(x)$求出 $y\neq x$ 且使 $H(y)=H(x)$的 y,称为第二原像攻击。如果密码学 Hash 函数具有安全性质②,则称其是抗第二原像攻击的。

从穷举分析的角度求解弱碰撞问题的难度通常等价于求解单向性的难度。根据前面的分析,穷举攻击对于单向性求解的时间复杂度为 $O(2^n)$。因此,穷举攻击对于弱碰撞问题求解的时间复杂度也是 $O(2^n)$。由此可见,对于密码学 Hash 函数的原像攻击与第二原像攻击的复杂度通常是一样的。

③ 抗强碰撞性:找到任何满足 $H(x)=H(y)$的数偶(x,y)在计算上是不可行的。

抗强碰撞性涉及密码学 Hash 函数抗生日攻击(参见第 7 章)的能力问题,对于生日攻击来说,平均需要尝试超过 $2^{n/2}$ 个数据就能产生一个碰撞。

据此,为了安全,Hash 值应有足够的长度。例如,我国商用密码杂凑函数 SM3 的 Hash 码长度是 256 位,美国 SHA-3 的 Hash 码长度分别是 224 位、256 位、384 位、512 位。

以上 3 个安全性质是密码学 Hash 函数应具有的基本安全性质。但是,随着密码学 Hash 函数在密钥和随机数产生中的应用越来越多,对密码学 Hash 函数提出了新的安全性需求,例如随机性等密码学特性。

④ 随机性:密码学 Hash 函数的输出具有伪随机性。

理论上,对于密码学 Hash 函数的输出来说,主要是统计上的预期性,即统计指标应达到预期值。例如,二元序列中 0 和 1 的频率应是相等的或接近相等的,0 游程和 1 游程的频率的数量也应是相等的或接近相等的。

实践上,随机性应当通过我国国家密码管理局颁布的《随机性测试规范》的测试,也可参考美国 NIST 的随机性测试标准。

4.2　中国商用密码 Hash 函数 SM3

SM3 密码杂凑算法是中国国家密码管理局颁布的一种商用密码 Hash 函数。它已经成为我国的国家标准和 ISO/IEC 的国际标准。SM3 密码 Hash 算法在结构上属于基本压缩函数迭代型的 Hash 函数，采用了图 4-1 所示的一般结构。

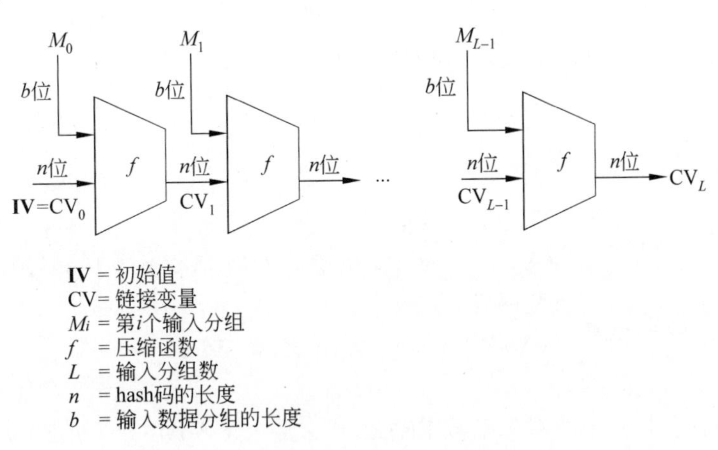

图 4-1　密码学 Hash 函数的一般结构

4.2.1　Hash 函数迭代结构

Merkle 最早提出了密码学 Hash 函数的一般结构，如图 4-1 所示。

这种结构将输入数据分为 $L-1$ 个大小为 b 位的分组。若第 $L-1$ 个分组不足 b 位，则将其填充为 b 位。然后再附加上一个表示输入总长度的分组。由于输入中包含长度，所以攻击者要想攻击成功，就必须找出具有相同 Hash 值且长度相等的两条数据，或者找出两条长度不等但加入数据长度后 Hash 值相同的数据，从而增加了攻击的难度。

这类密码学 Hash 函数的一般结构可归纳如下。

$$\begin{cases} \mathrm{CV}_0 = \mathbf{IV} = n \text{ 位的初始值} \\ \mathrm{CV}_i = f(\mathrm{CV}_{i-1}, M_{i-1}), \quad 1 \leqslant i \leqslant L \\ H(M) = \mathrm{CV}_L \end{cases} \tag{4-2}$$

式(4-2)中，密码学 Hash 函数的输入为数据 M，它由 L 个分组 $M_0, M_1, M_2, \cdots, M_{L-1}$ 组成。f 为压缩函数，其输入是前一步中得出的 n 位中间结果 CV_{i-1}（也称为链接变量）和一个 b 位数据分组 M_{i-1}，输出为一个 n 位结果 CV_i。最后的迭代压缩结果为 Hash 码 CV_L。通常 $b>n$，所以 f 称为压缩函数。压缩函数 f 在处理每个数据块 M_i 时，是进行迭代压缩的。这样，密码学 Hash 函数处理一个数据 M 时，进行两层迭代处理：外层对各数据分块进行迭代处理；内层对每个数据块又进行迭代压缩。

根据图 4-1 可知，密码学 Hash 函数建立在压缩函数迭代处理的基础之上。研究表明，如果压缩函数具有抗碰撞能力，那么 Hash 函数也具有抗碰撞能力，但其逆不一定为真。因此，要设计如图 4-1 所示结构的安全密码学 Hash 函数，最重要的是要设计具有抗碰撞能力的压缩函数。

4.2.2 SM3算法的常数与函数

SM3密码Hash算法的输入数据长度为l比特，$1\leqslant l\leqslant 2^{64}-1$，输出Hash值的长度为256比特。SM3密码Hash函数使用以下常量与函数。

1）常量

初始值**IV**=7380166f 4914b2b9 172442d7 da8a0600 a96f30bc 163138aa e38dee4d b0fb0e4e

$$常量\ T_j=\begin{cases}79cc4519, & 0\leqslant j\leqslant 15\\ 7a879d8a, & 16\leqslant j\leqslant 63\end{cases} \tag{4-3}$$

2）函数

布尔函数：

$$\mathrm{FF}_j(X,Y,Z)=\begin{cases}X\oplus Y\oplus Z, & 0\leqslant j\leqslant 15\\ (X\wedge Y)\vee(X\wedge Z)\vee(Y\wedge Z), & 16\leqslant j\leqslant 63\end{cases} \tag{4-4}$$

$$\mathrm{GG}_j(X,Y,Z)=\begin{cases}X\oplus Y\oplus Z, & 0\leqslant j\leqslant 15\\ (X\wedge Y)\vee(\neg X\wedge Z), & 16\leqslant j\leqslant 63\end{cases} \tag{4-5}$$

式中，X、Y、Z为32位字。

式(4-4)和式(4-5)中的布尔函数$\mathrm{FF}(X,Y,Z)=(X\wedge Y)\vee(X\wedge Z)\vee(Y\wedge Z)$被称为大数逻辑函数，$\mathrm{GG}(X,Y,Z)=(X\wedge Y)\vee(\neg X\wedge Z)$被称为条件逻辑函数，它们是非线性函数，而且具有良好的非线性和平衡性。布尔函数$\mathrm{FF}(X,Y,Z)=X\oplus Y\oplus Z$是线性函数，被称为奇数逻辑函数，它也具有良好的平衡性。美国的SHA-1和SHA-2采用了这3个函数，中国的SM3也采用了这3个函数。

置换函数：

$$P_0(X)=X\oplus(X<<<9)\oplus(X<<<17) \tag{4-6}$$

$$P_1(X)=X\oplus(X<<<15)\oplus(X<<<23) \tag{4-7}$$

式中，X为32位字，符号$a<<<n$表示把a循环左移n位。

4.2.3 SM3算法描述

SM3密码Hash算法对数据进行填充和迭代压缩后生成Hash值。

1）填充

对数据进行填充的目的是使填充后的数据长度为512的整数倍。后面进行的迭代压缩是对512位的数据块进行的，如果数据的长度不是512的整数倍，最后一块数据将是短块，这将无法处理。

假设消息m的长度为l比特。首先将比特“1”添加到消息m的末尾，再添加k个“0”，其中，k是满足式(4-8)的最小非负整数。

$$l+1+k=448 \bmod 512 \tag{4-8}$$

然后再添加一个64位的比特串，该比特串是长度l的二进制表示。这样填充后的消息m的比特长度一定为512的倍数。

例如：对消息01100001 01100010 01100011，其长度$l=24$，经填充得到比特串：

$$\text{01100001 01100010 01100011 } \overbrace{100 \cdots\cdots 00}^{423\text{个}0} \; \overbrace{00 \cdots\cdots 011000}^{l\text{的二进制表示 } 64\text{比特}}$$

2）迭代压缩

将填充后的消息 m' 按 512 比特进行分组：$m'=B^{(0)}B^{(1)}\cdots B^{(n-1)}$，其中，

$$n=(l+k+65)/512 \tag{4-9}$$

对 m' 按下列方式迭代压缩：

FOR $i=0$ TO $n-1$

　　$V^{(i+1)}=\mathrm{CF}(V^{(i)},B^{(i)})$

ENDFOR

其中，CF 是压缩函数，$V^{(0)}$ 为 256 比特初始值 **IV**，$B^{(i)}$ 为填充后的消息分组，迭代压缩的结果为 $V^{(n)}$。$V^{(n)}$ 即消息 m 的 Hash 值。

3）消息扩展

在对消息分组 $B^{(i)}$ 进行迭代压缩之前，首先对其进行消息扩展。进行消息扩展有两个目的：目的之一是将 16 个字的消息分组 $B^{(i)}$ 扩展生成如式(4-10)的 132 个字，供压缩函数 CF 使用；目的之二是通过消息扩展把原消息位打乱，隐蔽了原消息位之间的关联，增强了 SM3 的安全性。

$$W_0,W_1,\cdots,W_{67},W'_0,W'_1,\cdots,W'_{63} \tag{4-10}$$

消息扩展是 SM3 的特色安全措施之一。美国的 SHA-1 和 SHA-2 缺少这一安全措施。

消息扩展的步骤如下。

① 将消息分组 $B^{(i)}$ 划分为 16 个字 $W_0,W_1,\cdots,W_{15}$。

② FOR $j=16$ TO 67

　　$W_j \leftarrow P_1(W_{j-16} \oplus W_{j-9} \oplus (W_{j-3} <<< 15)) \oplus (W_{j-13} <<< 7) \oplus W_{j-6}$

ENDFOR

③ FOR $j=0$ TO 63

　　$W'_j=W_j \oplus W_{j+4}$

ENDFOR

消息分组 $B^{(i)}$ 经消息扩展后就可以进行迭代压缩了。

4）压缩函数

令 A,B,C,D,E,F,G,H 为字寄存器，SS1，SS2，TT1，TT2 为中间变量，压缩函数 $V^{(i+1)}=\mathrm{CF}(V^{(i)},B^{(i)})$，$0\leqslant i\leqslant n-1$。计算过程描述如下，图 4-2 给出了压缩函数的框图。

ABCDEFGH$\leftarrow V^{(i)}$；

FOR $j=0$ TO 63

　　SS1$\leftarrow((A<<<12)+E+(T_j<<<j))<<<7$；

　　SS2$\leftarrow$SS1$\oplus(A<<<12)$；

　　TT1$\leftarrow \mathrm{FF}_j(A,B,C)+D+\mathrm{SS2}+W'_j$；

　　TT2$\leftarrow \mathrm{GG}_j(E,F,G)+H+\mathrm{SS1}+W_j$；

　　$D\leftarrow C$；

　　$C\leftarrow B<<<9$；

$B \leftarrow A$;

$A \leftarrow \mathrm{TT1}$;

$H \leftarrow G$

$G \leftarrow F <<< 19$

$F \leftarrow E$

$E \leftarrow P_0(\mathrm{TT2})$

ENDFOR

$V^{(i+1)} \leftarrow \mathrm{ABCDEFGH} \oplus V^{(i)}$

其中,压缩函数中的+运算为 mod 2^{32} 算术加运算,字的存储为大端(big-endian)格式。大端格式是数据在内存中的一种存储格式,规定左边为高有效位,右边为低有效位。数的高位字节放在存储器的低地址,数的低位字节放在存储器的高地址。

由 SM3 的压缩函数的算法可以看出,其压缩函数由一些基本的线性和非线性函数构成,而且在压缩函数中进行了 64 轮循环迭代,所以 SM3 在结构上属于基本函数迭代型的 Hash 函数。

压缩函数是密码学 Hash 函数安全的关键。它的第一个作用是数据压缩,第二个作用是提供安全性。对于第一个作用,SM3 的压缩函数 CF 把每个 512 位的消息分组 $B^{(i)}$ 压缩成 256 位。经各数据分组之间的迭代处理后,把 l 位的消息压缩成 256 位的 Hash 值。对于第二个作用,根据香农的密码设计理论,压缩函数必须具有混淆和扩散的作用。在 SM3 的压缩函数 CF 中,布尔函数 $\mathrm{FF}_j(X,Y,Z)$ 和 $\mathrm{GG}_j(X,Y,Z)$ 是非线性函数,经循环迭代后提供混淆作用。置换函数 $P_0(X)$ 和 $P_1(X)$ 是线性函数,经过循环迭代后提供扩散作用。加上压缩函数 CF 中的其他运算的共同作用,压缩函数 CF 具有很高的安全性,从而确保 SM3 具有很高的安全性。

SM3 压缩函数的迭代压缩过程如图 4-2 所示。

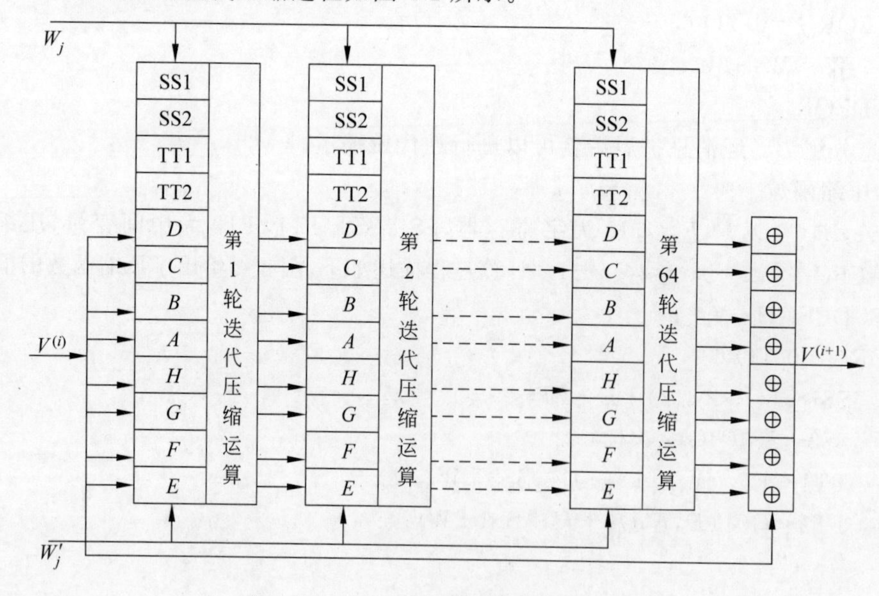

图 4-2　SM3 压缩函数的迭代压缩过程

5）杂凑值

$$ABCDEFGH \leftarrow V^{(n)}$$

输出 256 比特的杂凑值 $y=$ABCDEFGH。

图 4-3 给出了 SM3 产生消息杂凑值的处理过程。

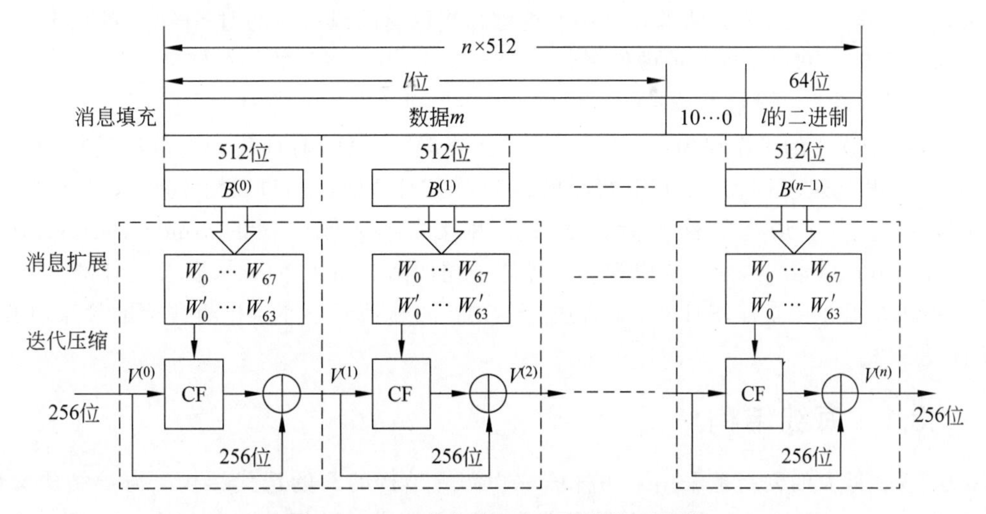

图 4-3　SM3 产生消息杂凑值的处理过程

4.3　美国安全 Hash 函数 SHA-3

美国 SHA 系列密码学 Hash 函数算法是由 NIST 主持制定的美国密码学 Hash 函数标准算法。1993 年颁布了 SHA-0(FIPS PUB 180)。后来发现 SHA-0 不安全。1995 年 NIST 又颁布了改进的 SHA-1(FIPS PUB 180-1)。SHA-1 在全世界得到广泛应用。2000 年 NIST 颁布了 AES，而 SHA-1 的 Hash 码长度与 AES 不匹配。于是，为了与 AES 匹配，同时增强 Hash 函数的安全性，2002 年 NIST 又颁布了 SHA-2(FIPS 180-2)。SHA-2 包含 3 个 Hash 函数，因为其 Hash 码的长度分别为 256、384 和 512 比特，故分别称为 SHA-256、SHA-384 和 SHA-512。2008 年 NIST 又颁布了 SHA-224(FIP PUB 180-3)。由于 SHA-2 的数据分组和 Hash 码长度都比 SHA-1 大，所以 SHA-2 和 SHA-1 相比具有更高的安全性。SHA-2 的另一个优点是其 Hash 码长度与 AES 匹配，用户使用方便。但是，SHA-2 和 SHA-1 具有相同的结构，使用了相同的模算术和逻辑运算，而且在压缩函数中存在同样的问题：①基本函数太简单，少数是非线性函数，多数是线性函数；②只有少数寄存器的内容经过了较复杂的运算，多数只是简单的平移。因此，SHA-2 和 SHA-1 相比，只能算是版本升级，不能算是新的密码学 Hash 函数。

中国密码学者王小云对 SHA-1 等密码学 Hash 函数进行了有效分析，揭示出 SHA-1 的安全缺陷。于是，2007 年美国 NIST 宣布公开征集新一代的密码学 Hash 函数标准，并命名为 SHA-3。SHA-3 候选算法需要满足以下基本要求。

(1) SHA-3 对于任何应用都能直接替代 SHA-2。这要求 SHA-3 必须也能够产生

224、256、384、512 比特的 Hash 码。

(2) SHA-3 必须保持 SHA-2 的在线处理能力。这要求 SHA-3 必须能处理小的数据块(如 512 或 1024 比特)。

(3) 安全性：对于抵抗原像和碰撞攻击的能力,SHA-3 的安全强度必须达到或接近最大理论强度。SHA-3 算法的设计必须能够抵抗已有的或潜在的对 SHA-2 的攻击。

(4) 效率：SHA-3 在各种硬件平台上的实现,应当是高效的和存储节省的。

(5) 灵活性：可设置可选参数以提供安全性与效率折中的选择,便于并行计算等。

制定 SHA-3 的工作与当年制定 AES 的工作模式一样,对征集到的算法进行 3 轮评审,最后胜出者为 SHA-3。NIST 共征集到 64 个应征算法。通过 3 轮评审,2012 年 10 月 2 日 NIST 公布了最终的优胜者。它就是由意法半导体公司的 Guido Bertoia、Jean Daemen、Gilles Van Assche 与恩智浦半导体公司的 Michaël Peeters 联合设计的 Keccak 算法。2015 年 8 月 5 日,SHA-3 正式成为 NIST 的新密码学 Hash 函数标准算法(FIPS PUB 180-5)。

4.3.1 海绵结构

SHA-3 最大的创新是采用了一种被称为海绵结构的新的迭代结构。海绵结构又称为海绵函数。在海绵函数中,输入数据被分为固定长度的数据分组。每个分组逐次作为迭代的输入,同时上轮迭代的输出也反馈至下轮的迭代中,最终产生输出 Hash 码。

海绵函数允许输入长度和输出长度都可变。由于具有这个灵活的结构特点,海绵函数能用于设计密码学 Hash 函数(固定输出长度)、伪随机数发生器(固定输入长度),以及其他密码函数。图 4-4 给出了海绵函数的输入和输出结构。

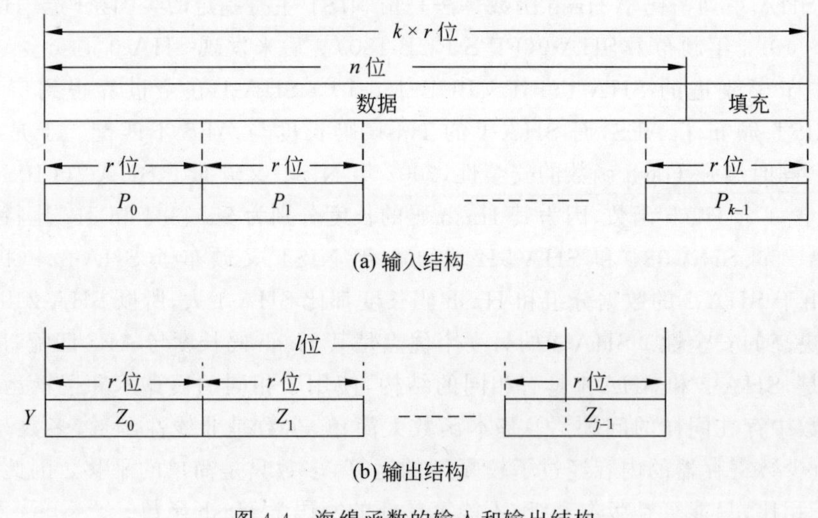

图 4-4 海绵函数的输入和输出结构

海绵结构的数据处理过程如下。

1. 填充

与其他密码学 Hash 函数一样,首先进行数据填充。填充算法实质上是作为海绵函数的一个参数。

设输入数据的长度为 n 位，经填充后它被分为 k 个分组长度为 r 位的数据分组 P_0，P_1，…，P_{k-1}。对任何消息都需要进行填充。即使输入数据的长度是 r 的整数倍，即 $n \bmod r=0$，也需要填充，此时将填充一个 r 位的完整块。有两种填充方法：简单填充和多重位速率填充。

① 简单填充：用 pad10* 表示，用一个 1 后面跟若干个 0 进行填充，0 的个数是使得总长度为分组长度整倍数的最小值。

② 多重位速率填充：用 pad10*1 表示，用一个 1 后面跟若干个 0，再跟一个 1 进行填充，0 的个数是使得总长度为分组长度整倍数的最小值。这是在安全地采用不同位速率 r 以及使用相同的 f 时最简单的填充方法。

2. 迭代处理

迭代处理是密码学 Hash 函数的核心。海绵结构也采用迭代处理方式，图 4-5 给出了海绵结构的迭代处理过程。

迭代处理的核心是迭代函数 f，它很大程度上决定着密码学 Hash 函数的安全和效率。在迭代处理过程中，用迭代函数 f 对数据分组和状态变量 S 进行迭代处理。状态变量 S 的长度为 $b=r+c$ 位，其初值置为全 0，其取值在每轮迭代中更新。数值 r 称为位速率，它是输入数据分组的长度。位速率反映了每轮迭代中处理的数据位数。r 越大，海绵结构处理数据的速度就越快。数值 c 称为容量。容量的大小反映了海绵结构的复杂度和安全度。在实际应用中可以通过降低速率来提高安全性。例如，通过增大容量 c 的取值，减小位速率 r 的取值来提高安全性，反之亦然。SHA-3 的默认值是 $c=1024$ 位，$r=576$ 位，于是 $b=1600$ 位。

海绵结构包括两个阶段：吸水阶段和挤水阶段。

1）吸水阶段

吸水阶段的过程如下：在每轮的迭代处理中，对长度为 r 的数据块，填充 c 个 0，使输入数据块的长度从 r 位扩展为 b 位，$b=r+c$；然后将扩展后的数据分组和状态变量 S 进行异或得到 b 位的结果，并作为迭代函数 f 的输入。迭代函数 f 的输出作为下一轮迭代中的状态变量 S。因为输入数据经过填充后被分为 k 个 r 位的数据块，所以吸水阶段要迭代处理 k 次结束。

如果需要的 Hash 码的长度 $l \leqslant b$，那么在吸水阶段完成后，则返回状态变量 S 的前 l 位作为 Hash 码，海绵结构的运行结束，如图 4-5(a)所示。否则，海绵结构进入挤水阶段。

在吸水阶段，每一轮迭代处理前都要给 r 位的数据分组填充 c 个 0，使数据块长度变成 b 位。这一过程很像海绵吸水，这里的“水”就是填充的 c 个 0。

2）挤水阶段

在挤水阶段，首先把 S 的前 r 位保留作为输出分组 Z_0，然后迭代函数 f 对 S 进行处理。如此继续。在每轮迭代中都是通过执行 f 函数更新 S 的值，S 的前 r 位被依次保留作为输出分组 Z_i，并与前面已生成的各分组连接起来。该处理过程共需要 $(j-1)$ 次迭代，直到满足 $(j-1)\times r<l\leqslant j\times r$ 时，得到 $Z=Z_0 \parallel Z_1 \parallel \cdots \parallel Z_{j-1} \parallel$。最后，输出 Z 的

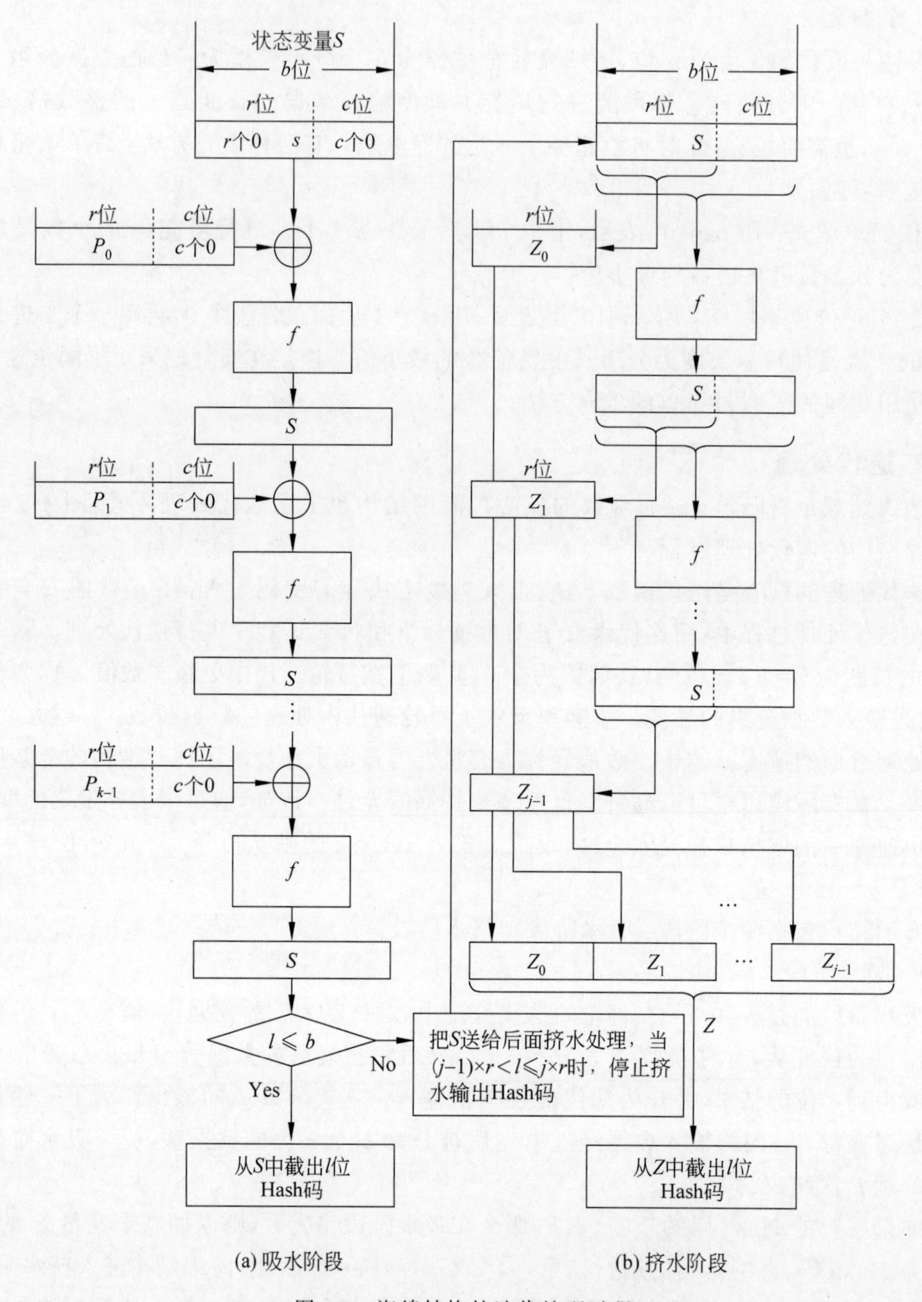

图 4-5　海绵结构的迭代处理过程

前 l 位作为 Hash 码，如图 4-5(b)所示。

在挤水阶段，每一轮迭代处理前都要从长度为 b 的状态变量 S 中取出 r 位的分组，并丢弃其余的 c 位分组。这一过程很像海绵挤水，这里的"水"就是丢弃的 c 位分组。

3. 输出

数据处理完毕，输出 Hash 码。

当 Hash 码长度 l 小于或等于输入数据的分组长度 b 时，海绵结构在吸水阶段完成后结束，输出状态变量 S 的前 l 位作为 Hash 码。

当 Hash 码长度 l 大于输入数据的分组长度 b 时，海绵结构还要进行挤水处理，在挤水阶段完成后产生输出块 $Z=Z_0,Z_1,\cdots,Z_{j-1}$，并输出 Z 的前 l 位作为 Hash 码。

海绵结构灵活，除用作密码学 Hash 函数外，还可用作伪随机数发生器。把长度为 r 的短数据作为输入种子，海绵函数处理的结果就是随机性良好的伪随机数。

由图 4-5 可知，海绵结构的一大特点是，无论是在吸水阶段还是在挤水阶段，其迭代处理都是等长的数据变换，并没有进行压缩。这一点与 Merkle 提出的迭代压缩结构不同，从根本上避免了内部压缩函数在客观上存在的碰撞。海绵结构的压缩是通过在吸水阶段或挤水阶段最后的截出 Hash 码、丢弃其余数据实现的。

4. 海绵函数的形式化描述

海绵函数由以下参数定义。

M 是输入数据。

l 是输出 Hash 码的长度。

f 是迭代函数。

r 是输入数据分组的长度，称为位速率。

c 是容量。

Pad 是填充算法。

算法 4-1：海绵函数 Sponge（*M*，*l*，*f*，Pad，*r*，*c*）

```
要求：r<b,b=r+c.
接口：Z.
P=M ‖ Pad (M);                   /*对数据 M 进行填充，使填充后的数据 P 的长度是 r 的整数倍。
                                   其中符号 ‖ 表示前后两个比特串首尾相连，Pad(M)表示对 M
                                   的填充数据*/
K=| P |/r;                       /*这里，| P | 表示 P 的位数*/
S=0^b;                           /*S 是状态变量，这里把 b 位的 S 的初值置为全 0 */
For i=0 To k-1 Do                /*这里，For 循环是吸水阶段*/
    P_i=⌊P⌋_{r×i} ;              /*取出 P 中前面第 i 个 r 位形成数据分组 P_i */
    S=S⊕(P_i ‖ o^{b-r});         /*数据分组 P_i 添加 c 个 0，与状态变量 S 异或*/
    S=f(S);                      /*对状态变量 S 进行迭代函数 f 处理*/
EndFor
If l≤b Then Z=S Else
    J=1;
    While (J-1)×r<l Do           /*这里，While 循环是挤水阶段*/
      S=f(S);
      Z=Z ‖ ⌊S⌋_r ;              /*⌊S⌋_r 表示从 S 的前面取出 r 位*/
      J=J+1
    EndWhile
EndIf
Return ⌊Z⌋_l                     /*⌊Z⌋_l 表示从 Z 的前面取出 l 位，输出为 Hash 码*/
```

4.3.2 SHA-3 核心压缩算法

2015 年 8 月 5 日,美国政府正式颁布 SHA-3 成为新的密码学 Hash 函数标准算法(FIPS PUB 180-5)。本节讲述 SHA-3 的核心压缩算法。

SHA-3 的主要参数如表 4-1 所示。

表 4-1 SHA-3 的主要参数

Hash 码长度	224	256	384	512
输入数据长度	没有限制	没有限制	没有限制	没有限制
数据分组长度(位速率 r)	1152	1088	832	576
字长度	64	64	64	64
迭代轮数	24	24	24	24
容量 c	448	512	768	1024
抗强碰撞攻击强度	2^{112}	2^{128}	2^{192}	2^{256}
抗原像和第二原像攻击强度	2^{224}	2^{256}	2^{384}	2^{512}

注:所有的长度和安全度量都以二进制位为单位。

上面的算法 4-1 中没有给出其迭代函数 f 的具体结构,也没有给出其具体的数据填充方法。下面对此进行详细讨论。

首先讨论填充。SHA-3 采用了多重位速率填充,用 pad10*1 表示,即用一个 1 后面跟若干个 0,再跟一个 1 进行填充。0 的个数是使总长度为分组长度整倍数的最小值。

其次讨论迭代函数 f,并记 SHA-3 的迭代函数为 Keccak-f。在吸水阶段,迭代函数 Keccak-f 对状态变量 S 与数据分组的异或值进行迭代处理。在挤水阶段,迭代函数 Keccak-f 直接对状态变量 S 进行迭代处理。在吸水阶段,数据分组的长度为 r,吸入的“水”为 c 位。状态变量 S 的长度 $b=r+c$。在挤水阶段,状态变量 S 又被拆分成长度为 r 和长度为 c 的两部分。保留长度为 r 的部分,丢弃长度为 c 的部分,丢弃的部分就是挤出的“水”。

在 SHA-3 默认 $r=576, c=1024, b=r+c=1600$ 位。从表 4-1 可以看出,基于海绵结构的 Hash 函数的安全性随着容量 c 的增大而提高。

下面给出 SHA-3 迭代函数的具体算法。

1. SHA-3 的迭代函数 Keccak-f

迭代函数 Keccak-f 用于对状态变量 S 进行迭代处理,如图 4-5 所示。

状态变量 S 的长度 $b=1600$ 位,用 $S[i]$ 表示状态变量 S 中的第 i 位,则状态变量 S 可表示为

$$S=S[0]\parallel S[1]\parallel\cdots\parallel S[b-2]\parallel S[b-1] \tag{4-11}$$

还可以把状态变量 S 排列为 $5\times5\times64$ 的长方体,如图 4-6 所示。用矩阵 $\mathbf{A}[x,y,z]$ 表示状态变量 S 中的某一位。其中 $x=0,1,2,3,4$, $y=0,1,2,3,4$, $z=0,1,\cdots,63$。于

是，状态变量 S 中的位与矩阵 $\mathbf{A}[x,y,z]$ 的对应关系如下。

$$\mathbf{A}[x,y,z]=S\,[64\times(5y+x)+z] \tag{4-12}$$

例如：$\mathbf{A}[1,0,61]=S\,[125]$ 是状态变量 S 中的第 125 位。$\mathbf{A}[4,2,63]=S\,[959]$ 是状态变量 S 中的第 959 位。

从垂直切面方向看，这个长方体 S 可以看成一个 5×5 的矩阵。矩阵的每个元素都是一个 64 位字，并且称为纵(lanes)。用矩阵 $\mathbf{L}[x,y]$ 表示纵，对于 $x=0,1,2,3,4,y=0,1,2,3,4$，有

$$L\ (x,y)=\mathbf{A}[x,y,0]\parallel\mathbf{A}[x,y,1]\parallel\mathbf{A}[x,y,2]\parallel\cdots\parallel\mathbf{A}[x,y,63] \tag{4-13}$$

举例如下：

$$\text{Lane}(1,3)=\mathbf{A}[1,3,0]\parallel\mathbf{A}[1,3,1]\parallel\mathbf{A}[1,3,2]\parallel\cdots\parallel\mathbf{A}[1,3,62]\parallel\mathbf{A}[1,3,63]$$

$$\text{Lane}(4,4)=\mathbf{A}[4,4,0]\parallel\mathbf{A}[4,4,1]\parallel\mathbf{A}[4,4,2]\parallel\cdots\parallel\mathbf{A}[4,4,62]\parallel\mathbf{A}[4,4,63]$$

此外，还可以把这个长方体 S 切分成行水平切面(Plane)、行(Line)和列(Column)，如图 4-6 所示。类似地，可以得到用纵表示水平切面和用水平切面表示长方体 S 的方法：

$$\text{Plane}(y)=L(0,y)\parallel L(1,y)\parallel L(2,y)\parallel L(3,y)\parallel L(4,y),y=0,1,2,3,4 \tag{4-14}$$

$$S=\text{Plane}(0)\parallel\text{Plane}(1)\parallel\text{Plane}(2)\parallel\text{Plane}(3)\parallel\text{Plane}(4) \tag{4-15}$$

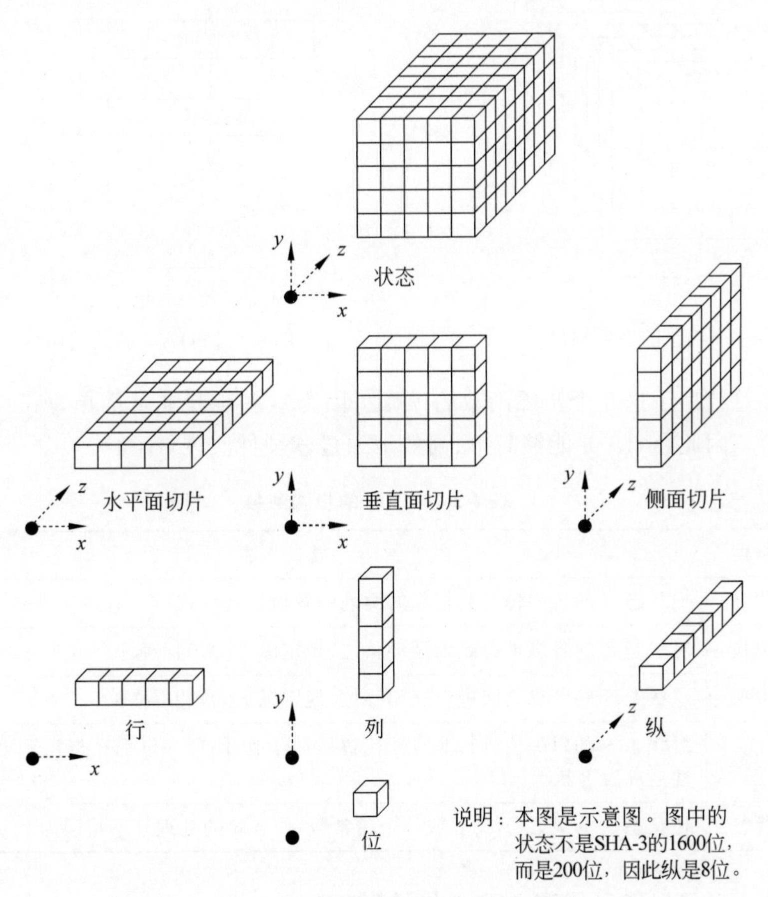

图 4-6　状态及各种切分的示意图

为了方便迭代函数 Keccak-f 对状态变量 S 的处理,规定状态 S 各坐标的顺序如图 4-7 所示。图中规定坐标$(x,y)=(0,0)$在垂直切面的中央。

1) 迭代函数 Keccak-f 的结构

迭代函数 f 的输入是 1600 位的状态变量 S,对状态变量 S 进行 24 轮的迭代处理。每一轮包括 5 个处理步骤,每个处理步骤通过置换或代替操作对状态 S 进行处理更新。每轮的处理除最后一步外全都相同。最后一步通过施加不同的轮常数而使得各轮操作互不相同。SHA-3 的迭代函数结构如图 4-8 所示。

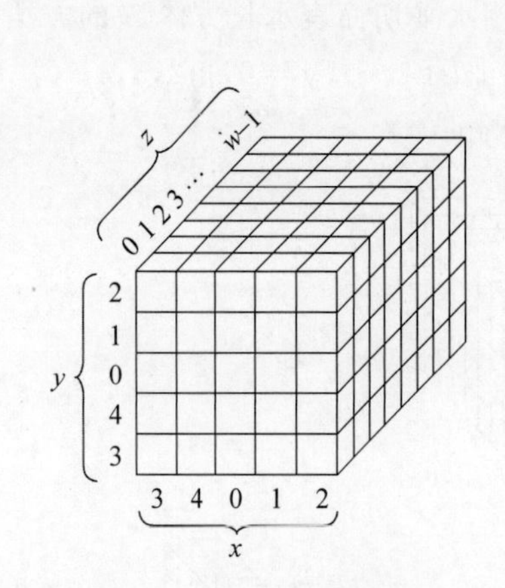

图 4-7 状态的坐标顺序

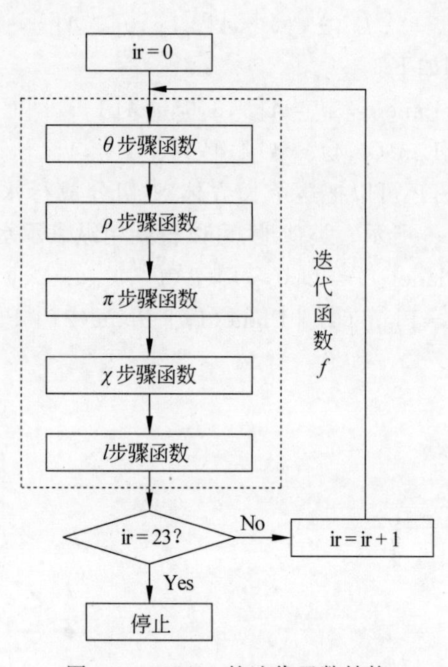

图 4-8 SHA-3 的迭代函数结构

表 4-2 总结出了这 5 个步骤函数的操作。因为这些步骤非常简单,所以整个算法描述简单紧凑。因此,SHA-3 能够简单、高效地通过软硬件实现。

表 4-2 SHA-3 的步骤函数

函数	类型	描 述
θ	代替	把状态 S 的每一位与其相邻的两列的各位进行异或
ρ	置换	对状态 S 的各纵进行纵内循环移位,规定纵 $L[0,0]$不移位
π	置换	对状态 S 的各纵之间进行互相移位,规定纵 $L[0,0]$不移位
χ	代替	对状态 S 的每一位进行非线性代替。具体地,使每一位都在与相邻两位进行非线性运算后更新
ι	代替	把状态 S 的纵 $L[0,0]$异或一个轮常数,使各轮的处理互不相同

根据图 4-8,可以得到 SHA-3 的迭代函数表达式:

$$\text{Keccak-}f\ (A[x,y,z],\text{ir})=\iota(\chi(\pi(\rho(\theta(A[x,y,z])))),\text{ir}) \tag{4-16}$$

其中,参数 ir 是迭代的轮数,ir=0,1,⋯,23。

2) 迭代函数 Keccak-f 的步骤运算算法

现在介绍迭代函数中的各处理步的运算算法。

① θ 步骤函数。

算法 4-2: $\boldsymbol{\theta}(\boldsymbol{A})$

Input:

state array $\boldsymbol{A}$.

Output:

state array $\boldsymbol{A}'$.

Step 1: For all pairs (x,z) such that $0 \leqslant x < 5$ and $0 \leqslant z < 64$, let

$C[x,z]=\boldsymbol{A}[x,0,z] \oplus \boldsymbol{A}[x,1,z] \oplus \boldsymbol{A}[x,2,z] \oplus \boldsymbol{A}[x,3,z] \oplus \boldsymbol{A}[\mathrm{x},4,z]$.

Step 2: For all pairs (x,z) such that $0 \leqslant x < 5$ and $0 \leqslant z < 64$, let

$D[x,z]=C[(x-1) \bmod 5,z] \oplus C[(x+1) \bmod 5,(z-1) \bmod 64]$.

Step 3: For all pairs (x,z) such that $0 \leqslant x < 5, 0 \leqslant y < 5$, and $0 \leqslant z < 64$, let

$\boldsymbol{A}'[x,y,z]=\boldsymbol{A}[x,y,z] \oplus D[x,z]$.

Step 4: Return $\boldsymbol{A}'$.

说明:算法中 $\boldsymbol{A}$ 表示原矩阵,$\boldsymbol{A}'$ 表示运算后的新矩阵。

θ 步骤函数的主要功能是异或,把状态 S 的每一位与其相邻的两列的各位进行异或。例如,对于位 $\boldsymbol{A}[x_0,y_0,z_0]$,$\theta$ 步骤函数把位 $\boldsymbol{A}[x_0,y_0,z_0]$与这样两列的各位进行异或操作:其中一列的 x 坐标为$(x_0-1) \bmod 5$,z 坐标为 z_0。另一列的 x 坐标为$(x_0+1) \bmod 5$,z 坐标为$(z_0-1) \bmod 64$。直观上看,x 坐标为$(x_0-1) \bmod 5$ 的那一列是位于 $\boldsymbol{A}[x_0,y_0,z_0]$左边的一列,$x$ 坐标为$(x_0+1) \bmod 5$ 的那一列是位于 $\boldsymbol{A}[x_0,y_0,z_0]$右前边的一列,参见图 4-9。需要说明的是,因为有(x_0-1) 的计算,当 $x_0=0$ 时,$x_0-1=-1$,超出了 x 坐标的取值范围。加上 mod 5 运算后,当 $x_0=0$ 时,$x_0-1=-1 \bmod 5=4$,避免了 x 坐标超出取值范围。同样的道理,另一列的 x 坐标采用$(x_0+1) \bmod 5$,z 坐标采用$(z-1) \bmod 64$。注意,与位 $\boldsymbol{A}[x_0,y_0,z_0]$相邻的两列与该位的 y 坐标无关,因为该位所在的列中的每一位都与这两列相邻。

Step 1 按列逐一求出状态 S 每一列各位的模 2 和,共 $5 \times 64=320$ 列,结果存入 $C[x,z]$中。Step 2 把存入 $C[x,z]$中所有符合上述相邻条件的两列的各位模 2 和,再进行模 2 相加,结果存入 $D[x,z]$中。Step 3 把状态 S 中的每一位 $\boldsymbol{A}[x,y,z]$ 与存入 $D[x,z]$中的其相邻两列的模 2 和,再进行模 2 相加,并存入 $\boldsymbol{A}'[x,y,z]$中,至此完成了把状态 S 的每一位与其相邻的两列的各位进行异或的操作。位 $\boldsymbol{A}[2,2,3]$与相邻两列的位置关系如图 4-9 所示。

通过上述分析不难发现以下结论:通过 θ 步骤函数操作后,状态的每一位都进行了更新,其取值由自身的原值、其左边一列的各位、右前一列的各位共同决定。因此,每一位的更新值与原来的 11 位的取值相关。这种运算提供了很好的混合作用,与 AES 中的列混合类似。因此,θ 步骤函数提供了很好的扩散效果。Keccak 的设计者指出 θ 步骤函数提供了高强度的扩散,如果没有 θ 步骤函数,迭代函数 f 的扩散效果将不明显。

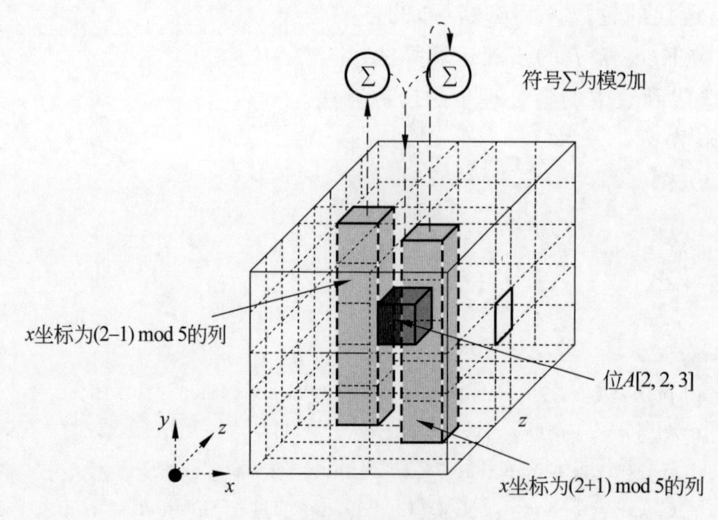

图 4-9　θ 步骤函数运算示意图

② ρ 步骤函数。

算法 4-3：$\boldsymbol{\rho}(\boldsymbol{A})$

Input：

state array $\boldsymbol{A}$.

Output：

state array $\boldsymbol{A}'$.

Step 1：For all $0 \leqslant z < 64$, let $\boldsymbol{A}'[0,0,z] = \boldsymbol{A}[0,0,z]$.

Step 2：Let $(x,y)=(1,0)$.

Step 3：For t from 0 to 23：

a：for all $0 \leqslant z < 64$, let $\boldsymbol{A}'[x,y,z] = \boldsymbol{A}[x,y,(z-(t+1)(t+2)/2) \bmod 64]$;

b：let $(x,y)=(y,(2x+3y) \bmod 5)$.

Step 4：Return $\boldsymbol{A}'$.

ρ 步骤函数的主要功能是把状态 S 中的每一个纵循环移位 d 位，其目的是提供每个纵内部的扩散。如果没有 ρ 步骤函数，纵的各个位之间的扩散将会非常缓慢。

Step 1 规定纵 $L[0,0]$ 不循环移位。Step 2 设置起始循环移位的纵的坐标 $x=1$ 和 $y=0$。在 Step 3 中，a 步完成一个纵内的循环移位。b 步计算出下一个要循环移位的纵的坐标。如此循环往复，在参数 t 的控制下完成全部 24 个纵的循环移位。各纵的循环移位量 d 由参数 t 确定，按式(4-17)计算。

$$d=(t+1)(t+2)/2 \bmod 64 \tag{4-17}$$

Step 3 中的 b 步给出了计算下一个要循环移位的纵的坐标的方法，如式(4-18)所示，其中 x，y 表示循环移位起始纵的坐标，x'，y' 表示下一个要循环移位的纵的坐标。

$$\begin{cases} x'=y \\ y'=(2x+3y) \bmod 5 \end{cases} \tag{4-18}$$

据式(4-17)和式(4-18)逐一计算，可得到表 4-3。

表 4-3　ρ 步骤函数使用的循环移位参数

t	移位量 d	纵的坐标 (x,y)	t	移位量 d	纵的坐标 (x,y)
0	1	(1,0)	12	27	(4,0)
1	3	(0,2)	13	41	(0,3)
2	6	(2,1)	14	56	(3,4)
3	10	(1,2)	15	8	(4,3)
4	15	(2,3)	16	25	(3,2)
5	21	(3,3)	17	43	(2,2)
6	28	(3,0)	18	62	(2,0)
7	36	(0,1)	19	18	(0,4)
8	45	(1,3)	20	39	(4,2)
9	55	(3,1)	21	61	(2,4)
10	2	(1,4)	22	20	(4,1)
11	14	(4,4)	23	44	(1,1)

举例说明：根据 Step 2，起始循环移位的纵为 $L[1,0]$。对于 $t=0$，据式(4-17)计算可得 $d=(0+1)\ (0+2)\ /2=1 \bmod 64$。据式(4-18)计算可得：$x'=y=0, y'=2\times1+3\times0=2$。这说明下一个要循环移位的纵，也就是 $t=1$ 时要循环移位的纵为 $L[0,2]$。对于$t=1$，据式(4-17)计算可得 $d=(1+1)(1+2)/2=3 \bmod 64$。据式(4-18)计算可得：$x'=y=2, y'=(2\times0+3\times2) \bmod 5=1 \bmod 5$。这说明下一个要循环移位的纵，也就是 $t=2$ 时要循环移位的纵为 $L[2,1]$。计算结果与表 4-3 一致。

图 4-10 给出了当 $b=200$，即纵的位数为 8 时的 ρ 步骤函数运算示意图，其中 x,y 坐标的顺序遵守图 4-7 的规定。例如，纵 $L[0,0]$处于图 4-10 上中间那块侧切片的中间，纵 $L[2,3]$处于图 4-10 上最右边那块侧切片的最下边。在图 4-10 中，黑点表示 $z=0$ 的位，有阴影的位表示黑点的位在 ρ 步骤函数运算后的位置。因为是纵循环移位，所以纵内其他位与标黑点的位循环移位相同的位数。例如，对于纵 $L[1,0]$，查表 4-3 得知其循环移位量是 1 位，这说明纵 $L[1,0]$的所有位都循环移位 1 位。其中 $z=7$ 的那一位，沿 z 坐标方向移位 1 位后的坐标 $z=7+1=0 \bmod 8$。

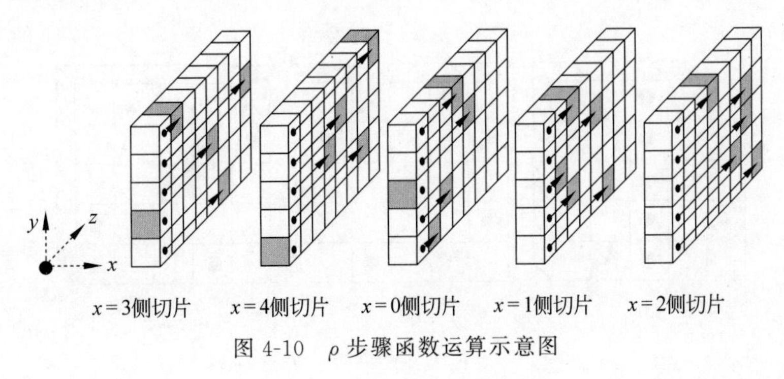

图 4-10　ρ 步骤函数运算示意图

注意：因为图 4-10 是示意图，纵的位数为 8，所以 z 坐标按 mod 8 运算。如果是 SHA-3，纵的位数为 64，z 坐标按 mod 64 运算。

根据表 4-3 逐一与图 4-10 进行验证，可知两者是一致的。

③ π 步骤函数。

算法 4-4：$\pi(\boldsymbol{A})$

Input：

　　state array $\boldsymbol{A}$.

Output：

　　state array $\boldsymbol{A}'$.

Step 1：For all triples (x,y,z) such that $0\leqslant x<5, 0\leqslant y<5$, and $0\leqslant z<63$, let

　　$\boldsymbol{A}'[x,y,z]=\boldsymbol{A}[y,(2x+3y) \bmod 5, z]$

Step 2：Return $\boldsymbol{A}'$.

π 步骤函数的主要功能是在状态 S 的各纵之间进行互相移位，其目的是提供各个纵之间的扩散。如果没有 π 步骤函数，各纵之间的扩散将会非常缓慢。

Step 1 告诉我们，纵的移位主要依据坐标 x, y 的变化，规定纵 $L[0,0]$不移位。用 x', y'表示新纵的坐标，x, y 表示原纵的坐标，新旧坐标的关系仍旧遵从式(4-18)。

例如，设原纵为 $L(4,1)$，根据式(4-18)计算，$x'=1, y'=(2\times4+3\times1) \bmod 5= 11 \bmod 5=1 \bmod 5$。这说明，执行 Step 1 要把原纵 $L(4,1)$ 写到纵 $L(1,1)$ 处。又如，设原纵为$L(4,3)$，根据式(4-18)计算，$x'=3, y'=(2\times4+3\times3) \bmod 5=17 \bmod 5= 2 \bmod 5$。这说明，执行 Step 1 要把原纵 $L(4,3)$写到纵 $L(3,2)$ 处。

注意：π 步骤函数是对纵之间的置换：各纵在 5×5 矩阵内部移动位置。这与 ρ 步骤函数是不同的。ρ 步骤函数是对纵内部的循环移位操作。

图 4-11 给出了当 $b=200$，即纵的位数为 8 时的 π 步骤函数运算示意图，其中 x, y

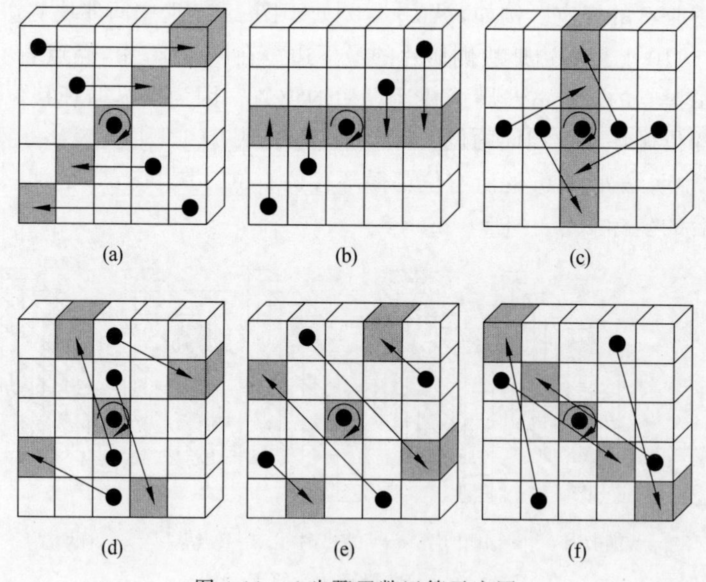

图 4-11　π 步骤函数运算示意图

坐标的顺序遵守图4-7的规定。图4-11中的每一个箭头指示出了一个纵移动的起始位置和终止位置。因为状态 S 共有25个纵，其中纵 $L[0,0]$ 不移动，24个纵要移动，因此需要用24个箭头表示。于是，在图4-11中用了6个垂直切片图，每个垂直切片图上画出4个箭头，共有24个箭头，刚好每个箭头表示一个纵的移动。例如，根据前面的分析，Step 1要把纵 $L(4,1)$ 移到纵 $L(1,1)$ 处。这刚好与图4-11 (a)中上边的第2个箭头一致。又如，设纵为 $L(4,3)$，执行Step 1要把原纵 $L(4,3)$ 移到纵 $L(3,2)$ 处。这刚好与图4-11 (f)中最左边的向斜上方的箭头一致。图4-11各垂直切片图中的黑点代表纵 $L[0,0]$，画了一个环绕自己的箭头线，表示不移位。

④ χ 步骤函数。

算法4-5：$\boldsymbol{\chi}$(A)

Input：

　　state array $\mathbf{A}$.

Output：

　　state array $\mathbf{A}'$.

Step 1：For all triples (x,y,z) such that $0\leqslant x<5, 0\leqslant y<5$, and $0\leqslant z<64$, let

　　$\mathbf{A}[x,y,z]=\mathbf{A}[x,y,z]\oplus((\mathbf{A}[(x+1) \bmod 5,y,z]\oplus 1) \text{ AND } \mathbf{A}[(x+2) \bmod 5,y,z])$.

Step 2：Return $\mathbf{A}'$.

χ 步骤函数的主要功能是对状态 S 的每一位进行非线性代替变换。具体地，使每一位都与相邻两位进行非线性运算后被更新。这个非线性运算如式(4-19)所示。

$$\mathbf{A}'[x,y,z]=\mathbf{A}[x,y,z]\oplus(\text{NOT}(\mathbf{A}[(x+1) \bmod 5,y,z]) \text{ AND } \mathbf{A}[(x+2) \bmod 5,y,z]) \tag{4-19}$$

运算的图示如图4-12所示。例如，$\mathbf{A}'=\mathbf{A}\oplus$NOT (B) AND C。

χ 步骤函数是所有操作中唯一的非线性运算。这个非线性运算具有良好的非线性和平衡性，起到良好的密码学混淆的作用。如果没有 χ 步骤函数，整个SHA-3的迭代函数 f 将成为线性函数，这将是不安全的。

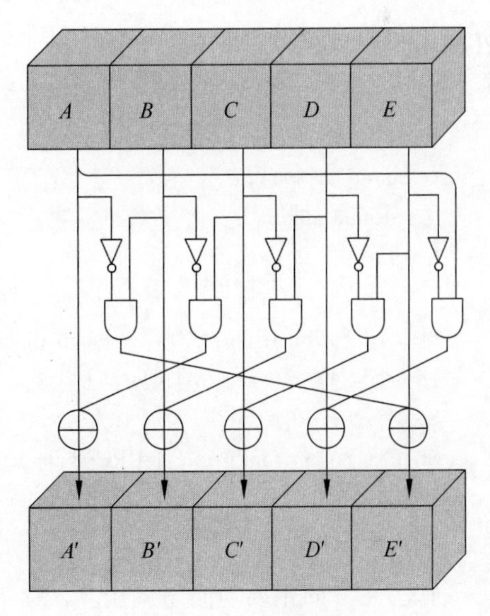

图4-12　χ 步骤函数

⑤ ι 步骤函数。

ι 步骤函数包含两个算法。算法4-6是产生轮常数中可变位(可能为0，也可能为1的位)的算法。不变位(固定为0的位)和可变位共同构成轮常数。算法4-7是 ι 步骤函数的主算法，给迭代处理的每一轮异或一个轮常数。

给迭代处理的每一轮异或一个轮常数的目的是破坏迭代函数的对称性。如果没有这一措施，迭代函数在所有轮都不变。这一性质被称为对称性，这样就容易遭受侧信道攻击。给迭代处理的每一轮异或一个与轮数相关，而且互不相同的轮常数，可以增加迭代函数的非对称性,有利于安全。对于SHA-3,纵的长度 $b=64$,参数 $l=\log_2 64=6$。通常取轮常数中可变位的长度为 $l+1$,显然参数 l 越大,增加迭代函数的非对称性的作用就越大。

每一轮的轮常数都与状态 S 的纵 $L(0,0)$ 相异或,经过一轮的迭代函数变换(特别是 θ 变换和 χ 变换)之后,其破坏迭代函数对称性的作用将扩散到所有其他的纵,从而增强了SHA-3的安全性。

算法 4-6:rc(t)

Input:

  integer t.

Output:

  bit rc(t).

Step 1:If t mod $255=0$, return 1.

Step 2:Let $R=10000000$.

Step 3:For i from 1 to t mod 255, let:

  a:$R=0 \| R$;

  b:$R[0]=R[0]\oplus R[8]$;

  c:$R[4]=R[4]\oplus R[8]$;

  d:$R[5]=R[5]\oplus R[8]$;

  e:$R[6]=R[6]\oplus R[8]$;

  f:$R=\text{Trunc8}[R]$.

Step 4:Return $R[0]$.

算法4-6的功能是产生轮常数的一位。rc是产生轮常数位的函数,t 是rc的输入变量,t 是一个正整数,$1\leqslant t<255$。Step 2置 $R=10000000$,最左边的是第0位 $R[0]=1$,最右边的是第7位 $R[7]=0$。Step 3中的a步置 $0\|R$,于是 R 变为 $R=010000000$,$R[0]=0$,$R[1]=1$,$R[8]=0$。Step 3中的f步 Trunc8$[R]$表示从 R 中截取出低8位。算法4-6的输出是一个二进制位 $R[0]$。

算法 4-7:$\iota(\mathbf{A},i_r)$

Input:

  state array $\mathbf{A}$;

  round index i_r.

Output:

  state array $\mathbf{A}'$.

Step 1:For all triples (x,y,z) such that $0\leqslant x<5$, $0\leqslant y<5$, and $0\leqslant z<64$, let

  $\mathbf{A}'[x,y,z]=\mathbf{A}[x,y,z]$.

Step 2:Let $RC=0^{64}$.

Step 3:For j from 0 to l, let $\text{RC}[2^j-1]=\text{rc}(j+7i_r)$.

Step 4:For all z such that $0\leqslant z<64$, let $\mathbf{A}'[0,0,z]=\mathbf{A}'[0,0,z]\oplus \text{RC}[z]$.

Step 5:Return $\mathbf{A}'$.

算法4-7的主要功能是调用算法4-6产生轮常数中的可变位,加上不变位,形成一个完整的轮常数RC,并把这个轮常数RC与状态 S 的纵 $L(0,0)$ 异或。其中,i_r 为迭代处理轮数的标识。Step 2 置轮常数的初值为 64 个零，$RC=0^{64}$。Step 3 调用算法 5 产生轮常数 RC 中的 $l+1$ 个可变位 $rc(j+7i_r)$，RC 的其余位仍保持为零不变。对于 SHA-3，纵的长度 $b=64$，参数 $l=\log_2 64=6$。这说明轮常数中最多只有 $6+1=7$ 个位可能为 1，其余 57 个位固定为 0。Step 4 把轮常数 RC 与状态 S 的纵 $L[0,0]$ 异或。虽然只有轮常数中这 1～7 个可能为 1 的位能够影响 $L[0,0]$的取值，但是，由于迭代函数中其他步骤函数(特别是 θ 变换和 χ 变换)的置换和代替作用，在一轮迭代之后，便可使 ι 步骤函数的效果传播到状态矩阵 $\boldsymbol{S}$ 中的所有其他纵。

我们可以对 ι 步骤函数进行如下的优化：根据第 3 章的知识可知，m 序列具有良好的随机性，而且产生 m 序列的线性移位寄存器的状态都是 m 序列的子段，也有很好的随机性。因此可以选择 m 序列或产生 m 序列的线性移位寄存器的状态作为轮常数中的可变位。对于 SHA-3，可变位的长度为 7，于是可以选用一个 7 次的本原多项式组成一个线性移位寄存器，产生周期为 $2^7-1=127$ 的 m 序列。一次取出一个 7 位的状态，与不变位结合，构成轮常数。把轮常数与 $L(0,0)$异或，便完成了 ι 步骤函数的处理功能。这一工作留给读者自己试验研究，见本章习题 14。

2. SHA-3 评述

一方面，科学技术的进步对密码学 Hash 函数提出了新的需求。例如，需要具有更高的安全性，需要具有可配置的灵活性，如需要与 AES 等密码算法兼容等。另一方面，中国学者对 SHA-1 等密码学 Hash 函数的有效分析，揭示出这些密码学 Hash 函数的安全缺陷。在这种情形下，NIST 主持制定了新的密码学 Hash 函数标准 SHA-3。

首先，SHA-3 的征集与评审采用国际化的开放方式，最后选中由非美国单位设计的 Keccak 算法。这种工作方式符合密码学的公开设计原则，已经被 DES、AES 的制定实践证明是正确的。

其次，在安全性方面，测评表明 SHA-3 可以抵御对密码学 Hash 函数的现有攻击。到目前为止，没有发现它有严重的安全弱点。

SHA-3 的海绵结构很有特色，它的迭代处理是等长的数据处理，不进行压缩，从根本上避免了内部迭代处理中的碰撞。另外，它的吸水与 SM3 的消息扩展类似，有增强安全性的作用。这是因为吸水经过迭代函数处理后，把原消息位打乱了，隐蔽了原消息位之间的关联，增强了安全性。但是，SHA-3 的迭代函数中共有 5 个步骤函数，其中只有一个非线性函数，其余 4 个都是线性函数。而 SM3、SHA-1、SHA-2 的迭代函数中都用了 2 个非线性函数。

此外，SHA-3 具有可选参数配置的灵活性，能适应 Hash 函数的各种应用。它设计简单，软硬件实现方便。在效率方面，它是高效的。从表 4-1 可以看出，SHA-3 完全可以代替 SHA-2 的各种应用。

评测看来，SHA-3 具有安全、灵活、高效等优点。但是，只有经过实践的检验才能说明其真正的优劣。

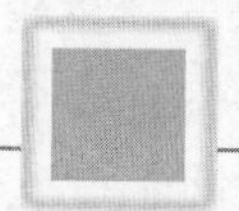

习题与实验研究

1. 什么是密码学 Hash 函数?

2. 密码学 Hash 函数的安全性要求有哪些?

3. 理解 Merkle 提出的密码学 Hash 函数的一般结构。

4. 了解密码学 Hash 函数的构造类型。

5. SM3 采用了如下 3 个布尔函数:

① $FF_j(X,Y,Z)=X\oplus Y\oplus Z$

② $FF_j(X,Y,Z)=(X\wedge Y)\vee(X\wedge Z)\vee(Y\wedge Z)$

③ $GG_j(X,Y,Z)=(X\wedge Y)\vee(\neg X\wedge Z)$

计算验证这 3 个函数的平衡性。

6. 为什么 SM3 要根据式(4-8)进行填充数据?

7. 为什么 SM3 在压缩前要先进行数据扩展,它对提高 SM3 的安全性有何贡献?

8. 在 SM3 的压缩函数中使用参数 W_j 和 W'_j 有何作用?

9. 实验研究:编程实现 SM3,研究其随机性。

① 任意取一数据,用 SM3 进行杂凑处理,得到杂凑值。分析考察杂凑值中的 0 和 1 的频率、0 和 1 游程的分布。

② 改变数据中的 1 位,考察杂凑值变化的位数。

10. 实验研究:以 SM3 密码学 Hash 函数为基础,开发出文件完整性保护软件系统,软件要求如下。

① 初装文件时,具有计算产生该文件 Hash 码,并保存其 Hash 码的功能;

② 使用文件时,具有重新计算产生该文件 Hash 码,并与其保存的 Hash 码进行一致性比较的功能。如果两者一致,则指示"文件是完整的"。如果两者不一致,则指示"文件的完整性被破坏"。

③ 具有较好的人机界面。

11. 什么是海绵结构?

12. 说明吸水阶段和挤水阶段的工作过程。吸水阶段吸入的"水"是什么?挤水阶段挤出的"水"又是什么?

13. 说明海绵结构的迭代处理与传统 Merkle 结构的迭代处理有何异同?进一步说明海绵结构的优点。

14. 软件实验:理解 SHA-3 各步骤函数的功能,优化这些步骤函数,编程实现这些步骤函数,进而形成完整的迭代函数。

① θ 步骤函数;

② ρ 步骤函数;

③ π 步骤函数;

④ χ 步骤函数;

⑤ ι 步骤函数。

15. 实验研究：编程实现 SHA-3，研究其随机性。

① 任意取一数据，用 SHA-3 进行杂凑处理，得到杂凑值。分析考察杂凑值中的 0 和 1 的频率、0 和 1 游程的分布。

② 改变数据中的 1 位，考察杂凑值变化的位数。

第5章 公钥密码

前面几章主要讨论了对称密码,本章将讨论非对称密码,即公开密钥密码(一般简称公钥密码)。

公钥密码

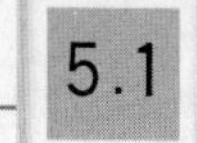

5.1 公钥密码的基本概念

利用传统密码进行保密通信,通信的双方必须首先预约持有相同的密钥才能进行。而私人和商业之间想通过通信工具洽谈生意又要保持商业秘密,有时很难做到事先预约密钥。另外,对于大型计算机网络,设 n 个用户,任意两个用户之间都可能进行通信,共有 $C_n^2=n(n-1)/2$ 种不同的通信方式,当 n 较大时这一数目是很大的。从安全角度考虑,密钥应当经常更换。在网络上产生、存储、分配、管理如此大量的密钥,其复杂性和危险性都是很大的。

因此,密钥管理上的困难是传统密码应用的主要障碍。这种困难在计算机网络环境下更显得突出。另外,传统密码不易实现数字签名,也限制了它的应用范围。

为此,人们希望能设计一种新的密码,从根本上克服传统密码在密钥管理上的困难,而且容易实现数字签名,从而适合计算机网络环境的应用,适合各种需要数字签名的应用。

1976年,美国斯坦福大学的博士生 W.Diffie 和他的导师 M.Hellman 教授发表了"密码学新方向"的论文,第一次提出公钥密码的概念,从此开创了一个密码新时代。

公钥密码的基本思想是将传统密码的密钥 K 一分为二,分为加密钥 K_e 和解密钥 K_d。用加密钥 K_e 控制加密,用解密钥 K_d 控制解密,而且通过计算复杂性确保在计算上由加密钥 K_e 不能推出解密钥 K_d。这样,即使是将 K_e 公开,也不会暴露 K_d,也不会损害密码的安全。于是便可将 K_e 公开,而只对 K_d 保密。由于 K_e 是公开的,只有 K_d 是保密的,因此从根本上克服了传统密码在密钥分配上的困难。

根据公钥密码的基本思想,可知一个公钥密码应当满足以下3个条件。

① 解密算法 D 与加密算法 E 互逆,即对于所有明文 M,都有

$$D(E(M,K_e),K_d)=M \tag{5-1}$$

② 在计算上不能由 K_e 求出 K_d。

③ 算法 E 和 D 都是高效的。

条件①是构成密码的基本条件,是传统密码和公钥密码都必须具备的条件。

条件②是公钥密码的安全条件,是公钥密码的安全基础。而且这一条件是最难满足的。由于数学水平的限制,目前尚不能从数学上证明一个公钥密码完全满足这一条件,而只能证明它不满足这一条件。这就是困难的根本原因。

条件③是公钥密码的实用条件。因为只有算法 E 和 D 都是高效的,密码才能实际应用。否则,可能只有理论意义,而不能实际应用。

满足以上 3 个条件,便可构成一个公钥密码,这个密码可以确保数据的保密性。

进而,如果满足第四个条件,则能够确保数据的真实性。

④ 对于所有明文 M,都有

$$E(D(M,K_d),K_e)=M \tag{5-2}$$

如果满足条件①、②、④,同样可构成一个公钥密码,这个密码可以确保数据的真实性。

如果同时满足以上四个条件,则这个公钥密码可以同时确保数据的保密性和真实性。此时,对于所有的明文 M,都有

$$D(E(M,K_e),K_d)=E(D(M,K_d),K_e)=M \tag{5-3}$$

公钥密码从根本上克服了传统密码在密钥分配上的困难,利用公钥密码进行保密通信需要成立一个密钥管理中心(Key Management Center,KMC),每个用户都将自己的姓名、地址和公开的加密钥等信息在 KMC 登记注册,将公钥记入共享的公钥数据库(Public Key Database,PKDB)。KMC 负责密钥的管理,并且对用户是可信赖的。这样,用户利用公钥密码进行保密通信就像查电话号码簿打电话一样方便,再无通信双方预约密钥之苦,因此特别适合计算机网络应用。加上公钥密码实现数字签名容易,所以特别受到欢迎。

5.2　RSA 密码

1978 年,美国麻省理工学院的三名密码学者 R.L.Rivest、A.Shamir 和 L.Adleman 提出一种基于大合数因子分解困难性的公钥密码,简称为 RSA 密码。RSA 密码被誉为是一种风格幽雅的公钥密码。由于 RSA 密码既可用于加密,又可用于数字签名,通俗易懂,因此 RSA 密码已成为目前应用较广泛的公钥密码之一。许多国际标准化组织,如 ISO、ITU、SWIFT 和 TCG 等都已接受 RSA 作为标准。Internet 网络的 Email 保密系统 GPG 以及国际 VISA 和 MASTER 组织的电子商务协议(SET 协议)中都将 RSA 密码作为传送会话密钥和数字签名的标准。

我国学者在公钥密码的设计、分析和应用等方面都做出了许多卓越贡献。例如,我国商用公钥密码 SM2 已成为 ISO 和 TCG 的标准。

5.2.1　RSA 加解密算法

RSA 密码的密钥生成、加密及解密过程如下。

① 随机选择两个大素数 p 和 q，并且保密；

② 计算 $n=pq$，将 n 公开；

③ 计算 $\varphi(n)=(p-1)(q-1)$，对 $\varphi(n)$ 保密；

④ 随机选取一个正整数 e，$1<e<\varphi(n)$ 且 $(e,\varphi(n))=1$，将 e 公开；

⑤ 根据 $ed=1 \bmod \varphi(n)$，求出 d，并对 d 保密；

⑥ 加密运算：

$$C=M^e \bmod n \tag{5-4}$$

⑦ 解密运算：

$$M=C^d \bmod n \tag{5-5}$$

由以上算法可知，RSA 密码的公钥 $K_e=<n,e>$，而保密的私钥 $K_d=<p,q,d,\varphi(n)>$。

说明：上述算法中的 $\varphi(n)$ 称为欧拉(Euler)函数，意指比 n 小的正整数中与 n 互素的数的个数。例如，$\varphi(6)=2$，因为在 1,2,3,4,5 中与 6 互素的数只有 1 和 5 两个数。若 p 和 q 为素数，且 $n=pq$，则 $\varphi(n)=(p-1)(q-1)$。

例 5-1　令 $p=47$，$q=71$，$n=47\times71=3337$，$\varphi(n)=\varphi(3337)=46\times70=3220$。选取 $e=79$，计算 $d=e^{-1} \bmod 3220=1019 \bmod 3220$。公开 $e=79$ 和 $n=3337$，保密 $p=47$，$q=71$，$d=1019$ 和 $\varphi(n)=3220$。

设明文 $M=688\ 232\ 687\ 966\ 668\ 3$，进行分组，$M_1=688$，$M_2=232$，$M_3=687$，$M_4=966$，$M_5=668$，$M_6=003$。$M_1$ 的密文 $C_1=688^{79} \bmod 3337=1570$，继续进行类似计算，可得最终密文 $C=1570\ 2756\ 2091\ 2276\ 2423\ 158$。

若解密，则计算 $M_1=1570^{1019} \bmod 3337=688$，类似地，可解密还原出其他明文。

现在对 RSA 算法给出一些证明和说明。

(1) 加解密算法的可逆性。

要证明加解密算法的可逆性，根据式(5-1)即证明：

$$M=C^d=(M^e)^d=M^{ed} \bmod n$$

因为 $ed=1 \bmod \varphi(n)$，这说明 $ed=t\varphi(n)+1$，其中 t 为某整数。所以

$$M^{ed}=M^{t\varphi(n)+1} \bmod n$$

因此要证明 $M^{ed}=M \bmod n$，只需证明

$$M^{t\varphi(n)+1}=M \bmod n$$

在 $(M,n)=1$ 的情况下，根据数论知识，有

$$M^{t\varphi(n)}=1 \bmod n$$

于是有

$$M^{t\varphi(n)+1}=M \bmod n$$

在 $(M,n)\neq1$ 的情况下，分两种情况 $M\in\{1,2,3,\cdots,n-1\}$ 和 $M=0$：

① $M\in\{1,2,3,\cdots,n-1\}$。

因为 $n=pq$，p 和 q 为素数，$M\in\{1,2,3,\cdots,n-1\}$，且 $(M,n)\neq1$，这说明 M 必含 p 或 q 之一为其因子，而且不能同时包含两者，否则将有 $M\geqslant n$，与 $M\in\{1,2,3,\cdots,n-1\}$ 矛盾。不妨设 $M=ap$，其中 a 为某正整数。

又因 q 为素数，且 M 不包含 q，故有 $(M,q)=1$，于是有

$$M^{\varphi(q)}=1 \bmod q$$

进一步，有

$$M^{t(p-1)\varphi(q)}=1 \bmod q$$

因为 q 是素数，$\varphi(q)=(q-1)$，所以 $t(p-1)\varphi(q)=t(p-1)(q-1)=t\varphi(n)$，所以有

$$M^{t\varphi(n)}=1 \bmod q$$

于是

$$M^{t\varphi(n)}=bq+1,\text{其中 } b \text{ 为某整数}$$

两边同乘 M，得

$$M^{t\varphi(n)+1}=bqM+M$$

因为 $M=ap$，故

$$M^{t\varphi(n)+1}=bqap+M=abn+M$$

取模 n 得

$$M^{\varphi(n)+1}=M \bmod n$$

② $M=0$。

当 $M=0$ 时，直接验证，可知命题成立。

(2) 加密和解密运算的可交换性。

根据式(5-4)和式(5-5)，有

$$D(E(M))=(M^e)^d=M^{ed}=(M^d)^e=E(D(M)) \bmod n$$

所以，根据式(5-3)可知，RSA 密码可同时确保数据的保密性和数据的真实性(完整性)。

(3) 加解密算法的有效性。

根据式(5-4)和式(5-5)可知，RSA 密码的加解密运算的核心是模幂运算。目前已有多种有效的模幂运算算法，因此 RSA 密码算法是有效的。但是，为了安全，RSA 密码的参数必须选用很大的数，这时 RSA 密码算法的运算还是比较困难的。因此，提高 RSA 密码的加解密效率仍是一个值得研究的问题。

(4) 在计算上由公钥不能求出私钥。

这一问题在 5.2.2 节分析论证。

5.2.2 RSA 密码的安全性

小合数的因子分解是容易的，然而大合数的因子分解却十分困难。关于大合数 N 的因子分解的时间复杂度下限，目前尚没有一般的结果，迄今为止的各种因子分解算法提示人们这一时间下限将不低于 $O(\mathrm{EXP}(\ln N\ln(\ln N)^{1/2})$。根据这一结论，只要合数 N 足够大，进行因子分解是相当困难的。

密码分析者攻击 RSA 密码的一种可能的途径是截获密文 C，从 C 中求出明文 M。他知道

$$M \equiv C^d \bmod n$$

因为 n 是公开的，要从 C 中求出明文 M，必须先求出 d，而 d 是保密的。但他知道：

$$ed \equiv 1 \bmod \varphi(n)$$

e 是公开的，要从中求出 d，必须先求出 $\varphi(n)$，而 $\varphi(n)$ 是保密的。但他又知道：

$$\varphi(n)=(p-1)(q-1)$$

要从中求出 $\varphi(n)$，必须先求出 p 和 q，而 p 和 q 是保密的。但他也知道：

$$n=pq$$

要从 n 求出 p 和 q，只有对 n 进行因子分解。而当 n 足够大时，这是很困难的。

由此可见，只要能对 n 进行因子分解，便可攻破 RSA 密码。由此可以得出：破译 RSA 密码的困难性小于或等于对 n 进行因子分解的困难性。目前尚不能证明两者是否能确切相等，因为不能确知除对 n 进行因子分解的方法外，是否还有别的更简捷的破译方法。

应用 RSA 密码应密切关注世界大数因子分解的进展。虽然大数的因子分解是十分困难的，但是随着科学技术的发展，计算机的计算能力不断提高，人们对大数因子分解的能力在不断提高，而且分解所需的成本在不断下降，因此对 RSA 密码的威胁在不断上升。

1994 年 4 月 2 日，由 40 多个国家的 600 多位科学家参加，通过 Internet 网，历时 9 个月，成功地分解了十进制 129 位的大合数，破译了 Rivest 等悬赏 100 美元的 RSA-129。1996 年 4 月 10 日又破译了 RSA-130。更令人惊喜的是，1999 年 2 月，美国、荷兰、英国、法国和澳大利亚的数学家和计算机专家，通过 Internet 网，历时 1 个月，成功地分解了十进制 140 位的大合数，破译了 RSA-140。2007 年 5 月，人们成功分解了一个十进制 313 位(1038 位二进制位)的大合数 $2^{1039}-1$。这个大整数是一个梅森数。这是迄今为止被分解的最大整数。2009 年 12 月，人们又成功破译了 RSA-232。2019 年 12 月，法国和美国科学家宣布，成功地分解了十进制 240 位的大合数，从而破译了 RSA-240。该团队在 2020 年 3 月又宣布，成功分解了十进制 250 位的大合数，从而破译了 RSA-250。

其中，RSA-240 的大整数分解具体如下：

124620366781718784065835044608106590434820374651678805754818788883289666801
188210855036039570272508747509864768438458621054865537970253930571891217684
318286362846948405301614416430468066875699415246993185704183030512549594371
372159029236099

=

509435952285839914555051023580843714132648382024111473186660296521821206469
746700620316443478873837606252372049619334517

×

244624208838318150567813139024002896653802092578931401452041221336558477095
178155258218897735030590669041302045908071447

根据大整数因子分解能力的进展，今天要应用 RSA 密码，应当采用足够大的整数 n。人们普遍认为，对于一般应用，n 至少应取 1024 位；对于重要应用，n 最好取 2048 位。作者的研究小组在不同的项目中分别用软硬件方式研制开发出 1024 位和 2048 位的 RSA 密码系统。

大合数因子分解算法的研究是当前数论和密码学的一个十分活跃的领域。应用 RSA 密码应密切关注世界因子分解的进展。目前大合数因子分解的主要算法有

Pomerance 的二次筛法、Lenstra 的椭圆曲线分解算法、Pollard 的数域筛法及其各种改进、广义数域筛法、格数域筛法和针对特殊数的特殊数域筛法。要了解这些内容,请查阅有关文献。表 5-1 给出了采用广义数域筛法进行因子分解所需的计算机资源。表 5-2 给出了近年来因子分解问题的进展情况。

表 5-1 因子分解所需的计算机资源

合数/位	所需 MIPS 年	合数/位	所需 MIPS 年
116	4×10^{2}	768	2×10^{7}
129	5×10^{3}	1024	3×10^{11}
512	3×10^{4}	2048	3×10^{20}

表 5-2 因子分解问题的进展情况

十进制位数	二进制位数(近似值)	完成日期	MIPS 年	算法
100	332	1991 年 4 月	7	二次筛法
110	365	1992 年 4 月	75	二次筛法
120	398	1993 年 6 月	830	二次筛法
129	428	1994 年 4 月	5000	二次筛法
130	431	1996 年 4 月	1000	广义数域筛法
140	465	1999 年 2 月	2000	广义数域筛法
155	512	1999 年 8 月	8000	广义数域筛法
160	530	2003 年 4 月		格数域筛法
174	576	2003 年 12 月		格数域筛法
200	663	2005 年 5 月		格数域筛法
232	768	2009 年 12 月		
313	1038	2007 年 5 月		特殊数域筛法
240	795	2019 年 12 月		
250	829	2020 年 3 月		

由上可知,RSA 密码的安全性除了与上述攻击密切相关外,还与其参数(p,q,e,d)的选取有密切关系。只要合理地选取参数,并且正确使用,在目前 RSA 密码仍是安全的。这就是目前 RSA 密码仍然广泛使用的重要原因。

最后指出,除了要继续关注用电子计算机进行大整数的因子分解之外,还必须关注用量子计算机进行的大整数因子分解。因为利用 Shor 算法可以在多项式时间内求解整数分解问题。理论分析表明,利用 Shor 算法 2048 量子位的量子计算机可以攻破 1024 位的 RSA 密码。但是,目前多数量子计算机都是专用型计算机,尚不能执行 Shor 算法。只有少数量子计算机能够执行 Shor 算法,可惜量子位数太少,只能分解小整数,不能分解大整数,尚不能对 RSA 密码构成实际威胁。

请读者注意:除 Shor 算法可以分解大整数外,又出现了其他类型的大整数分解方法和不用进行因子分解而直接对 RSA 进行唯密文攻击的方法。文献[26,27]把演化密码扩展到量子计算机领域,不采用 Shor 算法和 Grover 算法,而采用量子模拟退火算法进行大整数因子分解,成功分解了大整数 $1245407=1109\times1123$,创造了 2019 年的世界最好量子分解纪录,目前已经能够分解小于 2^{80} 的大整数。文献[64,85]给出了两种唯密文攻击 RSA 的多项式复杂性的量子算法。两个算法都不需要因子分解,直接由 RSA 的密文求解明文。两个算法的成功概率都高于 Shor 算法,而且也没有 Shor 算法要求密文阶为偶数的限制。应当指出,这些研究是有意义的,但是目前的研究还是初步的,还需要进一步提高。

5.3 ElGamal 密码

ElGamal 密码是除 RSA 密码外最有代表性的公钥密码之一,它的安全性建立在离散对数问题的困难性之上,是一种公认安全的公钥密码。目前,ElGamal 密码已经得到广泛应用。

5.3.1 离散对数问题

设 p 为素数,若存在一个正整数 α,使得 $\alpha^1,\alpha^2,\alpha^3,\cdots,\alpha^{p-1}$,关于模 p 互不同余,则称 α 为模 p 的本原元。显而易见,若 α 为模 p 的本原元,则对于 $y\in\{1,2,3,\cdots,p-1\}$,一定存在一个正整数 x,使得 $y=\alpha^x \bmod p$。

于是有如下的运算:

设 p 为素数,α 为模 p 的本原元,α 的幂乘运算为

$$y=\alpha^x \bmod p,\quad 1\leqslant x\leqslant p-1 \tag{5-6}$$

则称 x 为以 α 为底的模 p 的对数。求解对数 x 的运算为

$$x=\log_\alpha p,\quad 1\leqslant y\leqslant p-1 \tag{5-7}$$

由于上述运算是定义在模 p 有限域 GF(p)上的,所以称为离散对数运算。

例 5-2 取 $p=13$,则 $\alpha=2$ 是模 p 的本原元。理由如下:

$\alpha^1=2,\alpha^2=4,\alpha^3=8,\alpha^4=3,\alpha^5=6,\alpha^6=12,\alpha^7=11,\alpha^8=9,\alpha^9=5,\alpha^{10}=10,\alpha^{11}=7,\alpha^{12}=1$

$y=\alpha^x \bmod p$	1	2	3	4	5	6	7	8	9	10	11	12
$x=\log_\alpha p \bmod p$	12	1	4	2	9	5	11	3	8	10	7	6

从 x 计算 y 是容易的,至多需要 $2\times\log_2 p$ 次乘法运算。可是从 y 计算 x 就困难得多,目前已知最快的求解离散对数算法的时间复杂度为

$$O(\exp((\ln p)^{\frac{1}{3}}\ln(\ln p))^{\frac{2}{3}})$$

可见,只要 p 足够大,求解离散对数问题是相当困难的。这便是著名的离散对数问

题。而且，离散对数问题具有较好的单向性。

由于离散对数问题具有较好的单向性，所以离散对数问题在公钥密码学中得到广泛应用。除 ElGamal 密码外，著名的 Diffie-Hellman 密钥交换协议和美国数字签名标准算法 DSA、俄罗斯数字签名标准 GOST 等都是建立在离散对数问题之上的。

5.3.2 ElGamal 密码概述

ElGamal 改进了 Diffie 和 Hellman 的基于离散对数的密钥交换协议，提出了基于离散对数的公钥密码和数字签名体制。

随机选择一个大素数 p，且要求 $p-1$ 有大素数因子。再选择一个模 p 的本原元 α。将 p 和 α 公开。

1. 密钥生成

用户随机选择一个整数 d 作为自己的秘密的解密钥，$1<d<p-1$，计算 $y=\alpha^d \bmod p$，把 y 作为自己的公开的加密钥。

由公开密钥 y 计算秘密密钥 d，必须求解离散对数，而这是极其困难的。

2. 加密过程

将明文消息 $M(0\leqslant M\leqslant p-1)$ 加密成密文的过程如下。

① 随机选取一个整数 k，$1<k<p-1$。

② 计算 $U=y^k \bmod p$ (5-8)

$C_1=\alpha^k \bmod p$ (5-9)

$C_2=UM \bmod p$ (5-10)

③ 取 (C_1,C_2) 作为密文。

3. 解密过程

对密文 (C_1,C_2) 解密的过程如下。

① 计算 $V=C_1^d \bmod p$； (5-11)

② 计算 $M=C_2V^{-1} \bmod p$。 (5-12)

解密的可还原性证明如下：

因为

$$\begin{aligned} C_2V^{-1} \bmod p &= (UM)V^{-1} \bmod p \\ &= UM(C_1^d)^{-1} \bmod p \\ &= UM((\alpha^k)^d)^{-1} \bmod p \\ &= UM((\alpha^d)^k)^{-1} \bmod p \\ &= UM((y)^k)^{-1} \bmod p \\ &= UM(U)^{-1} \bmod p \\ &= M \bmod p \end{aligned}$$

故解密可还原。

例 5-3　设 $p=2579$，取 $\alpha=2$，秘密钥 $d=765$，计算公开密钥 $y=2^{765} \bmod 2579=$

949。再取明文 $M=1299$,随机数 $k=853$,则 $C_1=2^{853} \bmod 2579=435$,$C_2=1299\times 949^{853} \bmod 2579=2396$,所以密文为 $(C_1,C_2)=(435,2396)$。解密时计算 $M=2396\times(435^{765})^{-1} \bmod 2579=1299$,从而还原出明文。

4. 安全性

由于 ElGamal 密码的安全性建立在 GF(p)上离散对数的困难性之上,而目前尚无求解 GF(p)上离散对数的有效算法,所以在 p 足够大时 ElGamal 密码是安全的。为了安全,p 应为 150 位以上的十进制数,而且 $p-1$ 应有大素因子。因为 p 为大素数,$p-1$ 为偶数,所以 $p-1$ 一定有因子 2。我们希望除了因子 2 外,其余因子为大素数因子。理想情况是 p 为强素数,$p-1=2q$,其中 q 为大素数。

此外,为了安全,加密使用的 k 必须是一次性的。这是因为如果使用的 k 不是一次性的,时间长了就可能被攻击者获得。又因为 y 是公开密钥,攻击者自然知道。于是攻击者就可以根据式(5-8)计算出 U,进而利用 Euclid 算法求出 U^{-1}。又因为攻击者可以获得密文 C_2,于是可根据式(5-10)通过计算 $U^{-1}C_2$ 得到明文 M。另外,设用同一个 k 加密两个不同的明文 M 和 M',相应的密文为 (C_1,C_2) 和 (C_1',C_2')。因为 $C_2/C_2'=M/M'$,如果攻击者知道 M,则很容易求出 M'。

注意:理论上解密钥 d 的选择范围为 $1<d<p-1$,但是 d 太小或太大都不好。因为攻击者在用穷举方法猜测 d 时,一般会首先试验太小或太大的 d。同理,随机数 k 也不要太小或太大。随机数 k 的选择还要保证按式(5-8)计算的 $U \bmod p\neq 1$。如果 $U \bmod p=1$,则根据式(5-10)可知,$C_2=M$,从而暴露明文 M。

提醒读者注意,Shor 算法不仅可以在多项式时间内求解整数分解问题,而且能够在多项式时间内求解离散对数问题。因此,在量子计算环境下,Shor 算法不仅是 RSA 密码的主要威胁之一,也是 ElGamal 密码的主要威胁之一。

5.4 椭圆曲线密码

人们对椭圆曲线的研究已有 100 多年的历史,而椭圆曲线密码学(Elliptical Curve Cryptograpy,ECC)是 Koblitz 和 Miller 于 20 世纪 80 年代提出的。ElGamal 密码是建立在有限域 GF(p)之上的,其中 p 是一个大素数,这是因为有限域 GF(p)的乘法群中的离散对数问题是难解的。受此启发,在其他任何离散对数问题难解的群中,同样可以构成 ElGamal 密码。于是,人们开始寻找其他离散问题难解的群。研究发现,有限域上的椭圆曲线上的一些点构成交换群,而且离散对数问题是难解的。于是可在此群上定义 ElGamal 密码,并称为椭圆曲线密码。椭圆曲线密码的密钥短、签名短,软件实现规模小、硬件实现电路省电。人们普遍认为,160 位长的椭圆曲线密码的安全性相当于 1024 位的 RSA 密码,而且运算速度也较快。正因为如此,一些国际标准化组织已把椭圆曲线密码作为新的信息安全标准,如 IEEE P1363/D4、ANSI F9.62、ANSI F9.63 等标准,分别规范了椭圆曲线密码在 Internet 协议安全、电子商务、Web 服务器、空间通信、移动通信、智能卡等方面的应用。

5.4.1 椭圆曲线

椭圆曲线并不是椭圆，之所以称为椭圆曲线，是因为它们与计算椭圆周长的方程相似。椭圆曲线可以定义在不同的有限域上，本书仅介绍定义在素域 GF(p)上的椭圆曲线。

定义 5-1 设 p 是大于 3 的素数，且 $4a^3+27b^2 \neq 0 \bmod p$，称曲线

$$y^2=x^3+ax+b, a, b \in \mathrm{GF}(p) \tag{5-13}$$

为 GF(p)上的椭圆曲线。

由式(5-13)的椭圆曲线可得到一个同余方程：

$$y^2-(x^3+ax+b)=0 \bmod p \tag{5-14}$$

式(5-14)的解为一个二元组(x,y)，其中 $x,y \in \mathrm{GF}(p)$，将此二元组描画到椭圆曲线上便为一个点，并称其为解点。

为了利用解点构成交换加群，需要引进一个 0 元素作为单位元，并定义如下的加法运算。

① 引进一个无穷点 $O(\infty,\infty)$，简记为 O，作为 0 元素。

$$O(\infty,\infty)+O(\infty,\infty)=0+0=0 \tag{5-15}$$

并定义对于所有的解点 $P(x,y)$，有

$$P(x,y)+O=O+P(x,y)=P(x,y) \tag{5-16}$$

② 设 $P(x_1,y_1)$和 $Q(x_2,y_2)$是解点，如果 $x_1=x_2$ 且 $y_1=-y_2$，则

$$P(x_1,y_1)+Q(x_2,y_2)=0 \tag{5-17}$$

这说明任何解点 $R(x,y)$的逆都是 $R(x,-y)$。

③ 设 $P(x_1,y_1)$和 $Q(x_2,y_2)$是解点，如果 $P \neq \pm Q$，则

$$P(x_1,y_1)+Q(x_2,y_2)=R(x_3,y_3)$$

其中

$$\begin{cases} x_3=\lambda^2-x_1-x_2 \\ y_3=\lambda(x_1-x_3)-y_1 \\ \lambda=\dfrac{(y_2-y_1)}{(x_2-x_1)} \end{cases} \tag{5-18}$$

④ 当 $P(x_1,y_1)=Q(x_2,y_2)$时，有

$$P(x_1,y_1)+Q(x_2,y_2)=2P(x_1,y_1)=R(x_3,y_3)$$

其中

$$\begin{cases} x_3=\lambda^2-2x_1 \\ y_3=\lambda(x_1-x_3)-y_1 \\ \lambda=\dfrac{3x_1^2+a}{2y_1} \end{cases} \tag{5-19}$$

作集合 $E=\{$全体解点，无穷点 $O\}$。

可以验证，如上定义的集合 E 和加法运算构成加法交换群。

椭圆曲线及其解点的加法运算的几何意义如图 5-1 所示。

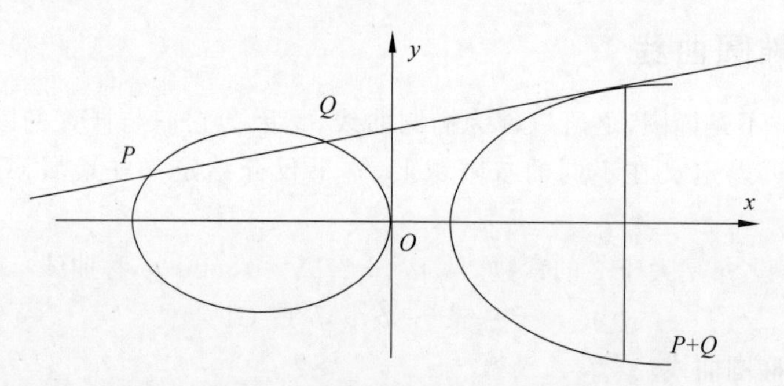

图 5-1 椭圆曲线及其解点的加法运算的几何意义

设 $P(x_1,y_1)$ 和 $Q(x_2,y_2)$ 是椭圆曲线上的两个点，则连接 $P(x_1,y_1)$ 和 $Q(x_2,y_2)$ 的直线与椭圆曲线的另一交点关于横轴的对称点即为 $P(x_1,y_1)+Q(x_2,y_2)$ 点。

例 5-4 取 $p=11$，椭圆曲线 $y^2=x^3+x+6$。由于 p 较小，使 GF(p)也较小，故可以根据式(5-14)，利用穷举的方法求出所有解点。椭圆曲线 $y^2=x^3+x+6$ 的解点见表 5-3。

表 5-3 椭圆曲线 $y^2=x^3+x+6$ 的解点

x	x^3+x+6 mod 11	是模 11 的平方剩余吗？	y
0	6	不是	
1	8	不是	
2	5	是	4,7
3	3	是	5,6
4	8	不是	
5	4	是	2,9
6	8	不是	
7	4	是	2,9
8	9	是	3,8
9	7	不是	
10	4	是	2,9

5.4.2 椭圆曲线密码概述

我们已经知道，ElGamal 密码建立在有限域 GF(p)的乘法群的离散对数问题的困难性之上。而椭圆曲线密码建立在椭圆曲线解点群的离散对数问题的困难性之上。两者的主要区别是其离散对数问题所依赖的群不同，因此两者有许多相似之处。

1. 椭圆曲线解点群上的离散对数问题

在例 5-4 中，椭圆曲线上的解点构成的交换群恰好是循环群，但是一般情况并不一

定。于是我们希望从中找出一个子群 $\boldsymbol{E}_1$，而子群 $\boldsymbol{E}_1$ 是循环群。研究表明，当循环子群 $\boldsymbol{E}_1$ 的阶 $|\boldsymbol{E}_1|$ 是足够大的素数时，这个循环子群中的离散对数问题是困难的。

设 P 和 Q 是椭圆曲线上的两个解点，t 为一正整数，且 $1<t<|\boldsymbol{E}_1|$。对于给定的 P 和 t，计算 $tP=Q$ 是容易的。但若已知 P 和 Q 点，要计算出 t 则是极困难的，这便是椭圆曲线解点群上的离散对数问题，简记为 ECDLP（Elliptic Curve Discrete Logarithm Problem）。

除了几类特殊的椭圆曲线外，对于一般 ECDLP，目前尚没有找到有效的求解方法。于是可以在这个循环子群 $\boldsymbol{E}_1$ 中建立任何基于离散对数困难性的密码，并称这个密码为椭圆曲线密码。据此，诸如 ElGamal 密码、Diffie-Hellman 密钥交换协议、美国数字签名标准 DSS 等许多基于离散对数问题的密码体制都可以在椭圆曲线群上实现。我们称这一类椭圆曲线密码为 ElGamal 型椭圆曲线密码。后来又有人将椭圆曲线密码推广到环 $\boldsymbol{Z}_n$ 上（$n=pq$），这类椭圆曲线密码的安全性依赖于对大合数 n 的因子分解，所以被称为 RSA 型椭圆曲线密码。于是就有众多的椭圆曲线密码方案。不过，一般谈到椭圆曲线密码，大多指 ElGamal 型椭圆曲线密码。在这里我们只讨论 ElGamal 型椭圆曲线密码。

在 SEC 1 的椭圆曲线密码标准（草案）中规定，一个椭圆曲线密码由下面的六元组所描述：

$$\boldsymbol{T}=\langle p,a,b,G,n,h\rangle \tag{5-20}$$

其中，p 为大于 3 的素数，p 确定了有限域 GF(p)；元素 $a,b\in \mathrm{GF}(p)$，a 和 b 确定了椭圆曲线；G 为循环子群 $\boldsymbol{E}_1$ 的生成元，n 为生成元 G 的阶且为素数，G 和 n 确定了循环子群 $\boldsymbol{E}_1$；$h=|\boldsymbol{E}|/n$，并称为余因子，h 将交换群 $\boldsymbol{E}$ 和循环子群 $\boldsymbol{E}_1$ 联系起来。

用户的私钥定义为一个随机数 d，有

$$d\in\{1,2,\cdots,n-1\} \tag{5-21}$$

用户的公钥定义为 Q 点，有

$$Q=dG \tag{5-22}$$

2. ElGamal 型椭圆曲线密码

为了构建椭圆曲线密码，首先要根据式(5-20)建立椭圆曲线密码的基础结构，为构造具体的密码体制奠定基础。这里包括选择一个素数 p，从而确定有限域 GF(p)；选择元素 $a,b\in \mathrm{GF}(p)$，从而确定一条 GF(p)上的椭圆曲线；选择一个大素数 n，并确定一个阶为 n 的基点。基础参数 p,a,b,G,n,h 是公开的。

根据式(5-21)，随机选择一个整数 d，作为私钥。

再根据式(5-22)确定出用户的公钥 Q。

设要加密的明文数据为 m，其中 $0\leqslant m<n$。设用户 A 要将数据 m 加密发送给用户 B，其加解密过程如下。

加密过程：

① 用户 A 选择一个随机数 k，$k\in\{1,2,\cdots,n-1\}$。

② 用户 A 计算点 X_1：$(x_1,y_1)=kG$。

③ 用户 A 计算点 X_2：$(x_2,y_2)=kQ_B$，如果分量 $x_2=O$，则转①。

④ 用户 A 计算 $C=m\ x_2 \bmod n$。

⑤ 用户 A 发送加密数据(X_1,C)给用户 B。

解密过程:

① 用户 B 用自己的私钥 d_B 求出点 X_2:

$$d_B X_1=d_B(kG)=k\ (d_B\ G)=k\ Q_B=X_2:(x_2,y_2)$$

② 求出分量 x_2 的逆 $x_2{}^{-1}$。

③ 对 C 解密,得到明文数据 $m=C\ x_2{}^{-1} \bmod n$。

类似地,可以构成其他椭圆曲线密码。

与 ElGamal 密码一样,为了安全,加密使用的 k 必须是一次性的。这是因为如果使用的 k 不是一次性的,时间长了就可能被攻击者获得。又因为 Q_B 是公开密钥,攻击者自然知道。于是攻击者就可以计算出点 X_2,获得分量 x_2,进而求出 x_2^{-1}。又因为攻击者可以获得密文 C,于是可以计算 $C\ x_2^{-1} \bmod n$ 得到明文 m。

同样,解密钥 d 太小或太大都不好。因为攻击者在用穷举方法猜测 d 时,一般会首先试验太小或太大的 d。同理,随机数 k 也不要太小或太大。随机数 k 的选择还要保证点 X_2 的分量 $x_2 \bmod n \neq 1$。如果 $x_2 \bmod n=1$,则会使密文 $C=m\ x_2=m \bmod n$,从而暴露明文 m。

3. 椭圆曲线密码的安全性

椭圆曲线密码的安全性建立在椭圆曲线离散对数问题的困难性之上。目前求解椭圆曲线离散对数问题的最好算法是将 Pohlig-Hellman 算法与 Pollard's rho 算法相结合,其计算复杂性为 $O(p^{1/2})$,其中 p 是群的阶的最大素因子。可见,当素因子 p 和 n 足够大时,椭圆曲线密码是安全的。这就是要求椭圆曲线解点群的阶要有大素数因子的根本原因,在理想情况下群的阶本身就是一个大素数。

另外,为了确保椭圆曲线密码安全,应当避免使用弱的椭圆曲线。所谓弱的椭圆曲线,主要指超奇异椭圆曲线和反常(anomalous)椭圆曲线。

人们普遍认为,160 位长的椭圆曲线密码的安全性相当于 1024 位的 RSA 密码。由式(5-18)和式(5-19)可知,椭圆曲线密码的基本运算比 RSA 密码的基本运算复杂得多,正是因为如此,所以椭圆曲线密码的密钥可以比 RSA 的密钥短。密钥越长,自然越安全,但是技术实现也就越困难,效率也就越低。一般认为,在目前的技术水平下采用 256 位以上的椭圆曲线,其安全性就够了。

由于椭圆曲线密码的密钥位数短,在硬件实现中电路的规模小,省电,因此椭圆曲线密码特别适于在航空航天及智能卡等嵌入式系统中应用。例如,中华人民共和国居民身份证就采用了硬件实现的 256 位椭圆曲线密码,用来保护重要的个人信息。

5.4.3 中国商用密码 SM2 椭圆曲线公钥密码加密算法

SM2 是中国国家密码管理局颁布的中国商用公钥密码标准算法。它是一组椭圆曲线密码算法,其中包含加解密算法、数字签名算法和密钥交换协议。这里介绍加解密算法,数字签名算法将在第 6 章介绍,密钥交换协议将在第 8 章介绍。

1. 椭圆曲线

SM2 推荐使用椭圆曲线基础参数 $\boldsymbol{T}=<p,a,b,G,n,h>$。

SM2 推荐使用 256 位素数域 GF(P)上的椭圆曲线：

$$y^2=x^3+ax+b$$

国家密码局推荐的椭圆曲线参数见表 5-4。

表 5-4　国家密码局推荐的椭圆曲线参数

p=FFFFFFFE FFFFFFFF FFFFFFFF FFFFFFFF FFFFFFFF 00000000 FFFFFFFF FFFFFFFF
a=FFFFFFFE FFFFFFFF FFFFFFFF FFFFFFFF FFFFFFFF 00000000 FFFFFFFF FFFFFFFC
b=28E9FA9E 9D9F5E34 4D5A9E4B CF6509A7 F39789F5 15AB8F92 DDBCBD41 4D940E93
n=8542D69E 4C044F18 E8B92435 BF6FF7DD 29772063 0485628D 5AE74EE7 C32E79B7
h=FFFFFFFE FFFFFFFF FFFFFFFF FFFFFFFF 7203DF6B 21C6052B 53BBF409 39D54123
x_G=32C4AE2C 1F198119 5F990446 6A39C994 8FE30BBF F2660BE1 715A4589 334C74C7
y_G=BC3736A2 F4F6779C 59BDCEE3 6B692153 D0A9877C C62A4740 02DF32E5 2139F0A0

2. 加密算法

用户的私钥定义为一个随机数 d：

$$d\in\{1,2,\cdots,n-1\}$$

用户的公开密钥定义为椭圆曲线上的 P 点：

$$P=dG$$

其中,$G=G(x,y)=(x_G,y_G)$是基点。

设用户 A 要把比特串明文 M 发给用户 B,M 的长度为 klen。为了对明文 M 进行加密,用户 A 需要执行以下运算步骤。

① 用随机数发生器产生随机数 $k\in[1,2,\cdots,n-1]$;

② 计算椭圆曲线点 $C_1=kG=(x_1,y_1)$,将 C_1 的数据表示为比特串;

③ 计算椭圆曲线点 $S=hP_B$,若 S 是无穷远点,则报错并退出;

④ 计算椭圆曲线点 $kP_B=(x_2,y_2)$,将坐标 x_2、y_2 的数据表示为比特串;

⑤ 计算 $t=\text{KDF}(x_2\parallel y_2,\text{klen})$,若 t 为全 0 比特串,则返回①;

⑥ 计算 $C_2=M\oplus t$;

⑦ 计算 $C_3=\text{Hash}(x_2\parallel M\parallel y_2)$;

⑧ 输出密文 $C=C_1\parallel C_2\parallel C_3$。

图 5-2 给出了 SM2 加密算法的执行流程。通过流程图,可以清楚地理解加密算法的执行过程。

加密算法中使用了一个密钥派生函数 KDF(Z,K)。它本质上就是一个基于 Hash 函数的伪随机数产生函数,来产生随机密钥。SM2 密码中的密钥派生函数使用中国商用密码 Hash 函数 SM3。

设密码 Hash 函数为 $H_v()$,其中符号 v 表示输出长度。CT 是一个 32 位的计数器。

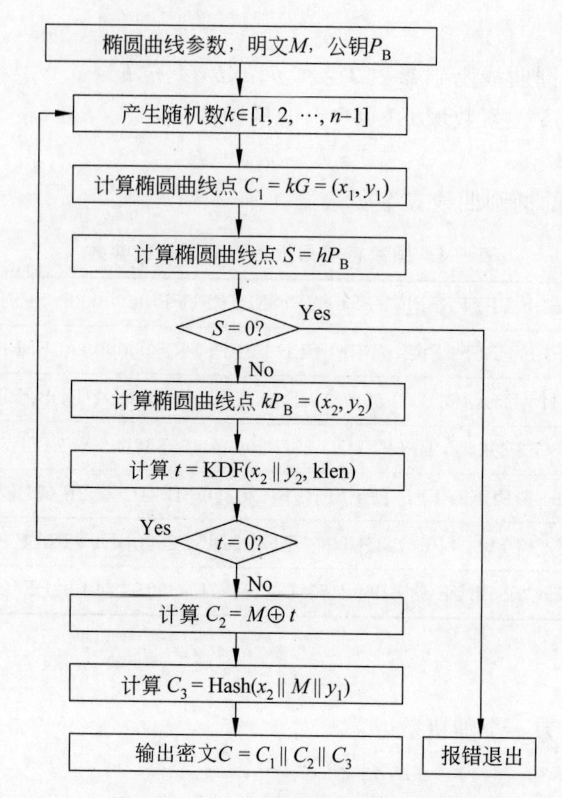

图 5-2 SM2 加密算法的执行流程

$HA[\lceil klen/v \rceil]$是存储$\lceil klen/v \rceil$个中间 Hash 值的数组。$\boldsymbol{Z}$ 是输入比特串，$\boldsymbol{K}$ 是输出密钥比特串。整数 klen 表示要获得的密钥的比特长度，要求该值小于 $v(2^{32}-1)$。

用伪码表示如下：

KDF(*Z*,*K*)

① For (CT=1;CT $\leqslant\lceil klen/v \rceil$;CT++)　　　/*产生$\lceil klen/v \rceil$个中间 Hash 值*/

　$HA[CT]=H_v(Z \| CT)$；

② If $\lceil klen/v \rceil \neq klen/v$ Then $HA[\lceil klen/v \rceil]=HA[\lceil klen/v \rceil]$ 最左边的$(klen-(v\times\lfloor klen/v \rfloor))$比特；

　/*若$\lceil klen/v \rceil$是整数，则不作处理，否则截短 $HA[\lceil klen/v \rceil]$，以确保整个 Hash 值的长度等于 klen */

③ $K=HA[1] \| HA[2] \| \cdots \| HA[\lceil klen/v \rceil-1] \| HA[\lceil klen/v \rceil]$。/*输出密钥*/

注意：其中的 Hash 函数要使用中国商用密码标准中的 Hash 函数。

3. 解密算法

用户 B 收到密文后，为了得到明文，需要对密文进行解密。为此，用户 B 需要执行以下运算步骤。

① 从 C 中取出比特串 C_1，将 C_1 的数据表示为椭圆曲线上的点，验证 C_1 是否满足椭圆曲线方程，若不满足，则报错并退出。

② 计算椭圆曲线点 $S=hC_1$,若 S 是无穷远点,则报错并退出。

③ 计算 $d_BC_1=(x_2,y_2)$,将坐标 x_2、y_2 的数据表示为比特串。

④ 计算 $t=\text{KDF}\ (x_2 \parallel y_2,\text{klen})$,若 t 为全 0 比特串,则报错并退出。

⑤ 从 C 中取出比特串 C_2,计算 $M'=C_2\oplus t$。

⑥ 计算 $u=\text{Hash}(x_2 \parallel M' \parallel y_2)$,从 C 中取出比特串 C_3,若 $u\neq C_3$,则报错并退出。

⑦ 输出明文 M'。

图 5-3 给出了 SM2 解密算法的执行流程。通过流程图,可以清楚地理解解密算法的执行过程。

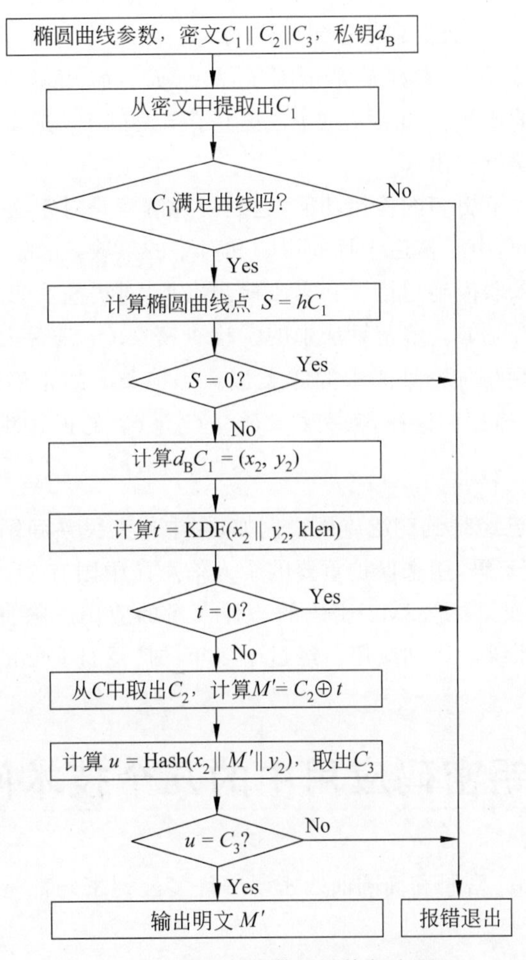

图 5-3　SM2 解密算法的执行流程

我们容易证明加解密的正确性：由公私钥和加密算法可知,

$$P=dG,\quad C_1=kG=(x_1,y_1)$$

据此,解密算法的③可得

$$d_BC_1=d_B\,kG=k(d_B\,G)=kP_B=(x_2,y_2)$$

进而利用密钥派生函数得到加密密钥 t,计算 $C_2\oplus t$,便得到明文 M。

4. 算法比较

与 5.4.2 节中的椭圆曲线加密算法相比可知，SM2 的加密算法也属于 ElGamal 型椭圆曲线密码。两者有许多相似之处，但是 SM2 的加密算法也有自己的特色之处。例如，前者利用分量 x_2 作密钥进行加密：$C=m\ x_2 \bmod n$，另一分量 y_2 却没有利用。而后者利用分量 x_2 和 y_2 经过密钥派生函数产生中间密钥 t，再用 t 进行加密：$C_2=M\oplus t$。后者的加密运算是模 2 加，因此效率更高，但密钥派生函数却增加了时间消耗。前者以 (X_1,C) 为密文，后者以 $C=C_1\parallel C_2\parallel C_3$ 为密文。后者的密文数据扩张较前者大。

SM2 密码算法的一个显著特点是，采取了许多检错措施，从而提高了密码系统的数据完整性和系统可靠性，进而提高了密码系统的安全性。

在加密算法的步骤③中，参数 h 是余因子，$h=|E|/n$，表示构建密码的子群元素数占整个解点群元素数的比例。如果 h 或 P_B 发生了错误或 P_B 选得不好，致使 $S=hP_B=0$，则步骤③可以把错误检查出来。

在解密算法中加入了更多的检错功能，这是因为解密是对密文进行解密运算，而密文是经过信道传输过来的，由于信道干扰的影响和对手的篡改，在密文中含有错误或被篡改的可能性是存在的。采取措施把错误和篡改检测出来，对提高密码系统的数据完整性、系统可靠性和安全性是有益的。解密算法中的①检查密文 C_1 是否为正确的。②进一步检查 C_1 的正确性，其作用与加密算法中的③类似。④检查 t 的正确性，其中包含 C_2 的正确性。⑥检查 C_3 的正确性。这样，密文 $C=C_1\parallel C_2\parallel C_3$ 的正确性都得到了检查。

5. SM2 的应用

SM2 密码在中国已经得到广泛应用。例如，在中华人民共和国居民身份证的芯片中就用硬件实现了 SM2 密码，用来保护重要的个人信息。中国有 14 亿多人口，持有身份证的人就有 10 多亿。因此，这是 SM2 密码的一种大量的应用。除身份证外，SM2 密码还在计算机等各种信息系统中得到应用。经过十多年的广泛且实际的应用，证明 SM2 密码是安全的。

5.5 公钥密码应用中的几个技术问题

RSA 密码、ElGamal 密码和椭圆曲线密码等许多公钥密码都是建立在大数的模乘和模幂运算基础之上的。

以 RSA 密码为例，一方面，为了安全，要求素数 p、q 应是足够大的素数。通常，p、q 选择为二进制 512～1024 位的大素数，n 就是二进制 1024～2048 位的大合数，其加密和解密运算都是大数的模幂运算。另一方面，为了实用，其加密和解密运算又必须是高效的。

这样便出现了几个必须解决的问题：第一个问题是如何产生大素数？第二个问题是如何高效地实现大数的模乘和模幂运算？

下面分别介绍大素数的产生方法和模乘、模幂运算的高效实现技术。

5.5.1　素数的概率性检验算法

目前产生大素数的方法有概率性算法和确定性算法。概率性算法可以以足够高的概率产生一个素数，而确定性算法可准确地产生一个素数，但实现效率较低。目前广泛应用的还是素数的概率性产生算法。

素数产生的概率性算法可以在指定的范围内产生一个大整数，并且可以保证这个整数是素数的概率足够高。目前最常用的概率性算法是 Miller-Rabin 检验算法。Miller-Rabin 检验算法已经成为美国的国家标准。

设 n 为被检验的整数，$n=2^t m+1$，其中 m 为 $n-1$ 的最大奇因子，$t\geqslant 1$。记检测 n 是否为素数的算法为 $F(l,k)$，其中 l,k 为正整数，且是算法的输入。Pass 为布尔型变量。

算法 $F(l,k)$：

① Pass=0；
② 随机从 10^l 到 10^{l+1} 的范围任取一个奇整数 n；
③ 随机从 $2\sim n-2$ 取 k 个互不相同的整数：$a_1,a_2,\cdots,a_k$；
④ For $i=1$ To k Loop
⑤　　调用子过程 Miller-Rabin(n,a_i)；
⑥　　If pass=0 Then Goto ⑧；
⑦ EndLoop
⑧ 若 Pass=1，则认为 n 可能为素数，否则肯定 n 为合数，结束。

子过程 Miller-Rabin(n,a_i)：

① 计算 $b=a_i^m \bmod n$；
② If $b=\pm 1$ Then Pass=1 and Goto ⑧；
③ Pass=0；
④ For $j=1$ To $t-1$ Loop
⑤　　$b=b^2 \bmod n$；
⑥　　If $b=-1$ Then Pass=1 and Goto ⑧；
⑦ EndLoop
⑧ 结束。

定理 5-1　执行算法 $F(l,k)$产生的正整数 n 不是素数的概率$\leqslant 2^{-2k}$。

例如，令 $l=99,k=50$，执行算法 $F(l,k)$可在 $10^{99}\sim 10^{100}$ 的范围产生一个正整数 n，而 n 不是素数的概率$\leqslant 2^{-100}$。

除这里介绍的素数的概率性检验算法外，还有素数的确定性检验算法，通过确定性检验算法后可以肯定被检验的数是否为素数。2003 年印度学者给出了一种多项式时间的确定性素数检验算法——AKS 算法，但相比 Miller-Rabin 算法，其实现效率要低很多。

5.5.2　快速运算算法

这里介绍反复平方乘快速模幂算法和 Montgomery 快速模乘算法。

1. 反复平方乘算法

下面介绍一种称为反复平方乘的快速模幂运算算法。

设要计算 $C=m^e \bmod n$。再设 e 的二进制表示为

$$
\begin{aligned}
e &= e_{k-1}2^{k-1}+e_{k-2}2^{k-2}+\cdots+e_1 2^1+e_0 \\
&= 2(2(\cdots(2(2(e_{k-1})+e_{k-2})+)\cdots)+e_1)+e_0
\end{aligned} \tag{5-23}
$$

于是 $C=m^e \bmod n$ 可表示为

$$
\begin{aligned}
C &= m^{e_{k-1}2^{k-1}+e_{k-2}2^{k-2}+\cdots+e_2 2^2+e_1 2+e_0} \bmod n \\
&= ((\cdots((m^{e_{k-1}})^2 m^{e_{k-2}})^2\cdots m^{e_2})^2 m^{e_1})^2 m^{e_0} \bmod n
\end{aligned} \tag{5-24}
$$

式(5-24)说明,可将 $C=m^e \bmod n$ 表示成一种反复平方乘的迭代形式,因此可以用反复平方乘的迭代算法计算。反复平方乘算法只需要计算 $k-1$ 次平方和一定次数的模乘,模乘的次数等于 e 的二进制系数中为 1 的个数,从而大大简化了计算,提高了运算速度。

算法 $\boldsymbol{F(m,e,n,c)}$:

① $c=1$;

② For $i=k-1$ Downto 0 Loop

③ $\quad c=c^2 \bmod n$;

④ $\quad$ If $e_i=1$ Then $c=cm \bmod n$;

⑤ EndLoop

⑥ End

反复平方乘的迭代算法,在密码技术中得到了广泛应用。这里需要特别说明的是,反复平方乘方法同样适用于椭圆曲线标量乘运算,具体方法及改进优化算法详见文献[169]。

2. Montgomery 算法

下面介绍 Montgomery 快速模乘算法。

Montgomery 算法把部分积对任意的 n 取模运算转换为对数基 R 的取模,由于 R 比 n 小得多,对数基 R 的取模运算要比对 n 的取模运算简单得多。对于特别选择的 R,可使得对 R 的取模运算变为移位运算,从而可以提高模乘运算的速度。因为利用 Montgomery 算法可以实现快速模幂运算,所以 Montgomery 算法在许多公钥密码的软硬件实现中得到广泛应用。

Montgomery 算法如下。

设 n 为模数,选择一个与 n 互素的正整数 R 作为基数。再选择正整数 R^{-1} 和 n',满足 $0<R^{-1}<n$,$0<n'<R$,且使

$$
R R^{-1}-n n'=1 \tag{5-25}
$$

根据式(5-25)有

$$
\begin{aligned}
R R^{-1} &= 1 \mod n \\
n n' &= -1 \bmod R
\end{aligned} \tag{5-26}
$$

于是称 R^{-1} 为 R 的模 n 逆,n' 为 n 的模 R 负逆。

设 A 和 B 是要模乘的两个数,且满足 $0\leqslant AB<nR$,Montgomery 算法 $\mathrm{Mon}(A,B,R,n)$ 给出计算模乘 $ABR^{-1} \bmod n$ 的快速算法。

Function Mon(A, B, R, n)：

① $T=AB$

② $s=Tn' \bmod R$ (5-27)

③ $t=(T+sn)/R$ (5-28)

④ if $t \geqslant n$ then return $(t-n)$ else return t

根据算法 Mon(A,B,R,n)可知，$t=(T+sn)/R$，$tR=T+sn$，所以有

$$T+sn=0 \bmod R$$

这说明$(T+sn)$是 R 的倍数，因此 t 为整数。根据 $tR=T+sn$，又有

$$\begin{aligned} tR &= T \bmod n \\ t &= T R^{-1} \bmod n \\ t &= ABR^{-1} \bmod n \end{aligned} \tag{5-29}$$

这就证明了 Montgomery 算法完成了 $ABR^{-1} \bmod n$ 的计算，即

$$\mathrm{Mon}(A,B,R,n)=AB R^{-1} \bmod n$$

为了利用函数 Mon(A,B,R,n)，必须首先选择产生 R 和 n'，但是这种选择产生的计算是一次性的，可以预处理，因此消耗的时间不多。

值得注意的是，在函数 Mon(A,B,R,n)中的第①步，计算 $T=AB$，由于 A 和 B 都是大数，这一乘法运算仍然很麻烦。这说明 Montgomery 算法并不能省略大数的乘法运算。但是这里仅是计算大数的乘法，而不需要取模运算。这与普通的大数模乘运算相比，仍然节省了很多。

另外，在函数 Mon(A,B,R,n)中没有进行 mod n 的计算，只进行了 mod R 的计算。一般 R 比 n 小得多，而且通常都选 $R=2^w$，w 是非负整数，从而使 mod R 的计算变成移位操作，计算更加简捷。

下面给出利用函数 Mon(A,B,R,n)计算 $y=ab \bmod n$ 的完整过程。

首先进行预处理：

$$A=aR, \quad B=bR \tag{5-30}$$

然后计算：

$$\begin{aligned} Y &= \mathrm{Mon}(A,B,R,n)=AB R^{-1} \bmod n \\ &= (aR)(bR)R^{-1} \bmod n \\ &= abR \bmod n \end{aligned} \tag{5-31}$$

最后进行调整运算：

$$\begin{aligned} y &= Y R^{-1} \bmod n \\ &= (abR) R^{-1} \bmod n \\ &= ab \bmod n \end{aligned} \tag{5-32}$$

注意：由于 Montgomery 算法采用了 mod R 运算，因此在计算 $ab \bmod n$ 时先要进行预处理，最后还要进行调整运算。所以，用 Montgomery 算法一次性计算 $ab \bmod n$ 并不划算。Montgomery 算法最适合用于大量反复模乘的计算，例如 RSA 和 ElGamal 的加解密运算。因此，Montgomery 算法在 RSA 和 ElGamal 密码的软硬件实现中得到广泛应用。

最后指出,上述算法是原理性的。实际应用中还有许多对 Montgomery 算法进行改进的方法,使实际的运算速度更快。

习题与实验研究

1. 证明 RSA 密码加解密算法的可逆性和可交换性。

2. 设 RSA 密码的 $e=5,n=35,C=15$,手算明文 M。

3. 为什么 ElGamal 密码要求参数 K 是一次性的?

4. 设 $p=5,m=3$,构造一个 ElGamal 密码系统,并用它对 m 加密。

5. 分析反复平方乘算法的计算复杂度。

6. 分析 Montgomery 算法计算模幂速度快的原因。

7. 用软件实现 Montgomery 算法,并进行 RSA 密码的加解密实验。

8. 采用本教材例 5-4 中的椭圆曲线,分别以 $G=(2,7)$ 和 $G=(5,2)$ 构造椭圆曲线密码,并设 $m=3$,进行加密和解密。

9. 登录国家密码管理局网站,了解 SM2 椭圆曲线公钥密码的数据类型及其转换算法。

10. 实验研究:使用国家密码管理局推荐的椭圆曲线,编程实现 SM2,并开发出文件加密软件系统。软件要求如下:

① 具有文件加密和解密功能;

② 采用密文链接和密文挪用短块处理技术;

③ 具有较好的人机界面。

第6章 数字签名

在人们的工作和生活中,许多事物的处理需要当事者签名。例如,政府部门的文件、命令、证书,商业的合同,财务的凭证等都需要当事者签名。签名起到表示确认、核准、生效和负责任的作用,因此具有抗否认、抗伪造、抗假冒、抗篡改等多种安全作用。

实际上,签名是证明当事者的身份和数据真实性的一种信息。既然签名是一种信息,因此签名可以用不同的形式表示。在传统的以书面文件为基础的事物处理中,采用书面签名的形式,如手签、印章、手印等。书面签名得到司法部门的支持,具有一定的法律意义。在以计算机文件为基础的现代事物处理中,应采用电子形式的签名,即数字签名(Digital Signature)。

随着计算机科学技术的发展,电子商务、电子政务、电子金融等系统得到广泛应用,数字签名的问题就显得更加突出、更加重要,在这些系统中,数字签名问题不解决是不能实际应用的。

在技术方面,1994年美国颁布了数字签名标准(Digital Signature Standard,DSS),这是密码史上的第一次。同年,俄罗斯也颁布了自己的数字签名标准。我国于1995年颁布了自己的数字签名标准(GB/T 15851—1995,现被GB/T 15851.3—2018代替)。

在法律方面,法国是世界上第一个制定并通过数字签名法律的国家。1995年,美国犹他州颁布了《数字签名法》。2004年,我国颁布了《中华人民共和国电子签名法》,我国成为世界上少数几个颁布数字签名法的国家。从法律上正式承认数字签名的法律意义是数字签名得到政府与社会公认的一个重要标志。现在,数字签名已经得到广泛的实际应用。

近年来,数字签名除在电子商务、电子政务、电子金融等系统得到广泛应用外,已被应用于计算机系统的软件保护,以提高计算机系统的安全性。例如,为了防止病毒等恶意软件的传播,许多软件公司都对自己的正版软件进行数字签名,而当软件在计算机系统加载执行时要验证签名,只有通过签名验证的软件才能运行。显然,这是提高计算机系统安全性的一种有效措施。

然而,近年来关于软件签名的对抗越演越烈,已经发现多起成功攻破软件签名保护机制的案例。例如,2010年6月黑客用震网(Stuxnet)病毒攻击了伊朗的核工厂,物理毁坏了伊朗核工厂80%的铀离心机,重创了伊朗的核计划。为了使震网病毒能够在伊朗核工厂的计算机上运行,黑客们为震网病毒偷窃了微软公司的签名证书,使它看上去是一个合法软件,从而混过计算机系统的签名验证,使震网病毒得以运行。又如,2012 年 5 月火焰病毒(Flame)在中东地区大面积传播,收集各种情报。火焰病毒获得签名证书的方法更加技术化。具体办法是通过寻找 Hash 函数 MD5 的碰撞,伪造出合理的签名证书。由于火焰病毒拥有合理的签名证书,所以它能顺利通过计算机系统的签名验证,成功侵入目标计算机系统进行情报收集。

这两个实例让我们看到数字签名对于确保信息安全实在太重要了。本章介绍数字签名的原理与应用技术。

6.1 数字签名的概念

一种完善的签名应满足以下 3 个条件。

① 签名者事后不能抵赖自己的签名;

② 任何其他人不能伪造签名;

③ 如果当事的双方关于签名的真伪发生争执,能够在公正的仲裁者面前通过验证签名确认其真伪。

手签、印章、手印等书面签名基本上满足以上条件,因而得到司法部门的支持,具有一定的法律意义。因为一个人不能彻底地伪装自己的笔迹,同时也不能逼真地模仿别人的笔迹,而且公安部门有专业机构进行笔迹鉴别。公章的刻制和使用都受法律的保护和限制,刻制完全相同的两枚印章是做不到的,因为雕刻属于金石艺术,每个雕刻师都有自己的艺术风格,和手书一样,要彻底伪装自己的风格和逼真模仿别人的风格都是不可能的。人的指纹具有非常稳定的特性,终生不变,哪怕是生病脱皮后新长出的指纹也和原来的一样。据专家计算,大约 50 亿人才会有一个相同的指纹,相同的指纹很少。

数字签名利用密码技术进行,其安全性取决于密码体制及其协议的安全性,因而可以获得比书面签名更高的安全性。

数字签名的形式多种多样,例如通用数字签名、仲裁数字签名、代理签名、盲签名、群签名、门限签名等,完全能够适合各种不同类型的应用。

虽然利用传统密码和公钥密码都能够实现数字签名,但是因为利用传统密码实现数字签名的方法太麻烦,不实用,故没有得到实际应用。而利用公钥密码实现数字签名非常方便,而且安全,因此得到广泛应用。这是公钥密码深受欢迎的主要原因之一。虽然许多公钥密码既可以用于数据加密,又可以用于数字签名,但是因为公钥密码加密的效率比较低,因此目前公钥密码主要用于数字签名,或用于保护传统密码的密钥,而不直接用于数据加密。数据加密主要用传统密码,因为传统密码的加密速度比公钥密码快得多。

目前,许多国际标准化组织都采用公钥密码数字签名作为数字签名标准。例如,1994 年颁布的美国 DSS 采用的是基于 ElGamal 公钥密码的数字签名。2000 年美国政府又将 RSA 和椭圆曲线密码(ECC)引入 DSS,进一步充实了 DSS 的算法。著名的国际安全电子交易标准 SET 协议也采用 RSA 密码数字签名和 ECC 数字签名。2010 年 12 月,我国国家密码管理局颁布了 SM2 椭圆曲线公钥密码数字签名算法。

设用户 A 对文件 M 签名后要发送给用户 B,数字签名技术主要研究解决这一过程中的以下问题：

① A 如何在文件 M 上签名？

② B 如何验证 A 的签名的真伪？

③ B 如何阻止 A 签名后又抵赖？

④ 如果 A、B 对签名真伪发生纠纷,如何公开解决纠纷？

现在利用公钥密码技术解决这 4 个问题。解决问题①需要一个产生签名的算法,设产生签名的算法为 SIG。解决问题②需要一个验证签名的算法,设验证签名的算法为 VER。解决问题③和④都需要验证签名技术以及管理和法律的支持。由此可见,解决数字签名问题本质上需要产生签名的算法 SIG、验证签名的算法 VER,以及管理和法律的支持。在这里,技术、管理、法律缺一不可。因为签名许多时候就是证据,因此没有管理和法律的支持是行不通的。

在技术上,因为签名相当于按手印,所以产生签名应当使用签名者保密的解密钥 K_d。这是因为解密钥 K_d 只有签名者一人拥有,其他任何人都不可得到,相当于人的指纹。验证签名相当于验证手印,而验证工作许多情况下要公开进行,所以不能使用解密钥 K_d,因此验证签名应当使用公开的加密钥 K_e。

设待签名的数据为 M,产生出的签名信息为 S,则产生签名的过程可表示为

$$\mathrm{SIG}(M,K_d)=S \tag{6-1}$$

通过对签名信息 S 进行验证,以判定 S 的真假。判定一定要根据一种准则,如果没有准则就没有是非标准。于是,验证签名的过程可表示为

$$\mathrm{VER}(S,K_e)=\begin{cases}S\text{ 为真,当验证结果符合判定准则}\\S\text{ 为假,当验证结果不符合判定准则}\end{cases} \tag{6-2}$$

在普通的书面文件的处理中,经过签名的文件包括两部分信息：一部分是文件的内容 M;另一部分是手签、印章、指纹之类的签名信息。它们同时出现在一张纸上而被紧紧地联系在一起。纸是一种比较安全的存储介质,一旦纸被撕破、拼接、涂改,则很容易发现。但是,在计算机中若也像书面文件那样简单地把签名信息附加在文件内容之后,则签名函数必须满足以下条件,否则文件内容及签名被篡改或冒充均无法发现。

① 当 $M'\neq M$ 时,有 $\mathrm{SIG}(M,K_d)\neq\mathrm{SIG}(M',K_d)$,即 $S\neq S'$。

条件①要求签名 S 至少和被签名的数据 M 一样长。当 M 较长时,实际应用很不方便,因此希望签名短一些。为此,将条件①修改为：虽然当 $M\neq M'$ 时,存在 $S=S'$,但对于给定的 M 或 S,要找出相应的 M' 在计算上是不可能的。由此,在签名前,应首先对数据进行安全压缩,然后再对压缩过的数据进行签名。能够胜任这种安全压缩的一种算法就是第 4 章介绍的密码学 Hash 函数。

② 签名 S 只能由签名者产生,否则别人便可伪造,于是签名者也就可以抵赖。

根据式(6-1),产生签名的算法 SIG 使用签名者自己的解密钥 K_d,因为 K_d 只有签名者一人拥有,所以签名 S 只能由签名者产生,别人不能产生。因此,别人也就不能伪造签名。

③ 收信者可以验证签名 S 的真伪。这使得当签名 S 为假时收信者不致上当,当签

名 S 为真时可阻止签名者的抵赖。

根据式(6-2),验证签名的算法 VER 使用签名者的公开加密钥 K_e,收信者和第三方都可得到,于是可以公开验证签名 S 的真伪,从而确保当签名 S 为假时收信者不致上当,当签名 S 为真时可阻止签名者的抵赖。

④ 签名者和收信者关于签名真伪发生纠纷,应能公开解决纠纷。

除了与③一样的理由外,还有管理与法律的支持,所以可以通过公开验证签名的真伪解决纠纷。

根据上面的分析,可以得到图 6-1 所示的数字签名原理。

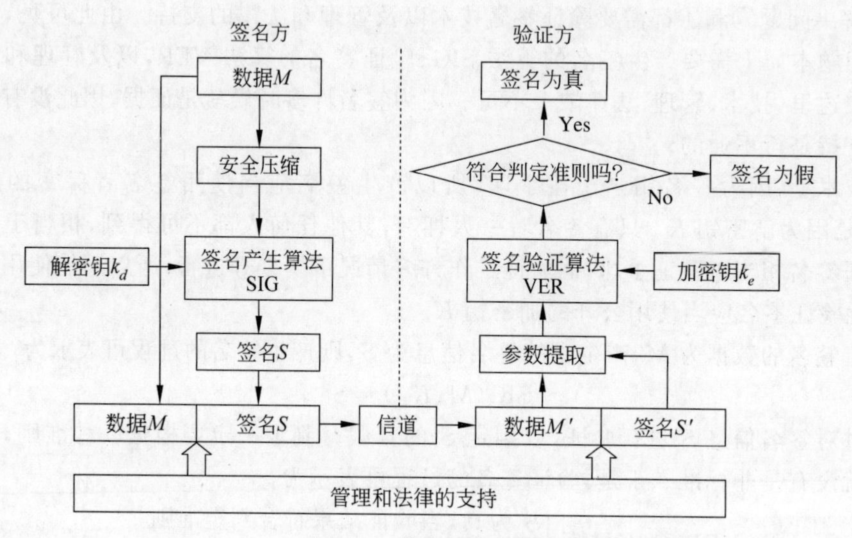

图 6-1　数字签名原理

下面从按手印和验证手印的过程,进一步深入理解数字签名的本质。

从技术上看,签名相当于按手印,验证签名相当于验证手印。手印之所以能够进行签名,并得到法律承认,是因为指纹是一种人的唯一性的特征。由此,任何一个事物的具有唯一性的特征,都可以用来签名。在公钥密码体制中,解密钥 K_d 具有唯一性特征,因此,利用解密钥 K_d 可以进行签名。

按手印的过程就是把手指纹按压到有信息的纸上的过程,在纸上留下的指纹图像成为手印。在手印中起核心作用的仍是手印中蕴含的指纹的唯一性特征。验证手印的过程是把手印与指纹进行鉴别比对,从而感知到唯一性特征指纹的存在,并以此作为根据判定手印的真伪。使我们能够感知到指纹存在的关联关系是手印图案与指纹的吻合度。在验证手印的过程中,手印是验证数据,指纹是比对的对象,两者有紧密的关联关系,两者的吻合度是判定签名真伪的准则,验证过程公开进行。

由此,在基于公钥密码体制的数字签名中,签名就是把解密钥 K_d 作用到数据上的过程,作用之后的结果数据成为数字签名。在数字签名中起核心作用的仍是签名数据中蕴含的解密钥 K_d 的唯一性特征。数字签名的验证过程是,对签名数据进行鉴别比对,从而感知到唯一性特征解密钥 K_d 的存在,并以此作为根据判定数字签名的真伪。与手印验证不同的是,解密钥 K_d 不能公开,因此不能直接对解密钥 K_d 进行鉴别比对。与解密钥

K_d 密切关联的是加密钥 K_e，而且加密钥 K_e 是公开的。于是人们精巧地设计签名产生算法和签名验证算法，使得产生出的签名蕴含解密钥 K_d 的信息，并且存在一种与加密钥 K_e 的关联关系。验证签名时使用加密钥 K_e 对签名数据进行处理，能够得出解密钥 K_d 与加密钥 K_e 的关联关系。以这种关联关系是否成立为判定准则，并以此作为根据判定签名的真伪。在这一过程中，签名数据及公钥 K_e 是验证数据，解密钥 K_d 是要感知的对象，解密钥 K_d 与加密钥 K_e 的关联关系是否成立是判定准则，验证过程公开进行。

根据上面对签名本质的分析可知，数字签名并不要求产生签名的算法 SIG 与验证签名的算法 VER 之间具有互逆关系，即不要求式(6-3)一定成立：

$$\mathrm{VER}(S,K_e)=\mathrm{VER}(\mathrm{SIG}(M,K_d),K_e)=M \tag{6-3}$$

也不要求它们之间具有可交换性，即也不要求式(6-4)一定成立：

$$\mathrm{VER}(\mathrm{SIG}(M,K_d),K_e)=\mathrm{SIG}(\mathrm{VER}(M,K_e),K_d)=M \tag{6-4}$$

当然，如果一个公钥密码体制能够满足式(6-3)和式(6-4)，那将更好。例如，RSA 密码就能满足式(6-3)和式(6-4)，难怪学术界把 RSA 密码称为风格优雅的密码。

进一步，把 5.1 节讲到的确保数据真实性(完整性)的条件与产生签名算法 SIG 和验证签名算法 VER 进行比较可知，前者是后者的一种特例，而后者更具一般性。

6.2 利用公钥密码实现数字签名

本节讨论利用公钥密码实现数字签名的一般方法。

6.2.1 利用 RSA 密码实现数字签名

RSA 密码的字签名已经得到广泛应用，特别是在电子商务等系统中普遍采用 RSA 密码的数字签名。但由于 RSA 密码的数据规模大，运算速度慢，其应用逐渐被 ECC 替换。因此，本节简单介绍 RSA 密码的数字签名。

5.2 节已经讨论了 RSA 密码的加密和解密。根据式(5-4)和式(5-5)，可得

$$D(E(M))=(M^e)^d=M^{ed}=(M^d)^e=E(D(M))=M \bmod n$$

再根据式(5-3)，可知 RSA 密码可以同时确保数据的秘密性和真实性(完整性)。因此，利用 RSA 密码可以同时实现数字签名和数据加密。

另外，根据 6.1 节的讨论，视 RSA 密码的解密算法 D 为产生签名的算法 SIG，视 RSA 密码的加密算法 E 为验证签名的算法 VER，可以验证 RSA 密码满足式(5-3)和式(5-4)，所以 RSA 密码不仅可以实现数字签名，而且可以同时实现数字签名和数据加密。

设 M 为明文，$K_{eA}=\langle e,n\rangle$是 A 的公钥，$K_{dA}=\langle d,p,q,\varphi(n)\rangle$是 A 的私钥，则 A 对 M 的签名过程是

$$S_A=D(M,K_{dA})=(M^d)\bmod n \tag{6-5}$$

S_A 便是 A 对 M 的签名。

验证签名的过程是

$$E(S_A,K_{eA})=(M^d)^e=M \bmod n \tag{6-6}$$

设 A 是发方,B 是收方,如果要同时确保数据的秘密性和真实性(完整性),则可以采用先签名后加密的方案。

签名:

① A 对 M 签名: $S_A = D(M, K_{dA})$;

② A 对签名加密: $C = E(S_A, K_{eB})$;

③ A 将 C 发送给 B。

验证签名:

① B 解密: $D(C, K_{dB}) = D(E(S_A, K_{eB}), K_{dB}) = S_A$;

② B 验证签名: $E(S_A, K_{eA}) = E(D(M, K_{dA}), K_{eA}) = M$。

如果 B 得到正确的 M,则认为 A 的签名 S_A 是真实的,否则认为 A 的签名 S_A 是假的。可见,这里判断签名真伪的准则是验证计算是否能够得到正确的明文 M。试问: B 是收信者,事先 B 并不知道 M,B 如何判定 M 是正确的?一种解决方法是合理设计数据结构,并采用消息认证码,具体内容请参见本书第 10 章。

6.2.2 利用 ElGamal 密码实现数字签名

ElGamal 密码既可用于加密,又可实现数字签名。

选 p 是一个大素数,$p-1$ 有大素数因子,α 是一个模 p 的本原元,将 p 和 α 公开。用户随机选择一个整数 x 作为自己保密的解密钥,$1<x<p-1$,计算 $y=\alpha^x \bmod p$,取 y 为自己的公开的加密钥。公开参数 p 和 α 可以由一组用户共用。

于是可以构成如下的产生签名及验证签名系统方案。

1. 系统参数

私钥: x, $1<x<p-1$

公钥: y, $y=\alpha^x \bmod p$

公开参数: p 和 α

2. 产生签名

设用户 A 要对明文消息 m 签名,$0 \leqslant m \leqslant p-1$,其签名过程如下。

① 用户 A 随机选择一个整数 k,$1<k<p-1$,且 $(k, p-1)=1$;

② 计算 $r=\alpha^k \bmod p$; (6-7)

③ 计算 $s=(m-x_A r)k^{-1} \bmod p-1$; (6-8)

④ 取 (r, s) 作为 m 的签名,并以 $\langle m, r, s \rangle$ 的形式发给用户 B。

3. 验证签名

用户 B 验证

$$\alpha^m = y_A^r r^s \bmod p \tag{6-9}$$

是否成立?若成立,则判定签名为真,否则判定签名为假。

签名的可验证性证明如下。

因为 $s=(m-x_A r)k^{-1} \bmod p-1$,所以 $m=x_A r+ks \bmod p-1$。根据式(6-9),有

$\alpha^m = \alpha^{x_A r + ks} = \alpha^{x_A r}\alpha^{ks} = y_A^r r^s \bmod p$，故签名可验证。

对于上述 ElGamal 数字签名，为了安全，随机数 k 应当是一次性的，否则就不安全。假设随机数 k 不是一次性的，则时间一长，k 可能泄露，因为

$$x = (m - ks)r^{-1} \bmod p-1$$

而且 (r,s) 是攻击者可以获得的，如果攻击者知道 m，便可求出保密的解密钥 x。

假设 k 重复使用，如用 k 签名 m_1 和 m_2，于是有

$$m_1 = xr + ks_1 \bmod p-1$$

$$m_2 = xr + ks_2 \bmod p-1$$

故有

$$\ldots - m_2) \bmod p-1$$

如 …… k，进而求出保密的解密钥 x。

注 …… 以 ElGamal 数字签名的数据长度是明文的两倍，即 …… 签名需要使用随机数 k，这就要求在实际应用时要 …… 工程实现的工作量。

例 …… $=8$，计算公钥

$$\ldots = 2^8 \bmod 11 = 3$$

取 …… <10 且 $(9,10)=1$，所以 k 满足 $1<k<p-1$ 且 $(k, \ldots$ …… 算

$$\ldots = 2^9 \bmod 11 = 6$$

再 ……

$$\ldots r) \bmod p-1$$

$$\ldots 6) \bmod 10$$

于是签 ……

为 …… p 是否成立。为此计算

$$\ldots 11 = 10$$

$$\ldots \text{d } 11 = 729 \times 216 \bmod 11$$

$$\ldots \text{d } 11 = 10$$

因为 1 …… 的。

6 …… 数字签名

利 …… 字签名。下面给出利用椭圆曲线密码实现 ElGam ……

在 …… 规定，一个椭圆曲线密码由下面的六元组所描述：

$$\ldots b, G, n, h >$$

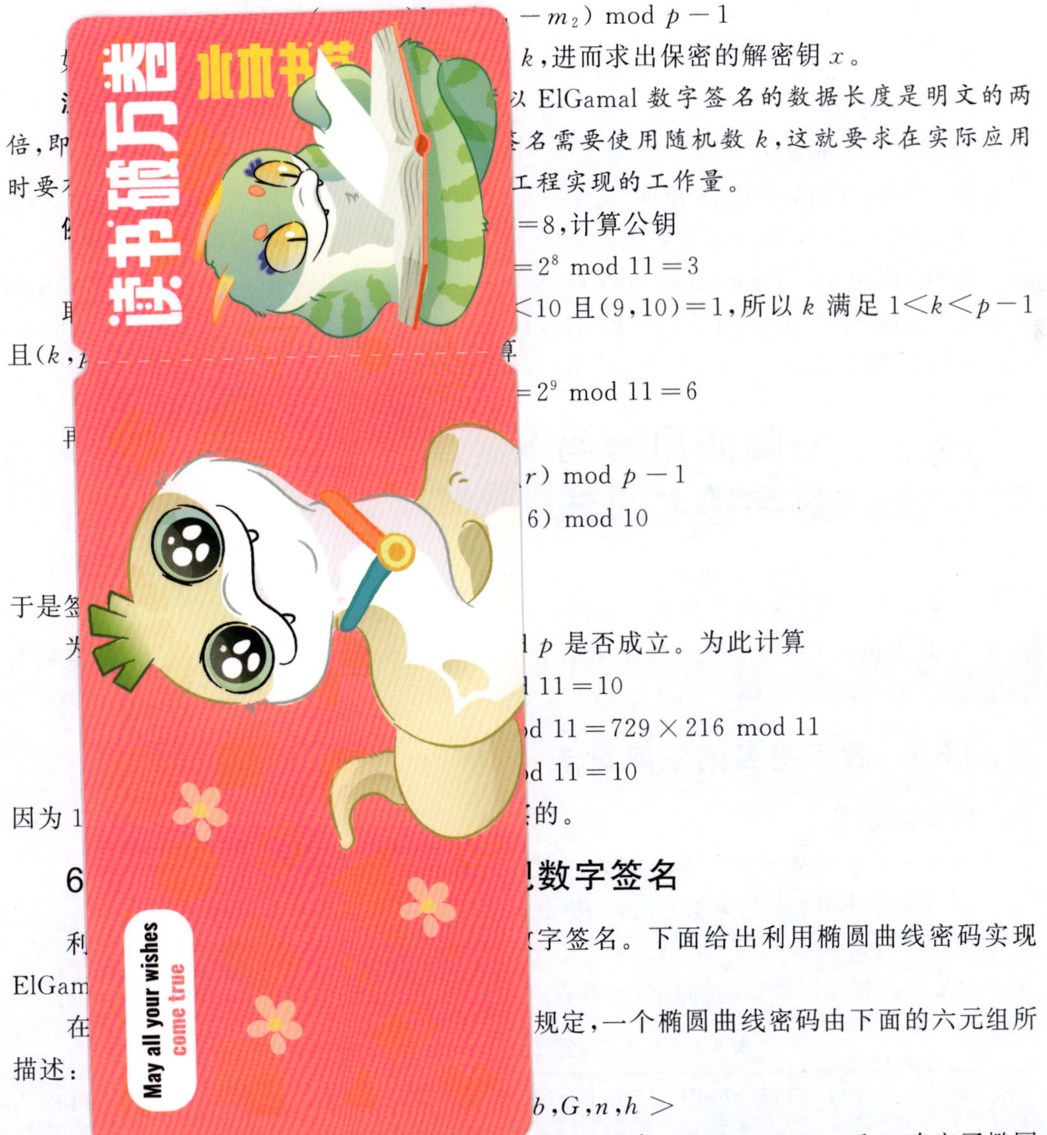

其中，p 为大于 3 的素数，p 确定了有限域 $GF(p)$；元素 $a, b \in GF(p)$，a 和 b 确定了椭圆曲线；G 为循环子群 $\boldsymbol{E}_1$ 的生成元，n 为素数且为生成元 G 的阶，G 和 n 确定了循环子群

E_1。d 为用户的私钥。用户的公开钥为 Q 点,$Q=dG$,m 为消息,Hash(m)是 m 的摘要。

1. 系统参数

私钥:$d, 1<d<n$

公钥:$Q, Q=dG$

公开参数:p,a,b,G,n,h

2. 产生签名

① 选择一个随机数 $k, k\in\{1,2,\cdots,n-1\}$;

② 计算点 $R(x_R,y_R)=kG$,并记 $r=x_R$;

③ 利用保密的解密钥 d 计算 $s=(\mathrm{Hash}(m)-dr)k^{-1} \bmod n$;

④ 以 $<r,s>$ 作为消息 m 的签名,并以 $<m,r,s>$ 的形式传输或存储。

3. 验证签名

① 计算 $s^{-1} \bmod n$;

② 利用公开的加密钥 Q 计算 $U(x_U,y_U)=s^{-1}(\mathrm{Hash}(m)G-rQ)$;

③ 如果 $x_U=r$,则 $<r,s>$ 是用户 A 对 m 的签名。

证明:因为 $s=(\mathrm{Hash}(m)-dr)k^{-1} \bmod n$,所以 $s^{-1}=(\mathrm{Hash}(m)-dr)^{-1}k \bmod n$,$U(x_U,y_U)=(\mathrm{Hash}(m)-dr)^{-1}k[\mathrm{Hash}(m)G-rQ]=(\mathrm{Hash}(m)-dr)^{-1}[\mathrm{Hash}(m)kG-krQ]=(\mathrm{Hash}(m)-dr)^{-1}R[\mathrm{Hash}(m)-dr]=R(x_R,y_R)$,于是有 $x_U=x_R=r$。

6.3 中国商用密码 SM2 椭圆曲线公钥密码数字签名算法

SM2 是中国国家密码管理局颁布的中国商用公钥密码算法。它是一组椭圆曲线密码算法,其中包含加解密算法、数字签名算法和密钥交换协议。这里介绍其数字签名算法。

6.3.1 数字签名的生成算法

1. 系统参数

SM2 推荐使用椭圆曲线基础参数 $T=<p,a,b,G,n,h>$。

SM2 推荐使用 256 位素数域 GF(P)上的椭圆曲线:

$$y^2=x^3+ax+b$$

国家密码管理局推荐的椭圆曲线参数见表 6-1。

表 6-1 国家密码管理局推荐的椭圆曲线参数

p=FFFFFFFE FFFFFFFF FFFFFFFF FFFFFFFF FFFFFFFF 00000000 FFFFFFFF FFFFFFFF
a=FFFFFFFE FFFFFFFF FFFFFFFF FFFFFFFF FFFFFFFF 00000000 FFFFFFFF FFFFFFFC

续表

b=28E9FA9E 9D9F5E34 4D5A9E4B CF6509A7 F39789F5 15AB8F92 DDBCBD41 4D940E93
n=8542D69E 4C044F18 E8B92435 BF6FF7DD 29772063 0485628D 5AE74EE7 C32E79B7
h=FFFFFFFE FFFFFFFF FFFFFFFF FFFFFFFF 7203DF6B 21C6052B 53BBF409 39D54123
x_G=32C4AE2C 1F198119 5F990446 6A39C994 8FE30BBF F2660BE1 715A4589 334C74C7
y_G=BC3736A2 F4F6779C 59BDCEE3 6B692153 D0A9877C C62A4740 02DF32E5 2139F0A0

私钥：一个随机数 d，$d\in[1,2,\cdots,n-1]$。

公钥：椭圆曲线上的 P 点，$P=dG$，其中 $G=G(x_G,y_G)$是基点。

2. 产生签名算法

签名者用户 A 具有长度为 entlen_A 比特的标识 ID_A，记 ENTL_A 是由整数 entlen_A 转换而成的两字节。在椭圆曲线数字签名算法中，签名者和验证者都需要用密码学杂凑函数(Hash 函数)求得用户 A 的杂凑值 Z_A。

$$Z_A=H_{256}(\text{ENTL}_A \parallel ID_A \parallel a \parallel b \parallel x_G \parallel y_G \parallel x_A \parallel y_A) \tag{6-10}$$

这里，$H_{256}(\cdot)$选用SM3，a、b 为椭圆曲线的系数，x_G、y_G 为基点 G 的坐标，x_A、y_A 为用户 A 的公钥 P_A 的坐标。

设待签名的消息为 M，对消息 M 的数字签名为(r,s)，为了产生数字签名(r,s)，签名者用户 A 应执行以下运算步骤。

① 置 $\overline{M}=Z_A \parallel M$；

② 计算 $e=H_V(\overline{M})$，并将 e 的数据表示为整数，其中 $H_V()$表示摘要长度为 V 比特的 Hash 值；

③ 用随机数发生器产生随机数 $k\in[1,n-1]$；

④ 计算椭圆曲线点 $G_1=(x_1,y_1)=kG$，并将 x_1 的数据表示为整数；

⑤ 计算 $r=(e+x_1) \bmod n$，若 $r=0$ 或 $r+k=n$，则返回③；

⑥ 计算 $s=((1+d_A)^{-1}\cdot(k-rd_A)) \bmod n$，若 $s=0$，则返回③；

⑦ 将 r、s 的数据表示为字节串，用户 A 对消息 M 的签名为(r,s)。

图 6-2 给出了 SM2 产生签名算法的执行流程。通过流程图，可以清楚地理解产生签名算法的执行过程。

6.3.2　数字签名的验证算法

为了检验收到的消息 M' 及其数字签名(r',s')，收信者用户 B 应当执行以下运算步骤。

① 检验 $r'\in[1,n-1]$是否成立，若不成立，则验证不通过；

② 检验 $s'\in[1,n-1]$是否成立，若不成立，则验证不通过；

③ 置 $\overline{M}'=Z_A \parallel M'$；

④ 计算 $e'=H_V(\overline{M}')$，将 e'的数据表示为整数；

⑤ 将 r'、s'的数据表示为整数，计算 $t=(r'+s') \bmod n$，若 $t=0$，则验证不通过；

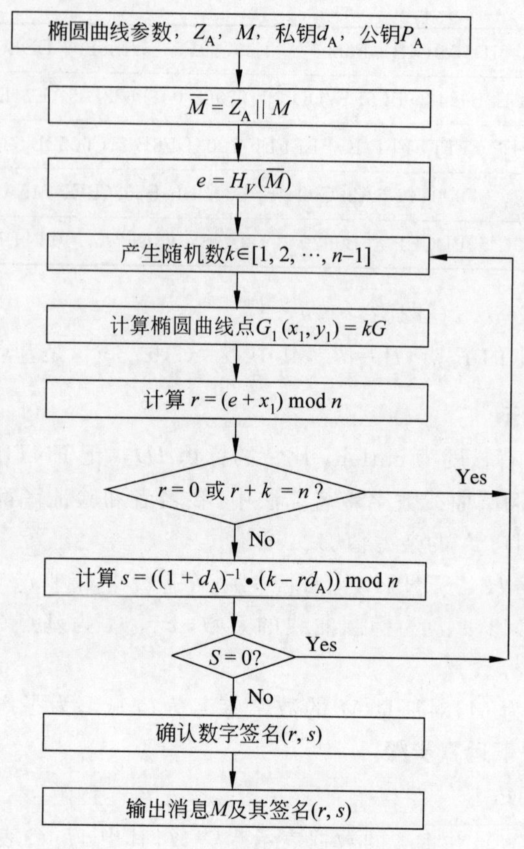

图 6-2 SM2 产生签名算法的执行流程

⑥ 计算椭圆曲线点 $G_1'=(x_1',y_1')=s'G+tP_A$；

⑦ 将 x_1'的数据表示为整数，计算 $R=(e'+x_1')\bmod n$，检验 $R=r'$是否成立？若成立，则验证通过，否则验证不通过。

图 6-3 给出了 SM2 签名验证算法的执行流程。通过流程图，可以清楚地理解签名验证算法的执行过程。

签名验证的合理性和可验证性证明如下。

① 因为产生签名算法的第⑤步和第⑥步都是 mod n 运算，且要求 $r\neq0$ 且 $s\neq0$，这样就确保了 $r\in[1,n-1]$且 $s\in[1,n-1]$。如果签名没有被篡改和错误，则必有 $r'=r\in[1,n-1]$且 $s'=s\in[1,n-1]$。对此进行检验，可发现签名(r,s)是否被篡改或有错误，确保其完整性。这说明验证签名算法①和②的验证是合理的。

② 因为签名时确保了 $r\neq0$ 且 $s\neq0$，如果 $t=r+s=0\bmod n$，则 $r+s$ 是 n 的整数倍，但是，由于 $r\in[1,n-1]$且 $k\in[1,n-1]$，所以 $2\leqslant r+k\leqslant 2n-2$。又由于签名算法⑤确保了 $r+k\neq n$，所以 $r+k$ 不是 n 的整数倍。据签名算法的⑥，$s=\dfrac{k-rd_A}{1+d_A}$，所以 $r+s=r+\dfrac{k-rd_A}{1+d_A}=\dfrac{r+k_A}{1+d_A}$。由此可知 $r+s$ 也不是 n 的整数倍，否则若 $r+s$ 是 n 的整数倍，因

为 d_A 是正整数，$1+d_A$ 也是正整数，这将导致 $(r+k)$ 是 n 的整数倍，与前面 $r+k$ 不是 n 的整数倍的结论矛盾。$r+s$ 不是 n 的整数倍，即 $r+s \bmod n \neq 0$。这说明，如果 r' 和 s' 没有被篡改或错误，则有 $r'=r$ 和 $s'=s$，$t=(r'+s')=(r+s) \bmod n \neq 0$，说明验证签名算法⑤的验证是合理的。

③ 可验证性的证明：一方面，$sG+tP_A=sG+(r+s)(d_AG)=(s+rd_A+sd_A)G$；另一方面，因为 $s=\dfrac{k-rd_A}{1+d_A}$，故 $(s+rd_A+sd_A)=s(1+d_A)+rd_A=\dfrac{k-rd_A}{1+d_A}(1+d_A)+rd_A=k$，所以 $sG+tP_A=kG=G_1(x_1,y_1)$。这说明，如果 x_1' 和 e' 没有被篡改或错误，则有 $e'=e$，$x_1'=x_1$。根据产生签名算法⑤，$r=(e+x_1) \bmod n$，又根据验证签名算法⑦，$R=(e'+x_1') \bmod n$。所以，在 $e'=e$，$x_1'=x_1$ 的条件下，有 $R=r$，签名可验证。

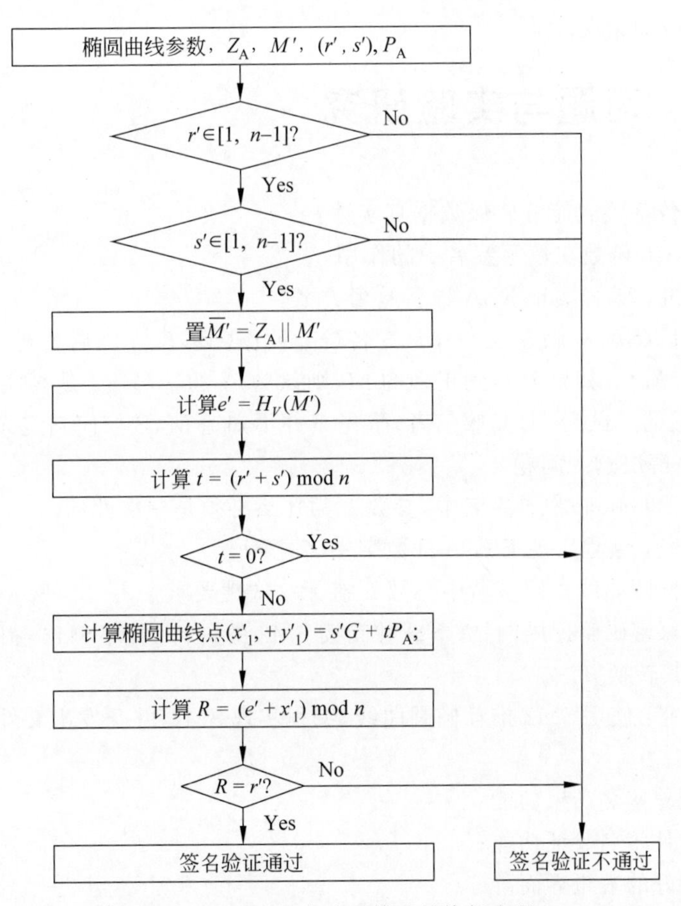

图 6-3　SM2 签名验证算法的执行流程

与 6.2.3 节中的椭圆曲线签名和验证算法相比可知，两者有相似之处，但是 SM2 的签名和验证算法有较大的改进，有自己的特色。

SM2 的签名算法中签名 (r,s) 的计算比 6.2.3 节中的椭圆曲线签名算法更复杂。首先是引入了系统参数、用户标识和数据 M 所产生的数据 Z_A，从而把签名与系统参数、用户标识和数据 M 绑定，提高了安全性。具体地，在 r 的计算中加入了数据 $H_v(M)$，增大了r与系统参数、用户标识和数据M的关联性。在s的计算中,使用了r,私钥d_A作用了两次,增大了s与系统参数、用户标识和数据M的关联性,增大了s与私钥的关联性。这些措施增大了签名的安全性。与此配合,SM2的签名验证算法也做了相应的改进,使之比6.2.3节中的椭圆曲线签名验证算法更复杂,因而更安全。

SM2签名验证算法的一个显著特点是,其中加入了较多的检错功能,这是因为验证是对收信者收到的签名数据进行验证,而收信者收到的签名数据是经过信道传输过来的,由于信道干扰的影响和对手的篡改,收信者收到的签名数据中含有错误或被篡改的可能性是存在的。采取措施把错误和篡改检测出来,对提高签名验证系统的数据完整性、系统可靠性和安全性是有益的。具体地,验证算法中的①检查签名分量r'的合理性,②检查签名分量s'的合理性,从而可以检查出并排除许多错误,⑤检查t的正确性,从而可以检查出并排除相应的错误。

习题与实验研究

1. 为什么数字签名能够确保数据真实性?

2. 说明Hash函数在数字签名中的作用。

3. 实验研究:编程实现RSA数字签名方案。

4. 设A用RSA密码对文件M签名($S_A=D(M,K_{dA})$)后发给B,B验证签名($E(S_A,K_{eA})=M$)。如果B得到正确的M,则认为A的签名S_A是真实的,否则认为A的签名S_A是假的。试问:B是收信者,事先B并不知道M,B如何判定M是正确的?请设计一种方法,解决这一问题。

5. 说明在ElGamal密码签名中,参数k为什么必须是一次性的。

6. 实验研究:编程实现ElGamal数字签名方案。

7. 说明在椭圆曲线密码签名中参数k有无一次性要求?

8. 登录国家密码管理局网站,下载并阅读SM2的资料,了解SM2椭圆曲线公钥密码的数据类型及其转换算法。

9. 实验研究:使用SM2推荐椭圆曲线,编程实现SM2,并开发出文件签名软件系统。软件要求如下:

① 具有文件签名产生功能;

② 具有文件签名验证功能;

③ 具有较好的人机界面。

第7章 密码分析(选修)

密码学分为密码编码学和密码分析学。其中密码编码学研究如何设计加解密算法;而密码分析学是研究在不知道密钥的情况下,恢复明文或密钥的科学。二者共同组成了防守和攻击的"矛与盾"的辩证关系,攻防水平的提高相辅相成,互相促进。

在第1章中已经介绍了密码分析的基本概念。根据攻击者可利用的数据资源分类,密码分析可分为唯密文攻击、已知明文攻击、选择明文攻击、选择密文攻击等。根据攻击方法分类,密码分析可分为**朴素密码分析**(穷举攻击及其变型方法)、**数学攻击**(统计分析攻击等)、物理攻击(**侧信道密码分析**等)。**本章介绍密码攻击的几类主要分析方法。**

7.1 朴素密码分析

密码分析

7.1.1 密码分析的基本概念

Kerckhoffs 准则是现代密码系统的主要设计原则之一,又称为密码公开设计原则,其核心思想是:密码体制的安全性仅依赖于密钥保密,其他一切(包括算法本身)都是可以公开的。

根据 Kerckhoffs 准则,除"一次一密"外,所有密码都不是无条件安全的。换言之,我们总是能够采用穷举的方法做到"水滴石穿",对任意密钥长度有限的密码算法实施穷举攻击。理论上,我们总能够通过穷举密钥的方法攻破密钥长度有限的密码。但是在实际上,当穷举攻击所需要的资源(时间或空间)不够时,穷举攻击是不能成功的。

穷举攻击的复杂度给出了密码算法的安全上界,这里有两层含义:第一,任何密钥规模有限的密码算法,都有穷举安全上界;第二,对于其他攻击方法,如果复杂度超过这个安全上界,是没有意义的。

7.1.2 穷举攻击

穷举攻击又称为朴素密码分析方法,从算法复杂度的角度,以及攻击目的和攻击模型的不同,穷举攻击可分为字典攻击、查表攻击、时间-存储折中攻击和生日攻击等。

1. 字典攻击

以分组密码为例,如果分组长度为 n 比特,攻击者在不知道密钥的情况下查询加密机,事先得到所有的 2^n 个明密文对。对某个密文实施攻击时,直接查询密文字典即可恢复对应的明文。

2. 查表攻击

在唯密文攻击模型下,攻击者对于一个给定的明文 m,用所有候选 2^n 个密钥 K 加密,得到预计算的密文 $C_k=E(m,k)$,并排序造表。对于任意需要破译的密文,攻击者对于有序表查表,得到密钥。注意,由于是唯密文模型,密钥大概率是凑巧匹配的错误密钥。造表的空间复杂度是 $O(2^n)$,查表的时间复杂度是 $O(n)$。

在已知明文模型下,攻击者对于一个给定的明文 m,用所有候选 2^n 个密钥 K 加密,然后计算密文 $C_k=E(m,k)$,并根据 C_k 是否等于 C 判断候选密钥是否猜对。造表的时间复杂度是 $O(2^n)$,空间复杂度是 $O(1)$。

3. 时间-存储折中攻击

时间-存储折中攻击的基本思想是以时间换空间,比标准穷举攻击的时间复杂度小,比查表攻击的空间复杂度小。典型方法包括 Hellman 时间-空间折中攻击、多表折中等。

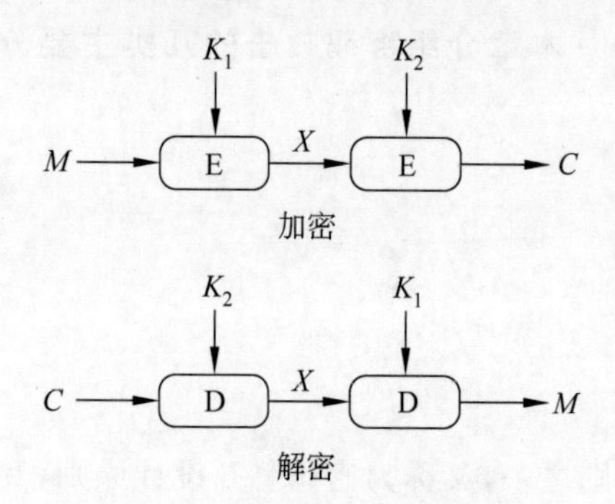

图 7-1　双重 DES 加密方案

例如,双重 DES 加密方案如图 7-1 所示。其中 DES 是美国上一代分组密码标准算法,明密文分组的长度为 64 位,密钥长度为 56 位。为了加长有效密钥长度,双重 DES 用 DES 加密两次,每次使用不同的密钥。

对于双重 DES 进行中间相遇攻击,使其强度与一个 56 位 DES 强度差不多。假设已知明文密文对(M,C),具体攻击方法如下。

第一步,先用 2^{56} 个可能的 K_1 加密 M,得到 2^{56} 个可能的值,将这些值从小到大排序,存入一个表中。

第二步,再对 2^{56} 个可能的 K_2 解密 C,每次做完解密,将所得的值与表中的值比较,如果匹配,则它们对应的密钥可能是 K_1 和 K_2

第三步,用一个新的明密文对检测所得两个密钥,如果两密钥产生正确的密文,则它们是正确的密钥;否则是凑巧匹配的错误密钥,重新开始执行第一步。

上述过程中,需要存储 2^{56} 个候选密钥 K_1 加密的中间结果,以及 2^{56} 个候选密钥 K_2 解密的中间结果。第一步造表的结果为有序列表,查表的时间复杂度为 $O(n)$,这里 $n=56$。

值得注意的是,时间-存储折中攻击归类于通用分析方法,通常不需要考虑算法细节;但是,上述双重 DES 的攻击过程利用了一个算法的内部细节:双重 DES 的密钥 K_1 和 K_2 的取值无关。

时间-存储折中攻击的另一个典型例子是求解离散对数问题的大步-小步法,对于 n 个候选的私钥,小步过程预计算和存储 $O(\sqrt{n})$ 组数据,大步过程执行 $O(\sqrt{n})$ 次计算,从而将整体的复杂度从 $O(n)$ 降低为 $O(\sqrt{n})$。通过时空转换进行攻击的优化是密码分析中的典型思想之一。

4. 生日攻击

在 Hash 函数的安全性指标中已经提到生日攻击,生日攻击是一类通用的穷举分析方法。无论是生日悖论的概率模型,还是用 Hash 函数寻找碰撞(复杂度 $O(\sqrt{n})$)的具体攻击目标,直观上的感觉是比一般密钥恢复的攻击难度(复杂度 $O(n)$)要低得多。

上述问题难度的区别,类似于“大海捕鱼”和“大海捞针”之间的区别。密钥恢复相当于在浩瀚的大海(候选密钥)中,寻找唯一正确的针(正确的密钥);而生日攻击或碰撞攻击,只需要在大海中找到同样海量存在的鱼(碰撞对),因此更容易。这个思想除了直接应用于 Hash 函数的碰撞攻击外,还可应用于分组密码的分析、求解离散对数(Pollard ρ 算法)等密码攻击过程。

7.2 数学密码分析

7.2.1 数学密码分析的基本思想

通用分析方法不考虑算法的细节,而被忽略的细节往往是破译密码的关键因素,如以下两个细节。

1. 明文或密文中的统计信息

实际的密码系统必然是加密保护有意义的信息,例如自然语言或数据库字段。我们知道任何自然语言甚至计算机数据,都有自己的统计规律,如果密文中保留了明文的统计特征,就可用统计方法攻击密码。例如,古典密码中的代替密码,由于单表代替密码只使用一个密文字母表,一个明文字母固定用一个密文字母代替,所以密文的统计规律与明文相同。因此,单表代替密码可用统计分析攻破,而双字母、三字母以及多表代替也可以用更精细的统计分析攻破。

2. 明密文和密钥之间的关系

从现代密码的视角,如果由于设计不当或计算量(轮数)不足,明文、密文和密钥之间存在某种关联,则可以通过构造“区分器”,将密钥猜测过程中的正确密钥和错误密钥区分开。这是针对迭代密码的差分攻击、线性攻击的基本思想。

在对于古典密码中的仿射密码或希尔(Hill)密码的攻击中,由于算法本身是线性的,明文、密文和密钥之间存在线性等价关系,密码攻击过程就可以转换为求解线性方程组的过程。而现代密码算法增加了非线性部件,密码破译的过程就分为两个步骤:首先构造低次(如 2 次)的多项式方程组;然后求解非线性方程组。这是针对序列密码的代数攻击的基本思想。

把破译密码的过程划分为列方程和解方程两个步骤,还应用于公钥密码求解因子分解(IFP)问题和离散对数(DLP)问题中。例如,在二次筛法中,通过构造二次剩余的指数等式,得出 GF(2) 上的齐次线性方程组,然后求解齐次线性方程组。在 Index 攻击中,通过构造小因子基的方程,回避离散对数的直接求解,而把离散对数当作未知数,求解非齐次线性方程组。

数学分析方法基于数学模型的建立和程序搜索的算法实现。主要思想是通过分析算法的具体内部结构,将数学推导、统计测试与程序搜索相结合,发现特殊规律、建立数学模型、开展分析工作。这个过程的关键是"区分"和"划分"。

"区分"是寻找一个可计算或统计的指标,能够对特定的密码算法和伪随机函数(置换)分别计算该指标的分布情况。如果攻击者能在复杂度允许的范围内,以不可忽略的概率(即"高"概率)区分出这两种分布,则该指标就称为不随机特征。利用该指标将密码算法和伪随机函数(置换)进行区分的过程就称为区分器的构建过程或区分攻击。

"划分"的目的有两方面:第一,对密码算法的步骤进行划分,例如将分组迭代密码划分为轮函数,甚至进一步细分到 S 盒、置换等;第二,对密钥搜索空间的划分,将候选密钥划分为相互没有关联的集合。例如,图 7-1 中对于双重 DES 的中间相遇攻击,就是第一重 DES 和第二重 DES 的密钥,互相是无关的。划分的核心思想是:对于相互无关的步骤或搜索空间,将复杂度由累计乘法降低为累计加法。

7.2.2 差分密码分析

差分分析方法是 Biham 和 Shamir 于 1990 年提出的利用加解密过程中差分传播的概率进行分析的方法。实践表明,差分分析方法和线性分析是当今最有效、应用最广泛的分组密码的分析方法。差分分析方法的思想是通过分析和研究明文对的差分值对密文对的差分值的影响规律来恢复某些密钥比特。具体步骤是先找到一条高概率的差分路径,将加密算法与随机置换区分,再根据密码算法特点,在该路径的前后附加尽可能多的轮数,猜测这些轮函数中的部分或全部子密钥,最后利用统计该差分出现的次数猜测是否为正确的密钥,从而恢复出全部或部分密钥。

差分分析的效果取决于差分区分器的长度、概率和差分模式等,其中长度和概率是重要因素。差分区分器概率越大,攻击的数据复杂度越小。区分器的路径越长,攻击的计算复杂度越小,越接近真实密码算法的轮数,更具有现实意义。因此,对分组密码进行差分分析时,首要任务是寻找概率较大、覆盖轮数较长的差分区分器。

经过几十年的研究发展,国际密码学者在差分分析的基础上扩展到许多差分相关的分析方法,如高阶差分分析、不可能差分分析、截断差分分析、矩形攻击,以及飞去来器攻击等。这些方法各具特色,都有应用。

1. 差分密码分析的基本原理

差分密码分析最初是针对 DES 提出的,后来表明它对所有的分组密码都适用。其基本思想是:通过分析明文对的差值对密文对的差值的影响恢复某些密钥比特。差分密码分析是一种选择明文攻击的方法。

对分组长度为 n 的 r 轮迭代密码,将两个 n 比特串 Y_i 和 Y_i^* 的差分定义为

$$\Delta Y_i = Y_i \otimes Y_i^{*-1} \tag{7-1}$$

其中,$\otimes$表示 n 比特串集上的一个特定群运算,Y_i^{*-1} 表示 Y_i^* 在此群中的逆元。

由加密对可得差分序列:

$$\Delta Y_0, \Delta Y_1, \cdots, \Delta Y_r$$

其中,ΔY_0 和 Y_0^* 是明文对,Y_i 和 Y_i^* $(1 \leqslant i \leqslant r)$是第 i 轮的输出,它们同时也是第 $i+1$ 轮的输入。若第 i 轮的子密钥记为 K_i,轮函数为 F,则 $Y_i = F(Y_{i-1}, K_i)$。

研究结果表明,迭代密码的简单轮函数 F 如果具有如下特征,则说明密码是弱的;对于 $Y_i = F(Y_{i-1}, K_i)$和 $Y_i^* = F(Y_{i-1}^*, K_i)$,若三元组$(\Delta Y_{i-1}, Y_i, Y_i^*)$的一个或多个值是已知的,则确定子密钥 K_i 是容易的。从而,若密文对已知,并且最后一轮的输入对的差分能以某种方式得到,则一般来说确定最后一轮的子密钥或其一部分是可行的。在差分密码分析中,通过选择具有特定差分值 α_0 的明文对(Y_i, Y_i^*),使得最后一轮的输入差分 ΔY_{r-1}以很高的概率取特定值 α_{r-1}来达到这一点。

定义 7-1　r-轮特征(r-round characteristic)Ω 是一个差分序列:

$$\alpha_0, \alpha_1, \cdots, \alpha_r$$

其中,α_0 是明文对(Y_0, Y_0^*)的差分,α_i $(1 \leqslant i \leqslant r)$是第 i 轮输出 Y_i 与 Y_i^* 的差分。r-轮特征 $\Omega = \alpha_0, \alpha_1, \cdots, \alpha_r$ 的概率是指在明文 Y_0 和子密钥 $K_1, \cdots, K_r$ 独立均匀随机时,明文对(Y_0, Y_0^*)的差分为 α_0 的条件下,第 i $(1 \leqslant i \leqslant r)$轮输出对$(Y_i, Y_i^*)$的差分为 α_i 的概率。

定义 7-2　如果 r-轮特征 $\Omega = \alpha_0, \alpha_1, \cdots, \alpha_r$ 满足条件:(Y_0, Y_0^*)的差分为 α_0,第 i $(1 \leqslant i \leqslant r)$轮输出对$(Y_i, Y_i^*)$的差分为 α_i,则称明文对 Y_0 和 Y_0^* 为特征 Ω 的一个正确对(right pair),否则称之为特征 Ω 的错误对(wrong pair)。

定义 7-3　$\Omega^1 = \alpha_0, \alpha_1, \cdots, \alpha_r$ 和 $\Omega^2 = \beta_0, \beta_1, \cdots, \beta_r$,分别是 m-轮和 l-轮特征,如果 $\alpha_m = \beta_0$,则 Ω^1 和 Ω^2 可以串联为一个 $m+l$-轮特征 $\Omega^3 = \alpha_0, \alpha_1, \cdots, \alpha_r, \beta_1, \cdots, \beta_r$。$\Omega^3$ 被称为 Ω^1 和 Ω^2 的串联(concatenation)。

定义 7-4　在 r-轮特征 $\Omega = \alpha_0, \alpha_1, \cdots, \alpha_r$ 中,定义:

$$p_i^{\Omega} = P(\Delta F(Y)) = \alpha_i \mid \Delta = \alpha_{i-1} \tag{7-2}$$

即 p_i^{Ω} 表示在输入差分为 α_{i-1} 的条件下,轮函数 F 的输出差分为 α_i 的概率。

据此,对 r-轮迭代密码的差分密码分析的基本过程可总结为算法 7-1。

算法 7-1:

第 1 步:找出一个$(r-1)$-轮特征 $\Omega(r-1) = \alpha_0, \alpha_1, \cdots, \alpha_{r-1}$,使得它的概率达到最大或几乎最大。

第 2 步:均匀随机地选择明文 Y_0 并计算 Y_0^*,使得 Y_0 和 Y_0^* 的差分为 α_0,找出 Y_0 和 Y_0^* 在实际密钥加密下所得密文 Y_r 和 Y_r^*。若最后一轮的子密钥 K_r(或 K_r 的部分比特)有 2^m 个可能值 K_r^j $(1 \leqslant j \leqslant 2^m)$,则设置相应的 2^m 个计数器 Λ_j $(1 \leqslant j \leqslant 2^m)$,用每个 K_r^j 解密密文 Y_r 和 Y_r^*,得到 Y_{r-1} 和 Y_{r-1}^*,如果 Y_{r-1} 和 Y_{r-1}^* 的差分是 α_{r-1},则给相应的计数器 Λ_j 加 1。

第 3 步:重复第 2 步,直到一个或几个计数器的值明显高于其他计数器的值,输出它们对应的子密钥(或部分比特)。

从算法 7-1 可知,差分密码分析的数据复杂度两倍于成对加密所需的选择明文对 (Y_0, Y_0^*) 的个数。差分密码分析的处理复杂度是从 $(\Delta Y_{i-1}, Y_i, Y_i^*)$ 找出子密钥 K_r(或 K_r 的部分比特)的计算量,它实际上与 r 无关,而且由于轮函数是弱的,所以此计算量在大多数情况下相对较小。因此,差分密码分析的复杂度取决于它的数据复杂度。

在实际应用中,攻击者一般是推测 K_r 的部分比特,这是因为 K_r 的可能值太多,以至于无法实现第 2 步。把要预测的 K_r 的 k 比特的正确值记为 cpk(correct partial key),其他不正确的统统记为 ppk(pseudo partial key)。设需要 M 个选择明文对,对每个选择明文对 Y_0 和 Y_0^*,攻击者在第 2 步中给出 cpk 的一些候选值,令 v 表示每次攻击给出的候选者的平均个数,如果 Y_0 和 Y_0^* 是正确对,则 cpk 一定在候选值中;如果 Y_0 和 Y_0^* 是错误对,则 cpk 不一定在候选值中。

如图 7-2 所示,可以这样理解差分攻击的思想:假设攻击者是出题目(差分区分器)的"老师",其目的是从一堆候选密钥"考生"中选出最优秀的(正确密钥)。掌握了考题知识点的正确密钥,无论题目如何变换,都能(以很高的概率)得到高分,而错误的候选密钥,只能通过概率得到每道题(每次实验)的分数。

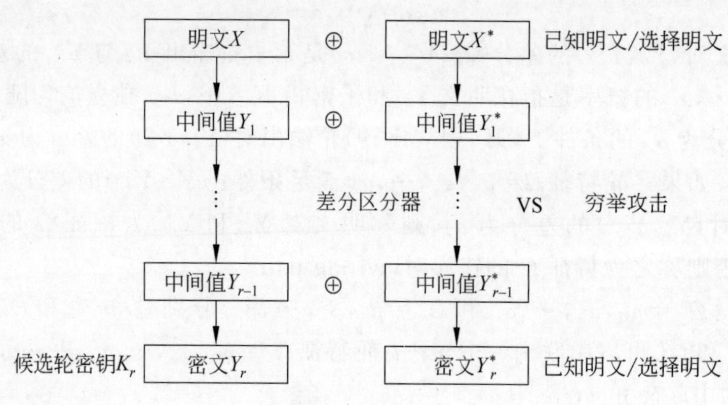

图 7-2 差分攻击

2. 差分密码分析的应用

差分密码分析最初是针对 DES 提出的一种分析方法,由 E.Biham 和 A.Shamir 在 1990 年的 Crypto 会议上发表。当时只攻击到 15 轮的 DES,对 16 轮 DES 攻击的复杂度超过穷搜索攻击。其中对 8 轮以下的 DES 攻击可以在个人计算机上实现。两年之后,在 1992 年的 Crypto 会议上,他们改进了以前的攻击,成功攻击到 16 轮 DES,攻击复杂度为 2^{47} 个选择明文、密文对。

差分密码分析利用的是密码的高概率差分特征。对于某些分组密码,很难找到高概率差分特征,这时采用截断差分密码分析能够攻击更多轮数,或攻击相同轮数但攻击复杂度更低。

7.2.3 线性密码分析

1993 年,M. Matsui 在欧密会提出针对 DES 的线性密码分析(Linear Cryptan

Alysis)，B.Kaliski 在之后的美密会上进一步改进了结果并用实验给出了对 16 轮 DES 的攻击。

线性密码分析是已知明文攻击，攻击者应能获得当前密钥下的一些明文对和密文对。该方法的基本思想是利用密码算法中明文、密文和密钥的不平衡线性逼近来恢复某些密钥比特。线性密码分析是一种有效的密码分析方法，因此密码设计者应确保设计出的分组密码能很好地抵抗线性密码分析。

在线性密码分析中，首先要寻找给定分组密码的具有下列形式的“有效的”线性表达式。

$$P_{[i1,i2,\cdots,ia]} \oplus C_{[j1,j2,\cdots,jb]} = K_{[k1,k2,\cdots,kc]} \tag{7-3}$$

其中，$i_1,i_2,\cdots,i_a$、$j_1,j_2,\cdots,j_b$ 和 $k_1,k_2,\cdots,k_c$ 表示固定的比特位置，并且对随机给定的明文 P 和相应的密文 C，式(7-3)成立的概率 $P\neq\frac{1}{2}$，应用 $\left|P-\frac{1}{2}\right|$ 刻画该等式的有效性，通常称为逼近优势。

在寻找分组密码的有效性逼近中，首先，利用统计测试的方法给出轮函数中主要密码模块的输入、输出之间的一些线性逼近及成立的概率；其次，进一步构造每一轮的输入、输出之间的线性逼近，并计算出其成立的概率；最后，将各轮的线性逼近按顺序级联起来，消除中间的变量，就得到了涉及明文、密文和密钥的线性逼近。得到有效的线性表达式后，可通过如下基于最大似然方法的算法推测一个密钥比特 $K_{[k1,k2,\cdots,kc]}$。

算法 7-2：

第 1 步：设 T 是使式(7-3)的左边为 0 的明文个数，记明文个数为 N。

第 2 步：如果 $T\geqslant\frac{N}{2}$，当 $P\geqslant\frac{1}{2}$时，猜定 $K_{[k1,k2,\cdots,kc]}=1$；当 $P<\frac{1}{2}$时，猜定 $K_{[k1,k2,\cdots,kc]}=0$。

分析比较几类线性分析方法的实际攻击效果如下。

对于分组密码，通常有许多线性逼近，而线性密码分析仅用了一个线性逼近，这似乎有些资源浪费。为此，Kaliski 和 Robshaw 提出的多重线性逼近充分利用了这些资源。多重线性密码分析就是结合多个线性逼近进行线性密码分析。多重线性密码分析的目的是使得线性密码分析所需的明密文对降低，从已有结果和实验数据可以看出：n 重线性密码分析所需的明密文对一般不会少于单个线性密码分析所需明密文对的$\frac{1}{n}$，而多重线性密码分析的计算量比单个线性密码分析大。因此，可以认为多重线性密码分析是单个线性密码分析的一点改进，可以通过提高抗线性密码分析的能力抵抗多重线性密码分析。

7.2.4　代数密码分析

1. 代数密码分析方法原理

1999 年，密码学家 Shamir 提出了代数密码分析的方法。代数攻击把密码算法的分析问题转换为超定的，即方程个数远多于变元个数的非线性高次方程组的求解问题。如果能够成功求解该方程组，则密码就被攻击成功。

代数密码分析的重要过程是把一个密码算法转换为一个多变量方程组。方程组的系数代表明文和密文,未知变量代表密钥。通过求解方程组,进而得到密钥。一个密码算法是否安全取决于其对应的方程组是否求解困难。而代数密码分析的有效性在于能否找到解方程组的方法。但在实际的代数密码分析过程中,发现非线性方程组(即使次数很低)的求解也是很困难的。对于非线性方程组,主要的求解思想是降次。常用的降次的方法是仿射变换,由于仿射变换的安全性不够高,所以一般不采用这种办法。求解密码算法对应的非线性方程组常用线性化方法,该方法的主要思想是用一个新的变量替换非线性项,但是在这个过程中会产生大量的变元,方程的数量随之增加。代数密码分析的提出是密码算法的攻击方法中一个很大的进步。然而,代数密码分析也存在缺点,由于方程组的次数和项数的复杂性,导致很难计算其时间复杂度而无法估计成功率。代数密码分析方法的基本思想如下。

① 将密码表示若干变量简单的方程组,明文、密文和密钥的某些比特可以作为方程的变量,中间值和轮子密钥的某些比特也可以作为方程变量。

② 将搜集到的明文-密文对等数据代入①中的方程组,并尝试对方程组进行求解,进而恢复密钥。

代数密码分析分组密码的过程具体如下。

设 $F_2^n \to F_2^m$ 是一个 S 盒,输入为(X_0, X_1, X_2, X_3),输出为(Y_0, Y_1, Y_2, Y_3),分组密码中第 $r+1$ 轮的代数密码分析的算法如下:

第 1 步:选取一个合适的正整数 d。

第 2 步:建立若干关于 S 盒的输入和输出的隐含方程,形如:

$$g(x_1, x_2, \cdots, x_n; y_1, y_2, \cdots, y_m) = 0$$

方程组的次数小于或等于 d。

第 3 步:利用第 2 步的隐含方程建立方程组(变量是明文、密文和初始密钥)。

第 4 步:求解方程,进而恢复密钥。

2. AES 代数密码分析

AES 的设计简洁,具有代数结构。AES 的 S 盒可以用 8 个布尔方程描述,由于它是 $GF(2^8)$上的逆映射和一个仿射变换的复合,因此每个布尔方程的代数次数为 7。AES 的行变换、列变换、密钥嵌入都是简单操作,可以用简单方程组描述。将这些模块的方程组描述组合在一起,就可以得到描述 AES 的方程组。由于 AES 的运算包括 $GF(2^8)$和 $GF(2)$两个域上的运算,因此后来有文献将 AES 拓展为仅包含 $GF(2^8)$上简单的代数运算的密码算法 BES。AES 可以看成 BES 在限定的消息空间和密钥空间上的一个子空间,这样可以将 AES 描述为 $GF(2^8)$上的极其稀疏的、超定的多变量二次方程组,对该方程组求解可以恢复 AES 的密钥。

这里考虑分组长度和密钥长度都为 128 比特的 AES 和 BES,轮数为 10 轮。AES 是将 16 字节排成 4×4 矩阵描述的,可以将 16 字节排成一列。将与 AES 中使用的不可约多项式 $X^8 + X^4 + X^3 + X + 1$ 对应的域记为 F,每字节与 F 中的一个元素对应,将字节用以 θ 为变量的多项式表示,可得

$$F = \mathrm{GF}(2^8) = \frac{\mathrm{GF}(2)[X]}{X^8 + X^4 + X^3 + X + 1} = \mathrm{GF}(2)(\theta)$$

设 AES 的状态空间 F^{16} 为 A，BES 的状态空间 F^{128} 为 B，B_A 表示 B 中与 A 对应的子空间。

3. 分析比较几类代数攻击分析方法的实际攻击效果

代数攻击虽然取得了一些重要的理论进展和实际成果，但是 Gregory V. Bard 在著作 *Algebraic Cryptanalysis*(《代数密码分析》)中指出：有限域上代数方程组求解是 NP 困难问题，即使是二次方程组，也已经证明是 NP 问题。因此，要想获得更大的成功，必须进行更深入的理论研究与实践。

7.3 侧信道密码分析

密码要发挥实际作用，必须用硬件或软件形式实现，并且融入实际系统，否则是不能发挥实际作用的。但是，密码以硬件或软件形式在系统中执行时，会消耗执行时间和功率，还会出现电磁辐射等现象。这些现象会泄露一些与密码相关的信息。于是，攻击者就可以根据这些泄露的信息，结合密码算法对密码进行分析。这种密码分析被称为侧信道分析。

研究表明，侧信道攻击要比传统的密码分析方法更加有效，同时也更易于实现。可见，仅能抵抗传统的密码分析方法，不能抵抗侧信道分析的密码算法是不安全的。因此，密码算法的设计者和实现人员都要充分意识到侧信道攻击的威胁，并要熟悉各种侧信道攻击方法及其预防措施。

7.3.1 能量侧信道分析

1999 年，Kocher 等首次提出能量分析，并针对 DES 的硬件算法实现给出了一种实际的能量分析攻击。能量分析基于加密设备在处理不同运算以及不同数据时消耗的功率是不同的，所以可通过分析加密系统的功率消耗特征判断运算所涉及的数据，从而恢复密钥信息。能量分析是针对密码算法实现，通过测量加密系统的功率消耗特征恢复密钥信息的一种攻击。该方法实现简单、有效且无须大量资源，所以它是目前侧信道分析领域的热点和重点。

能量分析可分为简单能量分析和差分能量分析两类。

1. 简单能量分析

1) 分析方法原理

简单能量分析是根据测量到的功率消耗轨迹判断加密设备在某一时刻执行的指令及所用的操作数，从而恢复出使用的密钥信息。简单能量分析能揭示指令执行的顺序，所以当密码算法的执行路径取决于所处理的数据时，就可用它攻击密码算法。当算法中存在分支和条件语句，或存在执行时间不确定且依赖数据的指令(如乘法、进位加法等)就易造成能量消耗的细微差别，通过观察能量轨迹即可确定某些密钥信息。在简单能量分析中要求攻击者可以根据功率消耗轨迹判断出执行的操作,所以攻击者必须掌握密码设备的详细实现细节,而大部分攻击者是不具备这种条件的。

2) 具体分析过程

下面以 AES 密钥扩展算法的简单能量分析为例,介绍其具体方法和步骤。

攻击假设在智能卡上执行 AES 密钥扩展算法时,可以通过观察其功耗轨迹获得中间结果的汉明重信息。当已知某字节的汉明重为 h 时,可能的字节值共有 $\binom{8}{h}$ 个。因此,对于已知汉明重,平均可能的字节值有 $\sum_{h=0}^{8} Pr\{H=h\}\binom{8}{h} \approx 50.27$ 个。通过汉明重量过滤掉不符合的候选值后,再结合密钥拓展算法中子密钥间的相互依赖关系,可以进一步缩小密钥空间,直至确定唯一密钥。

攻击的具体步骤如下。

(1) 将 AES 的轮函数分成如下有重叠的 4 部分,以最大限度利用子密钥间的关系作为分类的标准。

(2) 对要攻击的轮函数的每一部分分布做如下计算:对于该部分中 5 字节的所有可能值,分别根据由功耗轨迹得到的汉明重量将不符合的候选值去掉,此时平均共剩余大约 $2^{28.26}$ 个候选值。对于每个候选值,分别计算所有仅依赖这 5 字节的其他轮密钥字节和中间结果。根据功耗轨迹确定这些字节的汉明重量,留下符合的候选值。

(3) 最后将由 4 部分得到的全部候选值,依据其重叠字节归并,剩余的候选值即为该轮密钥的可能值,此时可以通过穷举方式唯一确定该密钥。

由于简单能量分析仅通过观察功耗轨迹得到中间信息,所以抵抗简单能量分析是很简单的。最常用的方法是利用掩码技术,将密钥与随机掩码进行异或操作,使得处理的数据与密钥无关。此外,还有加入冗余、随机化时钟频率、随机化操作等措施。

2. 差分能量分析

差分能量分析法的原理是利用统计分析提取相关的密钥信息。由于攻击者不需要知道简单能量分析所需的密码算法实现和执行的细节,因此它是一种比简单能量分析更有效的分析方法。

差分能量分析从密码运行的第一拍或最后一拍,首先进行数据采集。通过对多次加密或解密操作进行测量采样,得到一些离散的能量消耗值;然后选择适当的分割函数,穷尽相关子密钥的值,通过计算分割函数值取 0 或取 1 时两个平均能量消耗的差值确定子密钥。随着数据量的增加,如果这个差值趋近 0,说明子密钥选择错误;如果这个差值趋近实际值,说明子密钥选择正确。

7.3.2 时间侧信道分析

时间攻击通过分析密码系统执行加密过程中的时间信息来恢复密钥。密码系统实现的逻辑运算环节在处理不同的输入数据时消耗的时间有一定差别,原因包括:由于对运算过程进行优化,跳过了一些冗余的操作和状态分支;在内存寻址过程中的命中率不同;处理器的运算指令(如乘法、除法等)运行时间不确定,等等。

在实际攻击中,首先要根据密码算法的实现原理找到这样的程序位置,在该程序位置上输入数据的不同值,会导致程序的执行路径和执行时间不同。在本地计算机中,利用进程控制的方式,攻击者进程对受害者进程的运行进行时间监控。在远程网络中,攻击者利用客户端和服务器的相互通信时间,监控在服务器上的受害者进程运行。通过这些时间监控手段,对密码算法的运行时间进行精确测量,得到与输入数据和密钥有关的时间信息,然后利用数据的相关性求取密钥。

相比其他的侧信道攻击,如电磁、能量、声音等,时间攻击具有易采集、干扰少、效率高等特点,且不需要特殊的物理环境,非常适合应用于实际的攻击场景中。当然,实际攻击有时也会受到噪声的干扰,在本地计算机环境中,这些噪声主要来自操作系统中的其他进程,受到进程调度的影响,受害者进程可能被阻塞或者中断,造成对程序的执行时间测量不准确。在客户端-服务器的攻击场景中,噪声不但来自服务器中的其他进程,也可能来自网络传播中的各种延迟,噪声会更大。因此,一般的时间攻击场景均设置在本地计算机中。

其中 Cache 时间攻击是一类特殊的时间攻击方法,它主要利用了微处理器部件中的 Cache 单元。在现代处理器中,为了解决 CPU 和内存之间加载速度不匹配的问题,大都引入了容量小但速度很快的高速缓存 Cache,Cache 会存储最近经常访问的数据和指令,当处理器需要再次使用刚访问过的数据或指令时,就可以直接从 Cache 中调用,提高效率。Cache 时间攻击就是利用密码算法程序运行过程中的 Cache 命中/未命中信息,推导密钥的攻击方法。

Cache 时间攻击的主要流程是:根据 Cache 工作原理,密码进程访问数据时,目标数据是否在 Cache 中会导致访问时间有明显的时间差异(若目标数据在 Cache 中,即发生 Cache 命中,处理器会直接从 Cache 中获取数据;否则,即发生 Cache 未命中,处理器访问过 Cache 后会从内存中获取数据,运行时间更长)。如果“命中”与“未命中”的时间差异信息和密钥是紧密相关,那么只要能采集到足够多的时间侧信道信息,结合分析算法就有可能推测出密钥。例如,现代分组密码算法(如 AES、SM4 等)大多会使用 S 盒查找表,实现非线性混淆,而查找表就需要对数据 Cache 进行访问,通过计时手段获取分组密码加/解密过程中对 S 盒的 Cache 命中/未命中信息,结合密码算法实现原理进行分析,就可以推测出相应的密钥。

相比针对密码系统实现中逻辑运算环节的时间攻击,Cache 攻击不需要太明显的程序逻辑漏洞,因为要结合密码实现原理和 Cache 状态信息,该类攻击更不容易被软件开发人员发现。同时,Cache 被多个进程所共享,更容易造成资源竞争,也更容易受到攻击者进程的控制,Cache 命中/未命中所造成的程序运行时间差异明显,时间采集过程中受到的噪声干扰更少。因此,Cache 攻击在过去几年中被广泛应用,针对开源密码库中的多种密码算法实现,如 AES、RSA、SM4、ECC 等,均有相应的 Cache 攻击被提出。对 Cache 攻击的主要阐述和案例将在下文中介绍。

1. 时间分析原理

针对密码算法的时间分析,首先要在其程序实现中找到可能引起时间泄露的程序点,可以结合密码算法的实现原理进行分析，这种时间泄露点往往存在于密钥与输入数据的结合处，往往会因为密钥或与密钥相关的数据值的不同，程序有不同的执行路径和执行时间，通过测量执行时间可以判断程序实际的执行路径，进而推断出相应的密钥相关值。下面以 RSA 算法为例进行介绍。

RSA 密码算法：

RSA 是一种公钥密码算法，对于某一明文块 M 和密文块 C，公钥是 $K_e=\{e,n\}$，私钥是 $K_d=\{d,n\}$，加密和解密有如下的形式。

$$\text{加密：}C=M^e \bmod n \qquad \text{解密：}M=C^d \bmod n$$

RSA 算法的理论公式并不复杂，但在计算机中进行具体实现时，不可能直接使用公式，需要进行一定的转换。RSA 算法中最主要的运算是模幂运算。模幂运算的一种经典实现方式是采用了在第 5 章介绍的反复平方乘算法。

以计算 x^{24} 为例：

首先 x^{24} 将指数表示为二进制形式 x^{11000}，然后从左到右开始扫描指数的每个比特。

(1) 扫描到 1，则设置初始值为 x^1，扫描第一个比特一般不需要其他操作。

(2) 扫描到 1，先平方 $x^{10}=x^2$，再乘以 x，$x^{11}=x^2\times x$。

(3) 扫描到 0，只需要一次平方，$x^{110}=(x^3)^2=x^6$。

(4) 扫描到 0，只需要一次平方，$x^{1100}=(x^6)^2=x^{12}$。

(5) 扫描到 0，只需要一次平方，$x^{11000}=(x^{12})^2=x^{24}$。

通过观察运算过程中指数的二进制表示的变化能更好地理解算法，一次平方操作会让指数向左移一位，并在最右边添加 0，而与 x 相乘的操作即在指数的最右边位置上填上 1。

数据分析：

从模幂运算的平方-乘算法原理中可以看到一个显著的时间泄露点，在算法 7-3 中的代码行 5 中，当扫描到指数的二进制数 $d_i=1$ 时，整个运算过程多了一个乘法操作，即先平方后乘法操作，而当 $d_i=0$ 时，仅有平方操作，又因为在硬件操作时，乘法操作需要附加的寄存器参与，所以比平方操作耗时长。因此，可以通过统计在解密运行过程中平方-乘算法 for 循环的每轮执行时间的差异来确定 d_i 为 1 或 0，这里需要确定一个 T 值，若记录时间超过 T，则表示 d_i 为 1，否则为 0。

2. 时间分析流程

1) 时间泄露点分析

首先要根据密码算法的实现原理进行分析，找到这样的时间泄露点，在该泄露点中，会因为与密钥相关的数据值的不同，程序有不同的执行路径和执行时间。这样的泄露点经常出现在不平衡的条件分支或者循环边界与秘密数据相关的循环语句中。

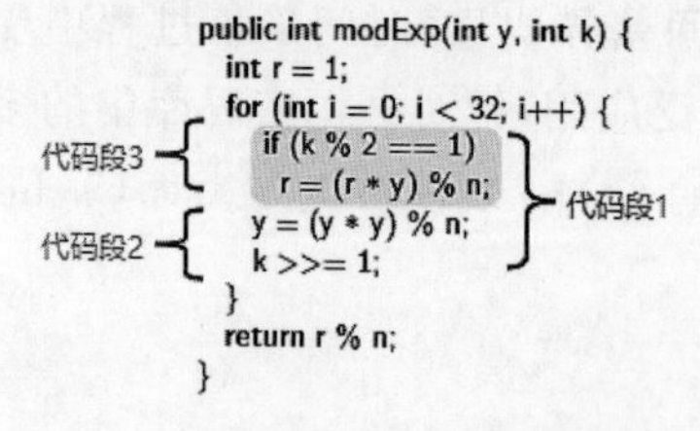

图 7-3　具有不平衡分支的代码片段

图 7-3 中的代码片段给出了一个典型的具有不平衡分支的例子。在该例子中，如果变量 k 的值

与密钥相关,通过获取 k 的值就可以推导密钥值,则称 k 为敏感变量。可以从图 7-3 中看到代码段 3 就是一个受敏感变量影响的不平衡条件分支语句。遍历 k 的所有二进制值,当 k 的某一位二进制值为 0 时,代码段 3 不会执行条件分支内部的指令,k 的某一位二进制值为 1 时,代码段 3 会执行条件分支内部的指令,代码段 1 的执行时间会明显变长。

```
int j = 4;
for(i = 0; i < j; i++)
    v=x
```

图 7-4　循环边界与秘密数据相关的循环语句例子

图 7-4 给出了一个简单的循环边界受敏感变量影响的循环语句的例子,假设图 7-4 中的代码中变量 j 是一个敏感变量,则其中的 for 循环的迭代次数就取决于 j 的值,通过统计 for 循环的整体执行时间,就可以推断出 k 值的大小,筛选出其中使用了较大或较小 k 值的加密数据,通过这部分数据推断密钥值。利用这种方法攻击 ECDSA 签名算法,需要固定密钥并进行多次签名。由于签名过程中执行了一个 for 循环,该循环的循环边界受到随机数 k 的影响,k 的值与密钥相关,运行时间短的签名使用的随机数 k 也较小。统计每次签名的时间,筛选得到签名时间较短的签名数据,使用这些数据进行攻击,可以推导出最终的密钥。

2) 时间采集

通过对实现算法的分析找到时间泄露点后,最重要的一步是进行数据的采集,采集密码算法运行过程中时间泄露点所在程序段的执行时间。常用的计时工具有 x86 处理器下的 RDTSC 指令,它可以实现纳秒级的精确计时。

在本地时间攻击中,对密码算法的时间数据采集一般采用进程控制的方法,构造一个攻击者进程和一个密码进程,密码进程执行目标密码算法的加解密运算,控制进程监控密码进程的执行,并测量密码进程每个步骤的执行时间。

由于进程控制方法在实际实现上具有一定难度,现有的大部分文献都使用客户端和服务器之间 TLS 握手的时间,近似代替服务器中 ECDSA 签名进程的一次整体签名时间。当然,这种方法受到网络传播中各种噪声的干扰较大,准确率不是太高,同时只能测量密码进程的整体运行时间。

3) 时间数据分析

采集完时间数据后,就需要对这些数据进行分析,猜测密钥。该过程需要结合上文中的时间泄露点原理,根据时间数据与密钥值的关系进行推导。例如,上述反复平方-乘算法中,可以根据采集到的 for 循环每轮的执行时间差异,直接判断密钥 d 的每个二进制值。部分算法还需要进行一些数学运算,具体需要结合相应的算法原理进行分析。

7.3.3　故障侧信道分析

1. 故障攻击的原理

近年来,对于集成电路芯片的攻击,除基于时间、功耗、电磁辐射等侧信道泄露信息的侧信道攻击外,还有一类故障攻击。在这种攻击中,攻击者尝试利用错误计算的结果,对芯片实施攻击。程序产生错误的原因可能是程序设计错误、程序执行错误,或者是被攻击者诱导的错误(如能量故障、时钟故障、温度变化、离子束注入等)。故障注入攻击的基本原理是通过人为主动注入故障到芯片的安全薄弱部分,引起芯片的功能异常,在芯片处于非正常工作状态下测试其功能和参数,与常规工作状态进行分析比较,从而获得芯片内部的重要信息。与被动的侧信道攻击技术相比,故障注入攻击属于主动攻击技术,可以极大地减少分析所需样本数量,提高了攻击效率,而且更加难以抵御,对集成电路安全的危害更大。故障注入攻击逐渐成为芯片安全攻击最有效的手段。

2. 故障攻击模型

1)故障攻击模型的要素

一个故障模型由三元组(时刻、位置及动作)构成:

① 故障时刻,攻击需要精确控制错误发生的时刻,例如在运算进行时,将故障引入某一范围内。

② 故障位置,攻击需要精确控制错误发生的位置,例如将故障引入某一指定的记忆单元,包括寄存器的某些位。

③ 故障动作,攻击需要精确控制错误发生的行为,通常分为设定故障位置的值取反、设定故障位置的值为预定值(已知故障值)、随机设定故障的值。

2)两种故障攻击模型

① 故障碰撞攻击,注入已知特定故障的值。

在密码设备或 CPU 运行中,攻击者首先任意选择一个秘密信息 I_1 进行 E 函数运算,获得一个相应输出参考值 O_1,然后对输入秘密信息 I_1 进行 E 函数运算操作注入故障,即将设定为特定信息 I_2,将得到输出值为 O_2。如果 $O_1=O_2$,则可以猜测秘密信息 I_1 为特定信息 I_2。

② 差分故障攻击,注入随机设定故障的值。

在密码设备或 CPU 运行中,攻击者首先任意选择一个秘密信息 I_1 进行 E 函数运算,获得一个相应输出参考值 O_1,然后对输入秘密信息 I_1 进行 E 函数运算操作注入故障,即为信息 I_2,将得到输出值为 O_2。穷举可能输入数据差分取值 $\Delta_I=I_1\oplus I_2$,输出数据进行差分取值 $\Delta_O=E^{-1}(O_1)\oplus E^{-1}(O_2)$($E^{-1}$是 E 函数逆运算),如果能找到 $\Delta_O=\Delta_I$,则可以获得秘密信息 I_1 与 I_2。

3. 故障注入攻击

故障注入引起的故障种类繁多,依据其表现形式可以分为固定故障、翻转故障;依据其持续时间可以分为永久故障、瞬态故障;依据其数目可以分为单个故障和多个故障。故障注入技术按照注入方法主要分为时钟故障注入、电压故障注入、电磁故障注入、光学(激光)故障注入、温度故障注入。

4. 故障攻击防护技术

故障注入攻击对集成电路安全构成了极大威胁。芯片设计者为了保护芯片内部的数据,通常会采用一些抗故障注入攻击的技术。例如,芯片设计者会在芯片内部加入光传感器。当攻击者使用激光等光设备攻击芯片时,光传感器中的光敏元件受光照后会锁定电路,防止电路泄露关键数据。许多研究者提出了各种各样的抗故障注入攻击技术。这些抗故障注入攻击技术主要涉及附加防护措施或改善电路设计规则。

1）封装干扰

攻击者在攻击芯片时需要对芯片内部的电路有一定的了解。通过抹掉芯片封装上的印字、重新印字、采用非标准封装等技术，可以一定程度上增加攻击者识别和获取芯片资料的难度。

2）传感器

芯片攻击者使用温度、电磁、光等故障注入技术时，会对芯片内部的温度、电磁或光强等环境产生影响。在芯片中集成温度传感器、电磁传感器、光传感器等传感器，检测攻击者实施的攻击，可以阻止攻击者直接使用此类故障注入攻击技术对芯片实施攻击。

3）金属层

电磁故障注入通过在线圈或微型针上施加快速变化的电流或电压产生强磁场对芯片进行攻击。除使用电磁传感器检测芯片周围电磁场变化来判断芯片是否受到攻击外，还可以利用金属层的电磁屏蔽原理屏蔽攻击者对芯片施加的电磁场。此外，采用一层或多层的上层金属，对芯片中敏感区域或敏感信号进行物理阻挡，可以阻碍反向工程等侵入式攻击。

4）双轨逻辑

在双轨逻辑中，逻辑 1 和逻辑 0 不再通过一根导线上电平的高低确定，而是通过一对导线上信号的组合确定。例如，以 H 表示高电平，以 L 表示低电平，则逻辑 1 可以用 HL 表示，逻辑 0 可以用 LH 表示。双轨逻辑可以有效抵抗故障注入攻击，但由于存在电路冗余，其资源消耗大。

5）冗余运算

与双轨道逻辑不同，冗余运算的思想在于比对多次运算结果，从而确认电路是否遭受攻击或存在故障。冗余运算的实现方式有两种：逻辑冗余、重复运算。逻辑冗余方法通过增加重复的运算电路实现故障注入检测。比对原电路运算结果和冗余电路运算结果，如果结果存在差异，则抑制电路输出。重复运算方法通过比较同一电路的多次运算结果实现故障注入检测。

6）电源/时钟毛刺检测电路

电源/时钟毛刺检测电路可以抵抗电源/时钟故障注入攻击。毛刺检测电路检测到电源或时钟攻击后，会抑制电路输出，从而保护芯片内的数据。

7）随机时钟信号或随机延时

许多电路的攻击者会准确计算指令执行的时间，由此可以通过故障注入准确地使处理器跳过某些关键指令，从而使芯片泄露关键数据。而使用随机时钟信号的异步处理器对这种攻击具有很强的抵抗能力。在电路中插入随机延时，破坏数据之间的时序依赖，也可以有效抵抗故障注入攻击。

习题与实验研究

1. 什么是密码分析？

2. 什么是基于数学的密码分析？其主要有哪些分析方法？

3. 什么是侧信道密码分析？其主要有哪些分析方法？

4. 实验研究：编程实现 AES 算法，对其进行代数分析练习，并实验。

5. 实验研究：对 RSA 或者 ECC 密码算法进行一种密码分析，给出分析方案及实验过程。

6. 实验研究：收集你熟悉的亲朋好友的生日并比较，尝试找出生日相同的人。记录找到第一对相同生日时尝试的人数 n。重复若干组该实验，并将具体实验数据与下表中的估计值进行对比。

n	生日不重复的概率	n	生日不重复的概率	n	生日不重复的概率	n	生日不重复的概率	n	生日不重复的概率
1	1.000000	11	0.858859	21	0.556312	31	0.269545	41	0.096848
2	0.997260	12	0.832975	22	0.524305	32	0.246652	42	0.085970
3	0.991796	13	0.805590	23	0.492703	33	0.225028	43	0.076077
4	0.983644	14	0.776897	24	0.461656	34	0.204683	44	0.067115
5	0.972864	15	0.747099	25	0.431300	35	0.185617	45	0.059024
6	0.959538	16	0.716396	26	0.401759	36	0.167818	46	0.051747
7	0.943764	17	0.684992	27	0.373141	37	0.151266	47	0.045226
8	0.925665	18	0.653089	28	0.345539	38	0.135932	48	0.039402
9	0.905376	19	0.620881	29	0.319031	39	0.121780	49	0.034220
10	0.883052	20	0.588562	30	0.293684	40	0.108768	50	0.029626

7. 实验研究：以 RSA 模幂运算的平方-乘算法为例，利用时间分析进行私钥还原的实验。

第8章 密钥管理

密钥管理是实际密码应用首先要面对的问题。本章将详细介绍密钥管理的原理及其相关基础技术。

根据现代密码学的观点,密码的安全性只取决于密钥的安全性,而不在于密码算法的保密性。尽管在密码算法设计阶段并不要求对密码算法本身严格保密,但在实际应用中,对于安全性要求较高的系统,仍然需要保护密码算法的保密性,比如军用密码系统一直将密码算法视为机密信息。此外,密钥必须定期更换以确保保密性。即使采用强大的密码算法,随着时间的推移,敌方截获的密文数量增加,破译密码的可能性也会增加。因此,著名的"一次一密"密码之所以理论上难以破解,其中一个原因就在于每个密钥仅使用一次。而对于计算机网络环境,由于涉及大量的用户和节点,需要管理大量的密钥。密钥的生成、存储、分配等过程都是极具挑战性的问题。如果没有完善的管理方法,将会存在巨大的困难和风险。

密钥管理一直是一个棘手的问题,需要进行复杂、细致的长期工作。它不仅涉及技术问题,还包括管理问题和人员素质问题。在密钥管理过程中,每个环节都必须谨慎对待,否则可能导致意想不到的损失。历史经验表明,相较于直接破解密码,攻击者更倾向从密钥管理的角度获取秘密,因为这通常成本更低。

从技术上看,密钥管理包括密钥的生成、存储、分配、使用、停用、更换、销毁等一系列技术问题。通常将密钥从生成到销毁的整个过程称为密钥的生命周期,具体包括以下几步。

① 密钥产生:密钥可以随机产生、协商产生等以不同的方式产生。密钥在符合国家标准 GB/T 37092 的密码产品中产生是十分必要的,产生的同时可在密码产品中记录密钥关联信息,包括密钥种类、长度、拥有者、使用起始时间、使用终止时间等。

② 密钥分发:是密钥从一个密码产品传递到另一个密码产品的过程,分发时要注意抗截取、篡改、假冒等攻击,保证密钥的机密性、完整性以及分发者、接收者身份的真实性等。密钥分发主要分为人工分发和自动分发。

③ 密钥存储:密钥不以明文方式存储在密码产品外部是十分必要的,并采取严格的安全防护措施,防止密钥被非授权地访问或篡改。公钥是例外,可以以明文方式在密码产品外存储、传递和使用,但仍必须采取安全防护措施,防止公钥被非授权地访问或篡改。

④ 密钥使用：每个密钥一般只有单一的用途，明确用途并按用途正确使用是十分必要的。密钥使用环节需要注意的安全问题是：使用密钥前获得授权、使用公钥证书前对其进行有效性验证。采用安全措施防止密钥的泄露和替换等。

⑤ 密钥更新：为了安全，密钥必须经常更新，为此需要设定更换周期，并采取有效措施保证密钥更换时的安全性。密钥更新发生在密钥超过使用期限、已泄露或存在泄露风险时，根据相应的更新策略进行更新。

⑥ 密钥归档：如果信息系统中有密钥归档需求，则根据实际安全需求采取有效的安全措施，保证归档密钥的安全性和正确性。需要注意的是，归档密钥只能用于解密该密钥加密的历史信息或验证该密钥签名的历史信息。如果执行密钥归档，则有必要生成审计信息，包括归档的密钥、归档的时间等。

⑦ 密钥撤销：一般针对公钥证书对应的密钥。当证书到期后，密钥自然撤销；也可以按需进行密钥撤销。撤销后的密钥不再具备使用效力。

⑧ 密钥备份：对于需要备份的密钥，采用安全的备份机制对密钥进行备份是必要的，以确保备份密钥的机密性和完整性，这与密钥存储的要求是一致的。备份的密钥处于不激活状态，只有完全恢复后才可以激活。

⑨ 密钥恢复：可以支持用户密钥恢复和司法密钥恢复。密钥恢复行为是审计涉及的范围，因此需要生成审计信息，包括恢复的主体、恢复的时间等。

⑩ 密钥销毁：要注意的是销毁过程的不可逆，即无法从销毁结果中恢复原密钥。密钥进行销毁时，应当删除所有密钥副本(但不包括归档的密钥副本)。密钥销毁主要有两种情况：正常销毁和应急销毁。

由此可知，密钥管理旨在全面管理密钥的整个生命周期各个阶段的密钥安全。

密钥的类型不同，对应的密钥管理方式也应不同。目前，密钥主要有以下几种。

① 长期密钥：是设计用来在较长的时间周期内使用的密钥。它们通常更加敏感，因为它们的泄露可能导致长期的安全问题，通常用于生成短期密钥或会话密钥、加密存储在数据库中的敏感数据，或者作为非对称密码中的私钥用于数字签名。

② 文件加密密钥：通常是独特的，用于加密和解密特定的文件或文档。这类密钥的长度足以提供所需的安全级别，它们可以在文件加密软件中自动生成。文件加密密钥的目的是确保文件内容的保密性，只有持有相应密钥的用户才能解密和访问被加密的文件。文件加密密钥的生存周期一般比较长，只要被加密的文件存在，文件密钥就必须存在，否则加密文件就无法解密。

③ 认证密钥：是用于证明用户、设备或服务身份的密钥，通常用于在身份验证过程中生成或验证认证凭据，如口令认证系统、数字签名等，确保通信双方是可信的。

④ 身份密钥：通常是非对称密钥中的私钥，代表了一个实体的数字身份。身份密钥用于证明一个实体的身份，通常与数字证书配合使用，用于建立安全的通信。

⑤ 会话密钥：是一次性的对称密钥，为单次会话或通信提供加密，主要用于在特定通信会话中加密消息，保护会话期间传输的数据的保密性。

⑥ 证书密钥：通常指与数字证书相关联的公钥，用于建立身份的信任关系，比如TLS/SSL 证书用于网站认证，允许客户端验证服务器的真实性。

不同类型的密码体制会导致不同的密钥管理方法。例如,公钥密码和传统密码在密钥管理方面存在显著的差异。

8.1　密钥管理的原则

密钥管理被视为一个全面的系统工程,要求从宏观角度全面考量,注重每一个细节,通过精确细致的实施和全面深入的测试有效面对密钥管理的诸多挑战。因此,掌握一些基础原则是解决密钥管理问题的起点。

1. 区分密钥管理的策略和机制

密钥管理的策略为整个系统提供高层次的指导,侧重原则而非执行细节。机制则是策略的具体执行和技术实现。优秀的管理策略若无有效的执行机制,不能保障密钥的安全性。同样,没有有效的机制,最好的策略也无法实际应用。策略应当原则性强、简洁明了,而机制则详尽且复杂。

2. 全程安全原则

在密钥的整个生命周期中,包括生成、存储、分配、使用、停用、更换及销毁等环节,都必须严格遵守安全标准(如 GB/T 3709—2018、GM/T 0028—2014、ISO/IEC 11770)。实施严格的安全管理。仅当所有阶段均安全时,密钥才确保安全。任何一个环节的安全漏洞,都可能导致密钥的泄露。对关键密钥而言,除使用阶段可能以明文存在外,其余时间均不应明文显示。

3. 最小权限原则

在密钥管理中,应仅向用户分配完成特定任务所必需的最小密钥集合。这种做法限制了用户的权限,从而降低了他们访问不必要信息的可能性。密钥数量直接关联到用户的权限范围:拥有更多密钥的用户具有更广泛的访问权限,从而能接触到更多的数据和信息。此原则的实施有助于减少因用户滥用权限而引发的安全漏洞。如果用户的行为不当或恶意,他们持有的密钥越多,潜在危害的范围越广,严重性越大。

4. 职责分离原则

一个密钥应专用于一个功能,避免单一密钥多重用途。这一方法有助于提高系统的安全性,因为它限制了单一密钥的访问范围和影响力。例如,一个用于数据加密的密钥不应该用于认证过程中,这样做可以避免一个密钥的泄露会影响到多个安全领域。类似地,文件加密和通信加密应该使用不同的密钥,以确保即使其中一个密钥被破解,也不会威胁到其他数据的安全。

5. 密钥分级原则

在大型系统如网络系统、云计算系统或物联网系统中,密钥管理的复杂性显著增加,这些系统通常需要多种密钥来保证数据的安全、系统的完整性和通信的保密性。而对于密钥的种类和数量庞大的情况,传统的管理方式可能导致效率低下和安全漏洞。因此,采用分级策略对密钥进行管理变得尤为重要。密钥分级策略是通过将密钥按其职责和重要性分为不同的级别,从而简化管理过程,增强安全性。密钥一般可以分为高级密钥(主密钥)、密钥加密密钥和初级密钥,如图 8-1 所示。例如,会话密钥、文件加密密钥属于初级密钥。在这种策略中,高级密钥(主密钥)用来保护密钥加密密钥,密钥加密密钥用来保护初级密钥,最高级的密钥由物理、技术和管理共同保护,形成一种层次性的保护结构。这样的层次化管理不仅有助于减少需要直接保护的密钥数量,而且通过将密钥的保护重点放在少数几个高级密钥上,可以更集中地应用物理、技术和管理资源确保这些关键密钥安全。

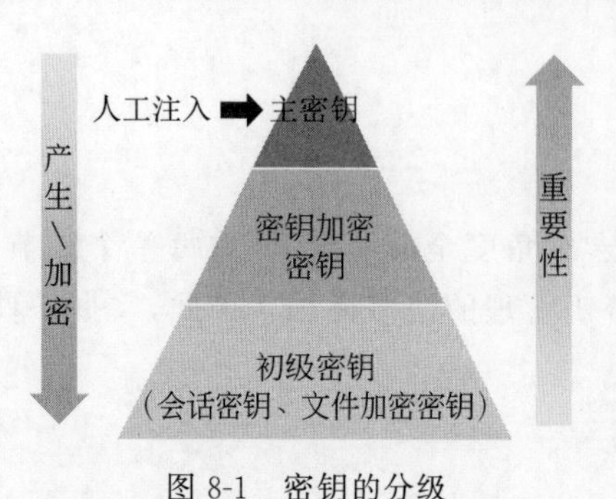

图 8-1　密钥的分级

6. 密钥更换原则

定期更新密钥是必要的措施。即便使用了安全的密码,随着时间的推移,攻击者获取的密文量增加,解密的风险也相应上升。最佳状况是每个密钥仅用一次,然而,实现绝对的一次性密钥在现实中是不切实际的。通常,初级密钥遵循一次一密的原则,中级密钥的更新频率较低,而主密钥则更新得更不频繁。频繁更换密钥虽然更安全,但相应地增加了管理难度。在实践中,需要在安全性与便利性之间找到平衡点。

7. 密钥必须满足安全性指标

在加密系统中,密钥扮演着至关重要的角色,它必须达到一定的安全标准。比如,密钥的长度需充分长。通常,更长的密钥代表更大的密钥空间,这会增加攻击者破解的难度,从而提高了安全性。过短的密钥容易受到暴力破解的威胁。然而,密钥长度的增加会对密码系统的软件和硬件实施造成更高的资源消耗,并增加管理的复杂性。不同的密码体系对密钥的安全要求也有所区别。传统的对称密码学中,密钥通常是一串遵循随机性的标准的随机数或随机序列。而在公钥密码学中,密钥并非纯粹的随机数,它们必须满足特定的数学条件,同时也需达到既定的安全标准。另外,根据密钥的不同类型,它们需符合的安全标准也各有差异,这是为了平衡安全性、效率和成本之间的关系。

8. 密码体制不同,密钥管理也不相同

由于传统密码体制与公开密钥密码体制是性质不同的两种密码,因此它们在密钥管理方面有很大的不同。

下面分别讨论传统密码体制和公开密钥密码体制的密钥管理。

8.2 传统密码体制的密钥管理

传统密码体制,即对称密码体制或单钥密码体制,典型特征是加密和解密使用的密钥相同(见图 8-2)。传统密码体制的安全性取决于密钥的长度,一般而言,密钥长度越长,密钥空间越大,密码体制就越难被暴力破解。因此,在传统密码体制的密钥产生、密钥分

发、密钥存储、密钥使用、密钥更新和密钥销毁等全密钥生命周期中实现安全的密钥管理至关重要。

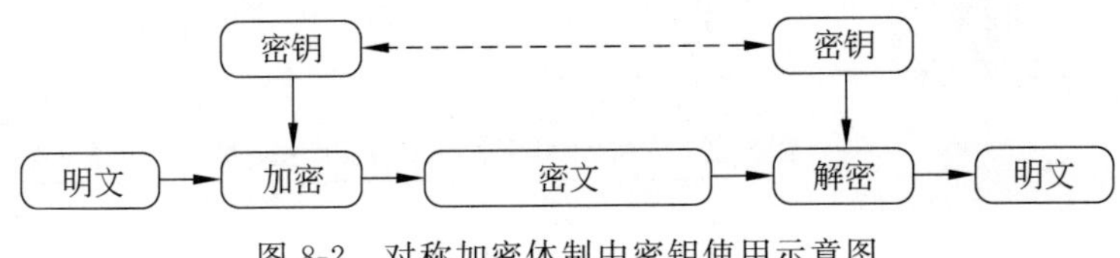

图 8-2　对称加密体制中密钥使用示意图

8.2.1　密钥产生

传统密码体制中，生成对称密钥时不仅需要考虑密钥长度，更需要保证密钥的随机性。随机性是密钥安全性的关键因素。一个真正随机的密钥意味着密钥空间中每个可能的密钥被选中的概率是相同的，这样攻击者就无法通过任何已知的模式或规律预测密钥。因此，使用高质量的随机数对于创建安全的对称密钥至关重要。

理想情况下，生成对称密钥的最佳方法是使用专业的硬件随机数生成器(Hardware Random Number Generator，HRNG)，也称真随机数生成器(True Random Number Generator，TRNG)。HRNG 是一种利用物理过程生成真正随机数的装置，这种装置通常基于一些能产生低水平且统计学随机的“噪声”信号的微观现象，如量子现象、热噪声、光电效应等。硬件随机数生成器的随机性就来源于这些在理论上是完全不可预测的物理过程。然而，使用 HRNG 获取的真随机数面临成本高、生成速度慢、环境依赖性强等局限性。而且，HRNG 所产生的真随机数通常存在其统计随机特性不够好的缺陷，这就使得我们在实际应用中并不总是一定使用真随机数，于是便衍生出了对伪随机数的需求。

伪随机数生成器(Pseudo Random Number Generator，PRNG)，也被称为确定性随机比特生成器(Deterministic Random Bit Generator，DRBG)，是一个用来生成接近真随机数序列的算法。PRNG 需要依赖一个初始值，即随机种子，产生能以假乱真的对应伪随机数序列。通常，PRNG 产生的随机数仅满足伪随机性，但单纯的伪随机性无法满足密码学领域对随机数的要求。在统计意义随机的基础上，密码学安全伪随机数生成器(Cryptographically Secure Pseudo Random Number Generator，CSPRNG)所生成的随机数还需要具备不可预测性。例如，有一些伪随机数生成器可用于游戏和模拟算法，尽管这些伪随机数生成器所生成的数列看起来也是随机的，但只要不是专门为密码学用途设计的，就不能用来生成密钥，因为这些伪随机数生成器不具备不可预测性这一性质。

在实际应用中，密钥生成采用密钥分级生成策略，针对主密钥、密钥加密密钥和初级密钥采用不同的生成方法，如图 8-3 所示。

8.2.2　密钥分发

传统密码体制中，通信双方(主机、进程、应用程序)在进行保密通信前，首先必须共享一个相同的秘密密钥，同时，为了防止其他人(即攻击者)得到密钥，还必须时常更新密钥。因此，基于传统密码体制的系统安全还取决于密钥分配技术。如图 8-4 所示，给定两个通信参与方 Alice 和 Bob，分发共享密钥的方法有以下几种。

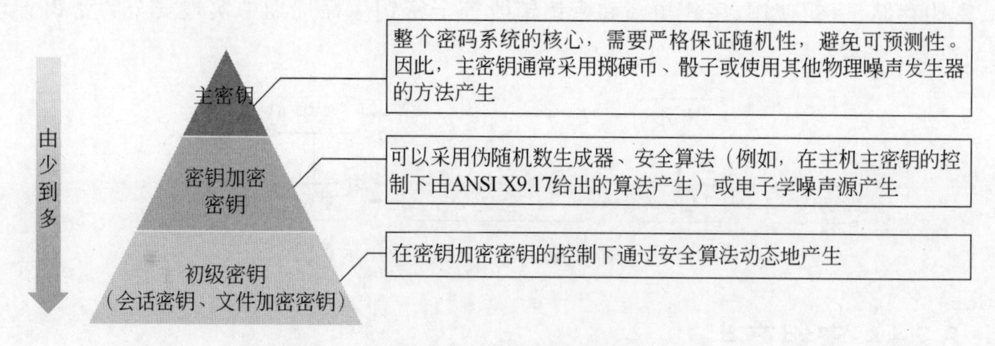

图 8-3　对称密码体制的密钥分级生成策略

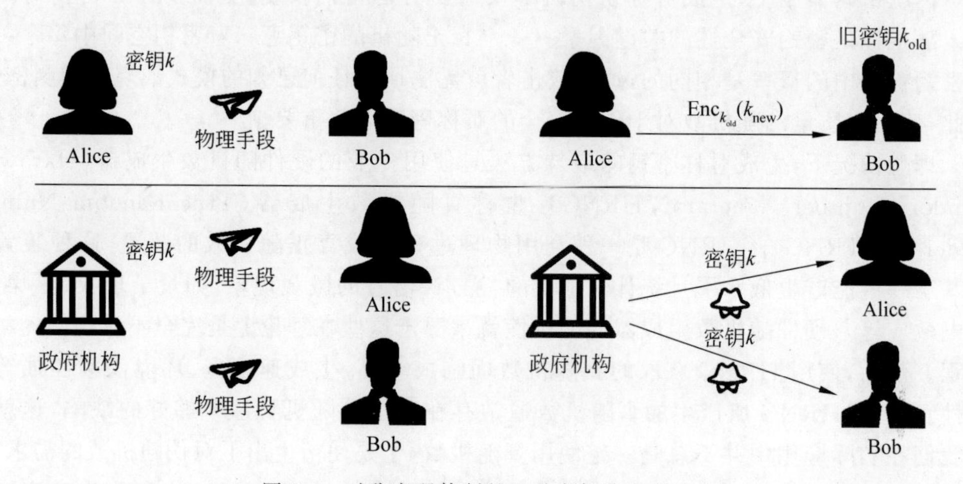

图 8-4　对称密码体制的 4 种密钥分发方法

(1) 参与方 Alice 选取一个密钥并通过物理手段发送给 Bob。

(2) 可信第三方选取一个密钥并通过物理手段发送给 Alice 和 Bob。

(3) 若通信双方 Alice、Bob 拥有一个先前使用过的密钥,那么 Alice 或 Bob 可以选取一个新的密钥,并使用已有的密钥加密新的密钥共享给另一方。

(4) 若 Alice 和 Bob 分别与第三个参与方 Candy 拥有一个安全信道,那么 Candy 可以选取一个密钥,并分别通过安全信道发送给 Alice 和 Bob。

前两种方法均需要依赖物理手段手动分发密钥,也可称为人工交付。假设系统中只有有限数量的用户终端需要进行加密通信,尚且可以使用人工交付进行密钥分发。然而,当扩展到更为复杂的网络环境时,人工交付是不切实际的。假定系统中有 N 个用户终端,若每一对需要通信的终端都需要一个密钥,那么需要的密钥数量为 $N(N-1)/2$。随着用户终端数量 N 的增大,密钥数量呈指数级增加,此时人工交付的方式是不可行的。

对第三种方法,攻击者一旦获得一个密钥,就可获取以后所有的密钥;再者,对所有用户分配初始密钥时,代价仍然很大。

第四种方法比较常用,其中的第三方通常是一个负责为用户分配密钥的密钥分配中心。这时每一用户必须和密钥分配中心有一个共享密钥,称为主密钥。通过主密钥分配给一对用户的密钥称为会话密钥，用于这一对用户之间的保密通信。通信完成后，会话密钥即被销毁。如上所述，如果用户终端数目为 N，则会话密钥的数目仍为 $N(N-1)/2$，但主密钥数只需 N 个，所以主密钥可通过物理手段发送。不同对称密钥分发方法的特点总结见表 8-1。

表 8-1 不同对称密钥分发方法的特点总结

方法	物理手段	需要第三方	特点
方法 1	是	否	当有 N 个用户时，密钥数为 $N(N-1)/2$，因此当 N 很大时，人工分法密钥是不可行的
方法 2	是	是	
方法 3	否	否	攻击者一旦获得一个密钥，就可以获得以后所有的密钥；分配初始密钥代价大
方法 4	否	是	会话密钥的数目仍为 $N(N-1)/2$，但主密钥数只需 N 个

8.2.3 密钥存储

密钥存储是密钥管理中的一个十分重要的环节，而且也是比较困难的一个环节。所谓密钥存储，就是要确保密钥在存储状态下的秘密性、完整性和可用性。由于密钥在大多数时间内是静态的，因此如何安全地存储密钥是密钥管理的核心问题。安全可靠的存储介质是密钥安全存储的物质条件，安全严密的访问控制是密钥安全存储的管理条件。只有当这两个条件同时具备时，才能确保密钥的存储安全。密钥的存储形态一般分为明文形态（即密钥以明文形式存储）和密文形态（即密钥以密文形式存储）。

同样，密钥存储管理依旧遵循分级策略，对主密钥、密钥加密密钥和初级密钥分别采用不用的策略和原则进行存储和管理，如图 8-5 所示。

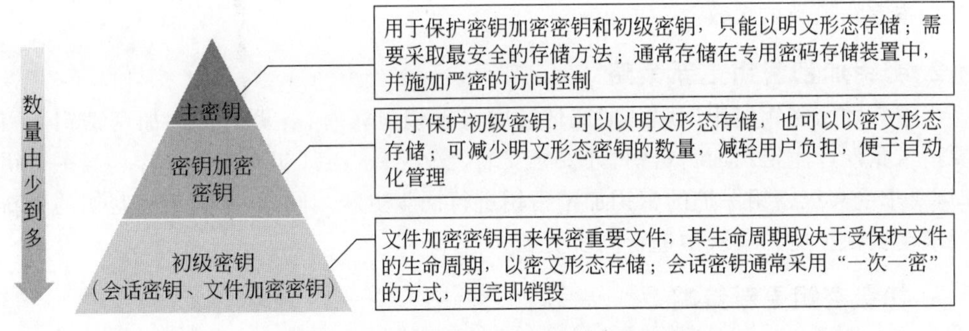

图 8-5 对称密码体制的密钥分级存储策略

主密钥是系统中最高级的密钥，主要保护密钥加密密钥和初级密钥，只能以明文形态存储。主密钥要求最高等级的安全保护，且具有很长的生命周期，需要采取最安全的存储方法。主密钥通常存储在物理和逻辑均是安全的专用密码存储装置中，并施加严密的访问控制。

密钥加密密钥用于保护初级密钥，它可以以明文形态存储，也可以以密文形态存储。

如果以明文形态存储,则要求存储器必须是高度安全的,最好与主密钥一样存储在专用密码装置中,并施加严密的访问控制。如果以密文形态存储,则可降低对存储器的要求。通常采用以主密钥加密的形态存储密钥加密密钥,这样可减少明文形态密钥的数量,减轻用户负担,便于自动化管理,有利于提升系统安全性。

初级密钥包含两种性质不同的密钥:文件加密密钥和会话密钥。因此,其存储方式也不相同。文件加密密钥用来保密重要文件,其生命周期取决于受保护文件的生命周期。因此,一般采用密文形态进行妥善地存储。会话密钥用来进行保密通信,通常采用"一次一密"的方式工作,使用时动态地产生,使用完毕后立即销毁,生命周期很短。因此,会话密钥的存储空间是工作存储器,应当确保工作存储器安全。

8.2.4 密钥更新

密钥更新是密钥管理中非常麻烦的一个环节,必须周密计划、谨慎实施。当密钥的使用期限已到,或怀疑密钥泄露时,密钥必须更新。密钥更新越频繁,系统的安全性就越高,但是密钥管理也就越麻烦。所以,在执行密钥更新操作时,需要在安全和效率之间进行取舍。

密钥更新遵循密钥分级策略,以主密钥、密钥加密密钥和初级密钥的密钥分级策略为例,各等级密钥的更新策略如下。

1. 主密钥更新策略

主密钥是系统中最高级的密钥,主要保护密钥加密密钥和初级密钥。高级密钥的生命周期很长,因此由于使用期限到期而更新主密钥的时间间隔也很长。因为使用期限已到或怀疑密钥泄露而更新高级密钥,必须重新产生主密钥并安装,安全要求与其初次安装一样。此外,主密钥的更新将会导致受其保护的密钥加密密钥和初级密钥进行同步更新。由此可见,主密钥的更新极为麻烦。因此,应当采取周密的措施确保高级密钥安全,尽可能减少主密钥更新的次数。

2. 密钥加密密钥更新策略

当密钥加密密钥使用期限到期或怀疑中级密钥泄露时,要更新密钥加密密钥。用户需要请求重新产生密钥加密密钥,并妥善安装,安全要求与其初次安装一样。当主密钥更新时,要求受高级密钥保护的密钥加密密钥进行同步更新。同样,密钥加密密钥的更新也将要求受其保护的初级密钥进行同步更新。

3. 初级密钥更新策略

会话密钥采用"一次一密"的方式工作,因此更新是极容易的。相较于会话密钥,文件加密密钥的更新显得相对烦琐。当文件加密密钥需要更新时,首先必须将原来的密文文件解密,其次才能使用新的文件加密密钥重新加密受保护的文件。

8.2.5 密钥销毁

密钥销毁是确保信息安全的关键步骤。当密钥不再需要或者存在安全风险时,及时而彻底地销毁密钥至关重要。密钥的销毁可以通过多种方式实现,包括物理销毁和逻辑销毁。

物理销毁是指将存储密钥的物理介质完全摧毁，确保密钥无法被恢复。这包括磁盘碎裂、烧毁或者化学处理等方法。物理销毁通常适用于硬件安全模块（Hardware Security Module，HSM）等设备，确保即使设备被盗或者丢失，密钥也无法泄露。

逻辑销毁则是通过数学算法或者密码学方法擦除密钥，使其不再可用。这包括对密钥进行加密后再销毁原始密钥、使用安全删除算法擦除存储介质上的密钥数据等方式。逻辑销毁通常用于软件实现的密钥管理系统中。

无论是物理销毁还是逻辑销毁，都需要严格的管理和监控，以确保密钥的销毁过程不会中断或者泄露。同时，销毁密钥的记录和审计也是必不可少的，以便追踪和验证密钥销毁的有效性。密钥的安全销毁是信息安全管理中不可或缺的一环，对于保护敏感数据和防止数据泄露至关重要。

8.3　公开密钥密码体制的密钥管理

本章将聚焦公开密钥密码体制下的密钥管理。在传统的对称密码体制中，加密和解密是使用同一个密钥进行的。这种方式要求密钥的秘密性和完整性都必须严格保护。因为一旦密钥泄露，任何人都可以解密那些加密的信息。而在公开密钥密码体制中，情况则大为不同。在公开密钥密码体制下，公开密钥体制引入了两个不同的密钥：公钥用于加密信息，私钥用于解密。其密钥的独特双重结构引入了一系列与传统对称密钥管理不同的挑战。由于公钥在计算上不能推导出对应的私钥，这就允许公钥被公开分享，而无须担心信息解密的风险。因此，公钥的秘密性不是问题，但其完整性极为关键：一旦公钥被篡改，加密的信息可能就会落入非法接收者手中。此外，私钥的安全性更是至关重要，因为它的泄露直接威胁到加密系统的核心安全。私钥的秘密性和完整性都必须得到保护，确保只有授权用户才能访问和使用。

8.3.1　密钥产生

与传统密码体制依赖单一随机密钥不同，公开密钥密码体制涉及一对密钥：公钥和私钥。这对密钥必须满足一定的数学关系，以支持加密和解密过程，其中公钥可公开，而私钥必须保密。在公开密钥密码体制中，密钥产生通常依赖于单向陷门函数。这类函数易于计算但难以逆向，这种特性使得公钥可以安全地公开，而不必担心私钥被推导出来。公开密钥算法基于某些公认的数学难题，例如 RSA 算法基于大整数分解问题，而椭圆曲线密码（ECC）算法基于椭圆曲线上的离散对数问题。

为确保密码系统的安全性，生成密钥的过程至关重要，涉及多个关键的步骤和参数的精心挑选。以 RSA 算法为例，其安全性部分依赖于两个较大素数 p 和 q 的选取。这两个素数应足够大，以确保产生的模数 n 在现有计算技术下不可被分解，从而保障加密过程安全。此外，公钥 e 与私钥 d 必须符合特定的数学条件，以保证加解密过程准确无误。当前的计算标准建议，为了达到足够的安全防护，p 和 q 的长度应至少为 512～1024 位，

进而使得 n 的长度在 1024～2048 位。除了长度要求，p 和 q 还必须是随机生成的，以避免任何可预测性；它们之间的差异应当显著，以免暴露潜在的安全漏洞；$p-1$ 和 $q-1$ 的最大公因数应该尽可能小，以降低破解风险；同时，公钥 e 和私钥 d 都不应该设置得过小，以避免潜在的安全威胁。

8.3.2 密钥分发

和传统密码一样，公开密钥密码体制在应用时也需要进行密钥分发。但是，公开密钥密码体制的密钥分发与传统密码体制的密钥分发有本质的差别。由于传统密码体制中只有一个密钥，因此在密钥分发中必须同时确保密钥的秘密性和完整性。而公开密钥密码体制中有两个密钥，在密钥分发时必须确保其保密的解密钥的秘密性和完整性。因为公开的加密钥是公开的，因此分发公钥时，不需要确保其秘密性。然而，却必须确保公钥的完整性，绝对不允许攻击者替换或篡改用户的公钥。如果公钥的完整性受到危害，则基于公钥的各种应用的安全性将受到危害。

中间人攻击是一种常见的网络安全威胁，攻击者在通信双方之间拦截、修改或重新传递用以进行欺骗的信息。例如，图 8-6 中，在未加密的网络通信中，中间人可能会拦截发送的公钥，并替换为自己的公钥，然后继续传递伪造的信息，使通信双方均以为是与对方直接对话，实际上所有的通信都通过攻击者进行转发。

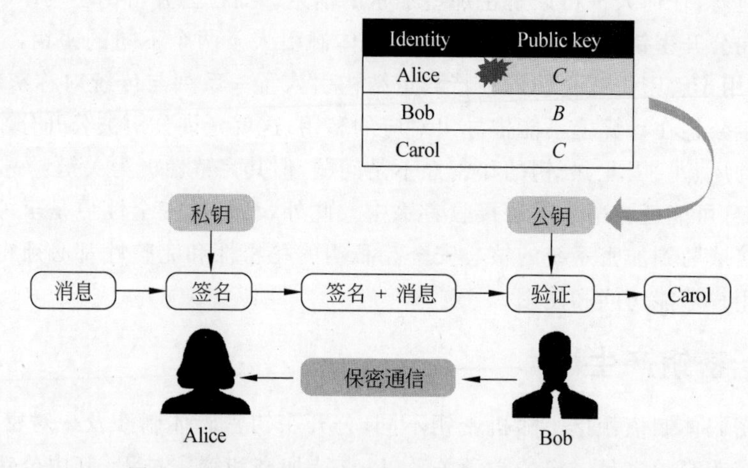

图 8-6　Carol 冒充 Alice 欺骗 Bob 进行中间人攻击

8.3.3 公钥基础设施

为了防止这种攻击，公钥基础设施(Public Key Infrastructure，PKI)提供了一种确保通信双方公钥完整性和真实性的方法。在 PKI 体系中，每个公钥都由一个可信的第三方机构，即证书授权中心(Certificate Authority，CA)，签发数字证书来验证。这个数字证书不仅包含公钥本身，还包括证书持有者的身份信息以及 CA 的数字签名。当通信双方交换数字证书时，他们可以利用已知的 CA 公钥验证对方证书中的签名，确保获得的公钥未被篡改且确实属于交流的对方。此外，通过使用数字证书，即使在通信过程中数据被拦截，没有对应的私钥，攻击者也无法解密通过公钥加密的信息。基于 PKI 对中间人攻击的防御如图 8-7 所示。

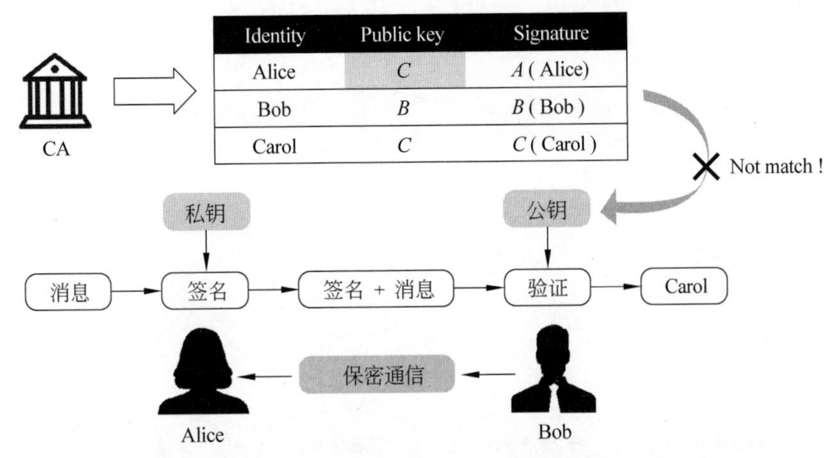

图 8-7　基于 PKI 对中间人攻击的防御

数字证书是 PKI 中最基础的组成部分。此外，PKI 还包括签发证书的机构 CA，注册登记证书的机构，存储和发布证书的目录，时间戳服务，管理证书的各种软件和硬件设备，证书管理与应用的各种标准、政策和法律。

1. 数字证书

数字证书如同现实生活中的身份证件，是网络世界中用于验证身份和加密通信的电子凭证。它在数字通信和交易中起到了桥梁的作用，使得在复杂的网络环境中建立信任成为可能。在信息技术蓬勃发展的今天，数字证书的重要性愈发凸显，它们不仅是加强网络安全的一道防线，更是实现电子商务和保密通信的关键。当我们在网络上浏览网页、发送电子邮件或进行在线交易时，数字证书在背后默默地发挥作用，它保证了网站的身份真实性，确保了我们所发送的信息只能被预订的接收者阅读。通过使用证书中的公钥进行加密，即使数据在传输过程中被截获，没有对应的私钥也无法解密，这为网络交易提供了一层必要的保护。

CA 在数字证书生态中扮演着守护者的角色。作为一个受信任的第三方机构，CA 的职责包括验证证书申请者的身份、生成证书以及管理证书的生命周期，包括证书的更新和撤销。数字证书通常包含公钥、证书持有者的身份信息以及 CA 的签名。这个签名是对公钥和身份信息真实性的担保，任何篡改都会导致签名验证失败，从而保护了用户的交易和通信不被欺诈。

在数字证书体系中，如果需要与其他任何注册过的用户安全交流，只需向 CA 请求对方的数字证书。我们可以使用 CA 的公钥验证这份证书上的签名，如果签名检验无误，便可确认得到了一个真实可信的公钥。数字证书是公开的，就像电话簿一样可以随意查看。这样，数字证书的公开性和 CA 的签名保护结合起来，确保了公钥的安全传播。这样，就连最狡猾的网络攻击者也无法伪造一个有效的数字证书，因为他们无法复制 CA 的数字签名。所以，只要我们信任 CA，就可以信任其签发的数字证书。

CA 自己也用同样的方式保护自己的公钥——通过自签的证书。我们只需获取这张CA 的证书,这样整个公钥的分配都通过证书形式(见图 8-8)进行。

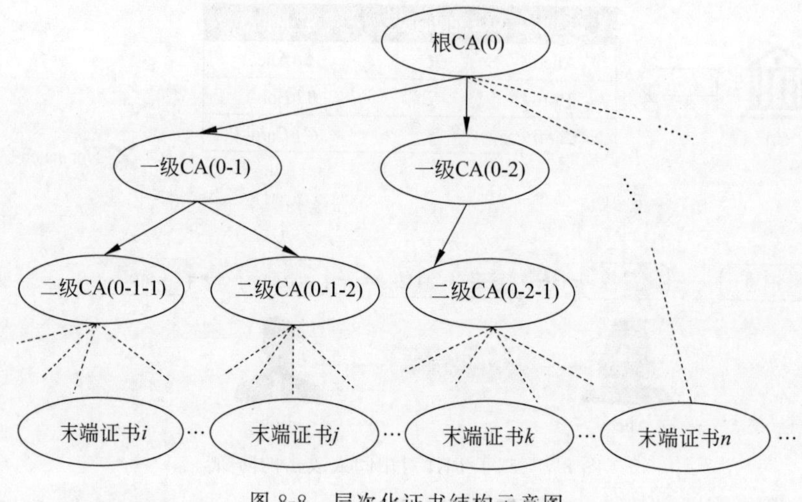

图 8-8 层次化证书结构示意图

2. 数字证书管理

数字证书的维护和管理是一个复杂的过程,涉及多个参与方和技术步骤。证书的颁发、更新、使用和撤销都需要高效且安全的流程来执行。这一系列操作通常遵循国际标准,如 X.509 标准,该标准规定了数字证书的格式和管理方法,提供了全球通用的框架。X.509 标准不仅规范了数字证书的格式,还为证书的验证过程提供了严密的框架。这个标准确定了包括公钥、证书持有者信息、签发者信息以及其他扩展属性在内的证书内容。当使用数字证书时,这些信息将用于验证证书的有效性及其签发者的合法性。证书的签发者通常是一个 CA 机构,而证书的持有者则可能是个人、企业或者某个服务的提供者。

数字证书的颁发和管理是基于信任模型构建的。在这个模型中,所有参与者(包括证书的申请者、使用者、签发者),都必须遵循一系列严格的规则和协议,这确保了数字证书体系中的每一环节都能维持高标准的安全性和可信度。每一张证书都是经过了严格审查和验证的结果,意味着其包含的信息是可被信任的。注册机构(Registration Authority,RA)和 CA 通常需要协同工作,RA 处理初步的身份验证和信息收集,而 CA 则负责最终的证书签发。

在数字证书的使用中,证书验证就像一个关键的检查点。无论何时,当有任何一方需要验证对方身份或是开展加密通信时,数字证书都能提供必要的信息和保障。这种验证过程依赖 CA 公钥的广泛接收和使用,CA 公钥能验证数字证书上的签名是否为 CA 所签发,从而确保了在数字通信中身份验证的可靠性和信息安全。

但是,正如现实世界中的身份证件有时候会过期或者被撤销一样,数字证书也面临类似的情况。证书的撤销可能有多种原因,例如密钥的泄露、用户身份的变更或是服务的终止。因此,CA 不仅负责证书的颁发,也负责对不再有效或者不再安全的证书进行管理和撤销。这一过程至关重要,因为它确保了整个数字证书体系的纯净性和安全性。证书撤销列表(Certificate Revocation List,CRL)作为一个重要的组件,记录所有被撤销证书的详细信息,它让用户能够及时了解哪些证书不再可信,这是确保 PKI 体系持续运行的关键部分。用户在进行任何基于证书的操作之前,都需要检查相应的 CRL,以避免使用已撤销的证书。为了便于用户快速地验证某个证书是否有效,除 CRL 外,还有一种被称为在线证书状态协议(Online Certificate Status Protocol,OCSP)的机制。与 CRL 每隔一段时间发布整个被撤销证书列表的方式不同,OCSP 作为一种更加灵活的验证方式,提供了即时查询个别证书状态的能力。OCSP 允许用户对单个证书进行实时验证。用户可以向 OCSP 服务发送一个查询请求,以得知特定证书当前的状态。迅速响应用户的查询请求,立即返回证书的当前状态,这种实时性显著提升了用户在网络上操作的安全性和便捷性。它解决了传统 CRL 在信息更新上的延迟问题,让证书的状态检查变得更加准确、及时。无论是 CRL 还是 OCSP,它们都是 PKI 体系中确保数字证书有效性的关键组件。它们共同作用,维护了一个强大的、多层次的安全网络,使得个人和机构能在这个数字时代中放心地进行通信和交易。

总的来说,在整个数字证书的应用过程中,证书的申请、发行和撤销形成了一个闭环,确保了整个网络环境的安全性。在数字证书管理系统中,RA 作为中介机构,负责验证申请者的信息,并将其传递给 CA。CA 对 RA 的工作进行复核,并进行额外的验证,以确保证书的真实性。签发后的证书让用户能安全地进行网络通信,证书中的公钥用于加密信息,保证信息安全。证书可能因多种原因需要废止,并需及时更新撤销证书列表(CRL),用于确认证书状态。在线证书状态协议(OCSP)也提供了一个即时的验证方法,解决了 CRL 更新延迟的问题,使证书状态更准确、及时。

随着数字化时代的深入发展,数字证书在确保网络安全方面的作用日益凸显。这一体系不仅提高了个人和企业在网络空间的信任度,同时也推动了电子商务和云服务等新兴业务的快速发展。对于用户来说,数字证书和 PKI 体系提供了一种可以信赖的安全保障,它让我们在广阔的数字世界中,无论是工作还是休闲,都能够享受到安全、可靠、私密的网络环境。

8.3.4　基于门限的密钥管理

在移动互联网环境中,移动设备(例如智能手机、平板电脑等终端设备)自身也存在一些安全隐患:①移动设备易丢失或被盗,导致内部包含的密钥易丢失或被窃取;②移动设备搭载的操作系统及第三方程序可能存在漏洞,易被攻击者利用进行冷启动等攻击,导致用户密钥信息泄露;③移动设备可能包含恶意软件,导致用户执行数字签名时数据被攻击者截获。对于此类问题,一种比较常见的解决方法是将密钥分割为多份,比如门限秘密共享。基于门限秘密共享的解决方案由 Shamir 教授于 1979 年提出。方案中,密钥被分割为多个部分,并分配给一组实体,只有当足够多的实体(即达到预设的门限值)汇聚时,才能恢复完整的私钥,并进行签名或解密操作。这样的分散管理方式,大幅提升了密钥的安全性和抗攻击能力。

然而,传统的门限秘密共享机制存在一定的风险,一旦私钥被恢复,拥有完整私钥的实体即可在无监督的情况下进行签名,这可能导致潜在的安全隐患。为了解决这一问题,两方协同签名将私钥同样分割并存储在两个实体中,但签名操作不需要恢复私钥,而是通过两方的交互式协议完成。这个协议设计巧妙地保证了在签名过程中不会泄露任何一方持有的私钥片段,从而确保了整个签名过程的安全性。下面以中国数字签名标准 SM2 为例,介绍两方协同签名的工作流程,在该方案中,生成 SM2 数字签名涉及两个参与方:客户端 U 和服务器 S。协议内容包括密钥生成协议和协同签名协议,其中密钥生成协议执行一次,协同签名协议可以执行若干次。

1. 密钥生成协议

在 SM2 密钥生成协议中,客户端(记作 U)和服务器(记作 S)共同参与完成。具体步骤如下。

① 客户端 U:在有限域 $\mathbb{Z}_n$ 中选择第一个随机数 d_U 作为其部分私钥,并计算对应的部分公钥 $D_U=d_U^{-1}\cdot G$。之后,客户端将 D_U 及其身份标识 ID_U 发送给服务器 S。

② 服务器 S:类似地,在有限域 $\mathbb{Z}_n$ 中选择第二个随机数 d_S 作为其部分私钥,并计算第二部分公钥 $D_S=d_S^{-1}\cdot G$。然后,服务器返回 D_S 给客户端 U。

客户端 U 和服务器 S:各自使用收到的信息计算最终的协同公钥 $P_{\mathrm{pub}}=(d_U^{-1}d_S^{-1}-1)\cdot G$。具体来说,客户端 U 计算 $P_{\mathrm{pub}}=d_U^{-1}\cdot D_S-G$,而服务器 S 计算 $P_{\mathrm{pub}}=d_S^{-1}\cdot D_U-G$。

2. 协同签名协议

在协同签名阶段,客户端 U 和服务器 S 使用密钥生成阶段得到的信息,一起生成关于消息 M 的 SM2 签名,具体步骤如下。

① 客户端 U:在有限域 $\mathbb{Z}_n$ 中选择第三个随机数 k_U 作为部分临时私钥,并计算第一部分临时公钥 $K_U=k_U\cdot G$,随后客户端 U 将 K_U 发送给服务器 S。

② 服务器 S:在有限域 $\mathbb{Z}_n$ 中选择第四个随机数 k_S,结合 k_S 和 K_U 计算临时公钥 $K=(x_1,y_1)=d_S\cdot(k_S\cdot G+K_U)=(k_S\cdot d_S+k_U\cdot d_S)\cdot G$。之后,服务器 S 计算第一部分签名 $r=x_1+H(Z\parallel M) \bmod n$,并生成中间变量 $s_1=d_S^{-1}\cdot r+k_S \bmod n$。计算完成后,服务器将 (r,s_1) 发送回客户端 U。

③ 客户端 U:客户端接收到服务器 S 发送的 (r,s_1) 后,进行下一步计算。客户端 U 计算第二部分签名 $s=d_U\cdot(s_1+k_U)-r \bmod n$,从而得到关于消息 M 的完整 SM2 签名 $\delta_M=\{r,s\}$。

完成签名生成后,客户端 U 使用 SM2 签名验证算法验证 δ_M 是否为关于 M 的有效签名。若验证正确,则输出签名 δ_M,否则终止协议。

可以看到,整个方案并未改变 SM2 签名方案的系统参数及椭圆曲线,关于 SM2 的系统初始化部分则可参考《SM2 椭圆曲线公钥密码算法》规范。

在公钥密码体制下的密钥管理,通过精确的规范和周到的流程,提供了一个强有力的安全基础。它不仅关乎个人隐私的保护和数据的安全,还涉及整个社会的信任机制和信息系统的健康运行。我们对这个体系的信任和依赖,构筑了我们在信息时代中不可或缺的安全防线。

8.3.5　中国商用密码 SM2 椭圆曲线公钥密码密钥交换协议

密钥交换协议是两个用户 A 和 B 通过交互的信息传递，用各自的私钥和对方的公钥商定一个只有他们知道的秘密密钥。这个共享的秘密密钥通常用在某个对称密码算法中。SM2 密钥交换协议是中国国家密码标准中规定的一种基于椭圆曲线密码算法的密钥交换协议。其主要目的是在不安全信道上建立共享的会话密钥，从而确保数据传输的机密性和完整性。SM2 密钥交换不仅能有效抵抗中间人攻击，还能提供较高的安全性和效率。该密钥交换协议能用于密钥管理和协商。

设用户 A 和用户 B 协商获得密钥数据的长度为 klen 比特。用户 A 为发起方，用户 B 为响应方。用户 A 和用户 B 双方为了获得相同的密钥，应实现如下运算步骤。

令 w 为大于或等于 $\frac{\log_2 n+1}{2}$ 的最小整数，KDF(k_S, klen)为密钥派生函数。密钥派生函数的作用是从一个共享的秘密比特串中派生出密钥数据。在密钥协商过程中，密钥派生函数作用在密钥交换所获共享的秘密比特串上，从中产生所需的会话密钥或进一步加密所需的密钥数据。

在密钥协商前，用户 A、B 进行以下初始化。

用户 A、B 分别使用标识 Z_A 和 Z_B 唯一标识各自双方的身份信息。用户 A 和用户 B 各自选取自己的私钥。用户 A 的私钥 d_A 选取自有限域 Z_n，用户 B 的私钥 d_B 也选取自有限域 Z_n。有了私钥之后，用户 A 和用户 B 分别计算各自的公钥。用户 A 的公钥 P_A 的计算公式为 $P_A=d_A\cdot G$，其中 G 为椭圆曲线的基点。同样，用户 B 的公钥 P_B 的计算公式为 $P_B=d_B\cdot G$。

初始化后，双方进行密钥协商。

① 用户 A：生成一个随机数 r_A，取值范围为$[1,n-1]$，并计算临时公钥 $R_A=r_A\cdot G=(x_1,y_1)$。然后，用户 A 将临时公钥 R_A 发送给用户 B。

② 用户 B：类似地，用户 B 生成一个随机数 r_B，取值范围为$[1,n-1]$，并计算临时公钥 $R_B=r_B\cdot G=(x_2,y_2)$。

③ 用户 B 接收和验证：用户 B 计算 $x_B=2^w+(x_2\&(2^w-1))$ 和 $t_B=(d_B+x_Br_B)\bmod n$。用户 B 验证 R_A 是否满足椭圆曲线方程，若不满足，则协商失败；否则计算 $x_A=2^w+(x_1\&(2^w-1))$。接着，用户 B 计算椭圆曲线点 $V=h\cdot t_B\cdot(P_A+x_A\cdot R_A)=(x_V,y_V)$若 V 是无穷远点，则协商失败；否则用户 B 计算共享密钥 $K_B=\mathrm{KDF}(x_V\parallel y_V\parallel Z_A\parallel Z_B,\mathrm{klen})$。然后，用户 B 计算 $S_B=\mathrm{Hash}(0x02\parallel y_V\parallel \mathrm{Hash}(x_V\parallel Z_A\parallel Z_B\parallel x_1\parallel y_1\parallel x_2\parallel y_2))$，并将 R_B和 S_B发送给用户 A。

④ 用户 A 接收和验证：用户 A 从 R_B 中取出椭圆曲线点的横坐标 x_2，计算 $x_B=2^w+(x_2\&(2^w-1))$。接着，用户 A 计算 $t_A=(d_A+x_Ar_A)\bmod n$，并验证 R_B 是否满足椭圆曲线方程，若不满足，则协商失败，否则，用户 A 从 R_B 中取出横坐标 x_2，计算 $x_B=2^w+(x_1\&(2^w-1))$。然后，用户 A 计算椭圆曲线点 $U=h\cdot t_A\cdot(P_B+x_B\cdot R_B)=(x_U,y_U)$，若 U 是无穷远点，则协商失败。用户 A 计算共享密钥 $K_A=\mathrm{KDF}(x_U\parallel y_U\parallel Z_A\parallel Z_B,\mathrm{klen})$。接着，用户 A 计算 $S_1=\mathrm{Hash}(0x02\parallel y_U\parallel \mathrm{Hash}(x_U\parallel Z_A\parallel Z_B\parallel x_1\parallel y_1\parallel x_2$

$\| y_2))$,并检验 S_1 是否等于从 B 收到的 S_B,若不等于则协商失败。最后,用户 A 计算 $S_A = \text{Hash}(0x03 \| y_U \| \text{Hash}(x_U \| Z_A \| Z_B \| x_1 \| y_1 \| x_2 \| y_2))$,将 S_A 发送给用户 B。

⑤ 用户 B 最终验证:用户 B 选择并计算 $S_2 = \text{Hash}(0x03 \| y_V \| \text{Hash}(x_V \| Z_A \| Z_B \| x_1 \| y_1 \| x_2 \| y_2))$,并检验 S_2 是否等于从 A 收到的 S_A,若不等于则协商失败。

在整个密钥协商过程中,双方通过生成随机数并计算临时公钥进行信息交换,并通过椭圆曲线点的计算验证对方发来的信息的合法性,确保了协商过程的安全性。通过上述步骤,用户 A 和用户 B 能在不安全信道上安全地协商出共享密钥 $K_A = K_B$,用于后续的加密通信。

习题与实验研究

1. 为什么密钥管理在密码应用中至关重要?
2. 密钥管理的全程安全原则是什么?
3. 什么是最小权限原则?为什么在密钥管理中实施这一原则?
4. 密钥分级原则的主要内容是什么?
5. 密钥生命周期中包括哪些阶段?
6. 阐述传统密码体制密钥生成的主要方法。
7. 阐述真随机数生成器与伪随机数生成器的异同。
8. 列举传统密码体制的密钥分发方法,以及各种方法的特点。
9. 按照图 8-5 中的密钥分级存储策略,不同级别的密钥的存储方法有哪些?为什么需要分级存储密钥?
10. 传统密码体制中密钥更新和密钥销毁的原则是什么?是否必须执行密钥销毁?
11. PKI 如何帮助分发公钥?CA 在这个过程中起到什么作用?
12. 数字证书通常包含哪些信息?它如何确保公钥的完整性和真实性?
13. 描述数字证书的签发过程。如何验证一个数字证书的有效性?
14. 在 PKI 中,描述密钥撤销的过程。有哪些机制用于通知用户已撤销的密钥?
15. 讨论在公钥密码体制中保护私钥的重要性。应采取哪些措施防止私钥的未授权访问?

第9章 密码协议

随着网络技术的进步以及云计算、物联网、大数据等新兴信息系统的广泛应用,传输的信息量急剧增加,传输范围扩大,同时对信息安全的要求也不断提高。信息传输通常涉及两个或更多的通信实体。为确保这种通信安全、可靠和高效,通信实体之间必须协调操作,并遵循一定的规则进行交流,同时采用加密等信息安全技术保护数据。这些规则和协调机制统称为协议,它们构成了网络通信的基础设施。在网络安全领域,密码协议特别重要,它是保障通信安全的关键技术。本章将介绍密码协议的基本概念以及密码协议的设计与分析。

9.1 密码协议的基本概念

协议是两个或多个参与者为了达成某项特定任务而遵循的一套有序执行步骤。这一概念主要涵盖3方面。

① 协议本质上是一个有序的操作过程,每一个步骤都是必需的,并且必须按照特定的顺序执行。任何对步骤的随意增减或改变执行顺序,都可能被视为对协议的篡改或形式上的攻击,从而破坏协议的结构和效力。

② 有效的协议至少需要两个参与者。虽然一个人可以独立执行一系列步骤来完成某种任务,但这种独立行动并不构成协议。协议的本质在于参与者之间的互动和协作。

③ 协议是为了达到一个共同认可的结果而设计和执行的一系列行动。

例9-1 在公钥密码学中,许多密码操作都可以视为一个协议。以下是其中一种协议的示例,描述了通信双方A和B如何安全地传输数据。

A和B是协议的参与者,他们共同的目标是A将数据M安全地加密并发送给B。为了达到这个目的,A和B将按照以下步骤操作。

发方A:

① A首先查询公钥数据库PKDB,获取B的公钥K_{eB}。

② A使用K_{eB}将消息M加密,生成密文$C=E(M,K_{eB})$。

③ A将密文C发送给B。

收方B:

① B收到密文C。

② B使用自己的私钥K_{dB}解密C,恢复出原始消息$M=D(C,K_{dB})$。

由于只有B拥有私钥K_{dB},并且不能从公开的加密密钥K_{eB}计算出这个解密私钥,因此只有B能够解密并获取原始消息M。这样的加密机制确保了传输数据的保密性,防止除用户B之外的任何人获取信息。

为了更好地理解协议的概念,可以将其与算法进行对比。

算法是用于解决问题的一组固定的运算规则,这些规则详细描述了解决特定问题的运算步骤。算法具备以下特点。

① 有限性。算法保证在有限的步骤后结束,每个步骤都在有限时间内完成。

② 确定性。算法的每个步骤都具有明确的定义和单一的执行路径,避免任何歧义。

③ 输入。算法可以没有输入,也可以有预先定义的输入,这些输入在算法开始前已确定。

④ 输出。算法产生一个或多个输出,这些输出与输入之间有明确的关系。

⑤ 可行性。算法的运行时间和空间需求在现实的计算资源条件下是可行的。

对比算法和协议的概念,我们发现它们有一定的相似性。无论是协议还是算法,它们都由一系列有限、确定、现实可行的步骤组成,可以通过这些步骤完成某些特定的目标,但它们也有明显的差异。

算法是为解决特定的计算问题而设计的,它不依赖于外部交互。例如,算法可以处理数学运算,如对数字进行排序或计算函数值。其工作方式是单向的,即从给定输入出发,通过一系列处理步骤产生结果输出。这些步骤通常涉及具体的数学和逻辑操作,其目标是精确和高效地解决问题。协议的设计通常用于协调和规范多个参与者之间的交互,这些参与者可能是用户、计算机程序或任何可以通信的实体。协议定义了参与者之间如何交换信息,如何相互协作以完成共同的任务或目标。协议中的步骤包括信息交换、决策制定,以及按照既定规则执行操作。因此,在设计层面,算法是协议实施的基础。一个协议可能会规定在其执行过程中要运行哪些算法,以及何时运行它们。综上所述,算法是专注于独立计算的过程,而协议关注跨多个系统或参与者的协同和通信。

协议是网络通信的核心基础,负责指导通信各方如何交换消息、传递数据和共享信息。那些包含安全功能的协议称为安全协议,通常也被称作密码协议,因为它们广泛地利用密码学技术增强通信的安全性。如果将密码协议及其所处的环境视为一个系统,那么在这个系统中,一般包括发送和接收消息的诚实主体和攻击者,以及用于管理消息发送和接收的规则。协议的合法消息可能被攻击者截取、修改、重放、删除和插入。图9-1是安全协议的系统模型示意图。

常见的密码协议可以分为如下几类。

1) 密钥交换协议

密钥交换协议主要用于安全交换密钥或建立共享密钥的协议。它是保证通信安全性的基础,通过确保密钥的保密性和完整性保护通信数据,旨在使得两个或多个参与方在不安全的网络中安全地协商一个共同的加密密钥,这是保证数据保密性和完整性的一种重要方法。常见的密钥交换协议包括Diffie-Hellman密钥交换协议、RSA密钥交换协议、ECC(椭圆曲线密码)算法和密钥分配协议等。

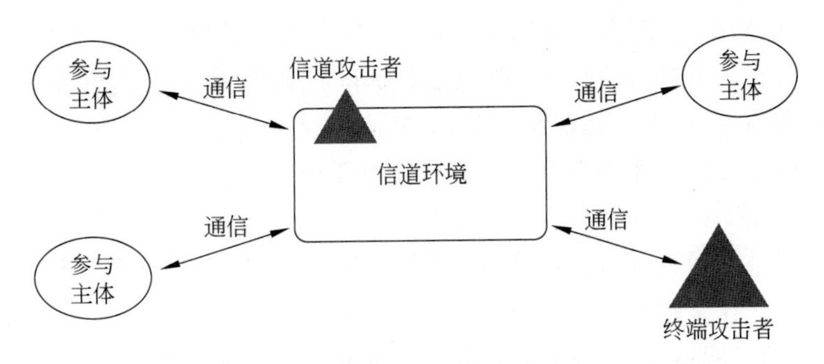

图 9-1　安全协议的系统模型示意图

2）身份认证协议

身份认证协议主要用于防止实体(如程序、设备、系统或用户)的身份假冒攻击,目前身份鉴别的凭证包括:①已知事物,如口令、个人识别码、已被证实的秘密或私钥等。②已拥有的事物,通常是物理配件,如磁卡、智能卡、口令生成器等。③客观存在的固有事物,利用人类物理特征和无意行为,如手写签名、指纹、手掌纹、声纹、视网膜等。常见的该类协议主要有 Shamir 的基于身份的认证协议、Fiat 等的零知识身份认证协议、Schnorr 识别协议、Okamoto 识别协议等。

3）数字签名协议

数字签名协议主要用于防止篡改、否认等攻击,实现消息完整性认证、数据源和目标认证等。该类协议主要有两类:一类是普通数字签名协议,通常也称为数字签名算法,如 SM2 数字签名;另一类是特殊数字签名协议,如不可否认的数字签名协议、无证书数字签名协议、群数字签名协议、环数字签名协议等。

4）电子商务协议

电子商务协议主要应用于电子商务和金融领域,旨在确保电子交易及支付安全、可靠和公正。由于电子商务交易中参与各方往往有不同的利益目标,这些协议特别强调公正性。具体说,协议设计应确保任何一方都无法通过损害另一方的利益获得不当利益。常见的该类协议主要有安全电子交易(Secure Electronic Transaction,SET)协议、电子现金等。

5）安全通信协议

安全通信协议主要用于计算机通信网络中,以确保信息的安全交换等。常见的该类协议主要有 PPTP/L2TP、IPSec、SSL/TLS 协议、PGP、S/MIME 协议、S-HTTP、SNMPv3 协议等。

6）安全多方计算协议

安全多方计算协议是一种特殊的密码协议,由姚期智院士(Andrew C. Yao)于 1982 年提出。此协议中多个参与者可以在不泄露各自输入的情况下进行计算,并得到一个共同的结果。具体而言,安全多方计算由 n 个互相不信任的参与方进行,联合对一个协商确定的函数 f 进行计算,能够保证参与方的隐私输入数据 $x_1,x_2,\cdots,x_n$ 无法被其他参与方获得安全计算出 $f(x_1,x_2,\cdots,x_n)$函数结果。

安全多方计算技术按底层技术分为两个分支:基于混淆电路与基于秘密分享。简单来讲,基于混淆电路的协议更适用于两方逻辑运算,通信轮数固定,但是拓展性稍差。基于秘密分享的安全多方计算协议中,把隐私数据随机切割为 2 份或更多份后,将随机分片分发给计算参与方,这个过程保护了数据隐私,又允许多方联合对数据进行计算。利用分片间存在的同态计算性质实现在分片上计算并重建,得到隐私数据计算结果。

7) 零知识协议

零知识协议是一种特殊的认证协议,其中一方可以证明自己拥有某种知识,而不会泄露任何其他信息。在有必要证明一个命题是否正确,又不需要提示与这个命题相关的任何信息时,零知识证明系统是不可或缺的。零知识证明系统包括两部分:宣称某一命题为真的示证者(Prover,P)和确认该命题确实为真的验证者(Verifier,V)。证明是通过这两部分之间的交互执行的。在零知识协议的结尾,验证者只有当命题为真时才会确认。但是,如果示证者宣称一个错误的命题,那么验证者完全可能发现这个错误。这种思想源自交互式证明系统。设 P 表示掌握了某些信息,并希望证实这一事实的实体,设 V 是证明这一事实的实体。假如某个协议向 V 证明 P 的确掌握了某些信息,但 V 无法推断出这些信息是什么,我们称 P 实现了最小泄露证明。不仅如此,如果 V 除了知道 P 能证明某一事实外,不能得到其他任何知识,我们称 P 实现了零知识证明,相应的协议称作零知识协议。典型的零知识协议包括交互式零知识证明协议(例如 Schnorr 协议、Fiat-Shamir 协议、Blum 协议等)和非交互式零知识证明协议(例如 2k-SNARKS 协议、Bullet Proofs 协议等)。这些协议广泛应用于数字货币、电子投票等领域。

9.2 密码协议的设计与分析

密码协议的安全性是至关重要的,它通常受到各种攻击的影响,如窃听攻击、篡改攻击、重放攻击等。为了确保密码协议的安全性,我们需要对各种攻击进行充分考虑,并采取相应的防御措施,如使用强大的加密算法、对消息进行完整性校验、对通信进行加密等。同时,我们还需要定期对密码协议进行安全评估和审计,以确保其安全性能得到持续保障。总之,密码协议是实现网络安全的重要手段之一。通过了解常见的密码协议和其安全性分析,我们可以更好地理解和应用这一技术,为我们的网络安全提供更加可靠的保障。

9.2.1 密码协议的设计原则

在密码协议的设计阶段,充分考虑并避免不当的协议结构是至关重要的,这样可以极大地提升协议的安全性。Martin Abadi 和 Roger Needham 提出了以下几项设计原则。

① 消息独立完整性原则。

协议的描述可以用形式化语言,也可以用非形式化的自然语言。但协议中的每条消息都应能准确地表达出它所要表达的含义。每条消息应准确表达其预定含义,其解释仅依赖于消息内容本身,而非上下文。例如,在步骤 A→B: M 中,消息 M 应明确表示由 A 发送给 B,避免依赖外部上下文,从而防止攻击者利用这种依赖进行攻击。

② 消息前提准确原则。

与消息相关的先决条件应当明确给出，并且其正确性与合理性应能得到验证。

这一原则是在上一原则的基础上进一步说明，不仅要考虑消息本身，相关的先决条件也应明确且可验证，确保每条消息所依赖的假设都合理且成立。

③ 主体身份标识原则。

如果消息含义依赖于特定主体的标识，应在消息中明确附加主体的名称，无论是明文还是通过加密或签名技术保护。

④ 加密目的原则。

应明确加密的目的，避免因不当应用密码算法而造成协议错误。正确应用加密技术可实现保密性、完整性和认证性等多种安全目标。

⑤ 签名原则。

签名确保数据的真实性和抗抵赖性。优先对数据的 Hash 值进行签名，避免直接对数据本身签名，并且应采用先签名后加密的顺序。

⑥ 随机数的使用原则。

使用随机数可以提升消息的新鲜性，应明确其作用和属性，确保随机数的随机性符合安全要求。

⑦ 时间戳的使用原则。

使用时间戳时，需考虑计算机时钟与标准时钟的误差，确保不影响协议的有效执行。

⑧ 编码原则。

明确消息的编码格式，验证该格式对安全的贡献，密切关注编码格式与协议安全的关系。

⑨ 最少安全假设原则。

设计协议时，应进行风险分析，减少初始安全假设的数量，避免一旦这些假设被破坏，协议的安全性也随之受到威胁。因此，在协议设计时应当采用最少安全假设原则。

通过以上原则，我们可以在设计阶段避免潜在的安全风险，增强协议的安全性。设计安全协议虽复杂，但这些原则提供了避免风险的基础。实际设计协议时，应当根据具体情况对以上原则进行相应的综合、调整和补充。

9.2.2　密码协议的攻击方法

针对协议的攻击通常分为 4 类：对协议中的密码算法进行攻击、对密码算法的技术实现进行攻击、对协议本身进行攻击，以及对协议的技术实现进行攻击。

1. 对协议中的密码算法进行攻击

攻击者通过深入分析，识别出算法设计中的弱点，并利用这些漏洞尝试突破算法的安全保护措施。这种直接对算法本身的攻击，旨在破坏整个协议的安全架构，从而达到破坏协议整体安全性的目的。

2. 对密码算法的技术实现进行攻击

攻击者的目标不是算法本身，而是其在软件或硬件中的具体实现。任何密码算法的有效性都依赖于其在系统中的实际应用。软件实现中,根据统计规律,每千行代码可能存在漏洞,这些漏洞若被利用,将带来不可预测的安全后果。硬件实现则需考虑算法模块与系统的交互,如电功率和时间消耗,攻击者可通过侧信道攻击等方法利用这些信息窃取密钥。例如,验证时间攻击,这是一种侧信道攻击,它利用影响执行时间的代码缺陷挖掘其中的秘密信息。在一个密码检查系统中,我们可以按顺序比较输入的密码与正确的密码的每一个字符。如果遇到不匹配的字符,就立即停止比较并返回"密码错误"的提示信息。在这种情况下,如果输入的密码正确的字符越多,系统响应花费的时间也就越长。攻击者可以尝试不同的密码,然后测算系统的响应时间。如果系统的响应时间较长,那么攻击者就知道他们尝试的密码的前缀是正确的。攻击者会充分利用这个时间差信息,通过精确测量算法运行的时间,感知算法终止在哪一个步骤,不断调整输入解密出秘密信息,通过多次尝试和测量,攻击者最终可以推测出整个密码。

3. 对协议本身进行攻击

这种攻击方式与对算法的攻击相似,但更集中于协议的结构和设计。攻击者通过分析协议的执行流程和逻辑结构,找出其中的安全漏洞,并设计相应的攻击策略,以破坏协议的正常功能或安全性。例如,在 Diffie-Hellman 密钥协商协议中,存在一种未知密钥共享攻击,如果敌手 Malice 使得 Alice 认为她与 Bob 建立了一个会话密钥 sk,而 Bob 却与 Malice 建立一个相同的会话密钥 sk,这两个会话本质上应该是独立的,然而他们的密钥却是相同的。这样,敌手 Malice 可以从 Bob 处得到 sk 从而攻破 Alice 所拥有的会话。这种攻击成立的根本原因在于身份标识未与建立会话的通信密钥强绑定,而抵御方式则是引入协议双方的双向认证。

4. 对协议的技术实现进行攻击

与攻击密码算法的技术实现类似,攻击者并不攻击协议本身,而是攻击协议的技术实现。因为任何协议要能发挥实际作用,只有通过技术手段实现成软件或硬件,把这种软件或硬件融入系统中,并且正确应用,才能发挥实际作用。在这个过程中的任何一个环节出现缺陷,都可能受到攻击者的攻击,从而攻破协议的效能。著名的"心脏滴血"事件,就是攻击者攻击 Open-SSL 协议实现方面的一个漏洞,而导致 Open-SSL 协议的安全功能失效。SSL(安全套接层)协议是一种专供网络使用的综合性密码协议,可以为用户提供各种密码服务。Open-SSL 是开源的 SSL 套件,被全球成千上万的 Web 服务器所使用。SSL 协议标准中包含一个心跳选项,允许 SSL 连接一端的计算机发出一条简短的信息,确认另一端的计算机仍然在线,并获取反馈。但是,协议的技术实现在此处存在缺陷,使得可以通过其他手段发出恶意心跳信息,欺骗另一端的计算机泄露机密信息。只要对存在这一漏洞的网站发起攻击,一次就可以读取服务器内存中的 64K 数据,不断读取,就能获取程序源码、用户 http 原始请求、用户 cookie,甚至明文的账号、密码等敏感信息。由于全世界许多网站、网银、在线支付与电商网站都广泛使用这一协议,所以这一漏洞造成的损失是极大的。

处理这些攻击时,区分被动攻击和主动攻击非常关键。被动攻击通常是外部实体对协议执行过程进行监听,不干预协议操作,难以被检测。主动攻击则涉及直接干预协议执行，例如通过重放或篡改消息等方式，这类攻击的破坏性更大。设计协议时，应采用经过验证的安全协议，并充分关注实施的安全性，确保无论是软件还是硬件，实现都能防范各类潜在的安全威胁。为了对抗对协议本身的攻击，应当采用安全的协议，特别是应当采用那些经过实践检验的标准协议。为了对抗对协议的技术实现进行攻击，应当注意实现方案的安全。无论是软件还是硬件，实现方案的安全都属于信息系统安全的范畴，与协议本身安全的关注点不完全一样，这是特别要注意的。千万不要以为协议是安全的，密码协议应用系统就是安全的。协议安全是密码协议应用系统安全的必要条件之一，而不是全部。近年来，国际上许多商用密码协议应用系统遭到的攻击，都是攻击其密钥管理和密码协议应用系统实现造成的，黑客对 Open-SSL 协议的有效攻击就是明证。

9.2.3　密码协议的分析方法

密码协议的安全性分析旨在揭示协议的潜在安全漏洞与缺陷。主要的分析技术分为攻击检测方法和形式化分析方法。攻击检测也称为穿透性测试，这是一种基于经验的非形式化分析技术。它通过模拟各种已知的攻击场景测试协议的弱点，从而评估协议的安全性。此方法的主要局限在于它只能检测到已知的安全漏洞，对于尚未发现的新型攻击手段则无能为力。早期的协议安全分析主要采用攻击检测方法，现在仍然具有重要价值。

形式化分析通过将协议描述转化为数学或逻辑模型，使用计算机辅助工具推理和验证协议的安全性。这种方法能深入探究协议的微妙缺陷，不仅能发现已知的漏洞，还可能预见未知的安全问题。协议的形式化分析为密码协议设计发挥了极大的促进作用，使得在协议设计阶段就可引入分析，从而避免可能发生的设计错误，也为协议的设计提出了许多新的设计原则。协议的形式化分析方法大致有以下 3 类。

1. 形式逻辑方法

这种方法主要通过逻辑推理分析协议，例如 BAN 逻辑就是一个典型的例子。它通过定义协议的安全目标和参与者在协议开始时的知识和信仰，分析通过消息的发送和接收如何在参与者之间传播知识和信仰，并根据这些信息推导出最终的状态。如果最终的知识和信仰状态不能满足协议的安全目标，则表明协议存在安全缺陷。尽管 BAN 逻辑因其简单、直观而被广泛应用，但它因缺乏精确的语义定义而难以应对复杂的协议攻击。

2. 模型检测方法

模型检测方法的基本思想是，把密码协议看成一个分布式系统，每个主体执行协议的过程构成局部状态，所有局部状态构成系统的全局状态。每个主体的收发动作都会引起局部状态的改变，从而也就引起全局状态的改变。在系统可达的每一个全局状态，检查协议的安全属性是否得到满足，如果不满足，则检测到协议的安全缺陷。具体模型检测过程如下。①建模：设计转化为被模型检测工具接受的形式；②刻画：声明设计必须满足的性质。性质刻画通常以某种逻辑的形式表示（如时序逻辑，这种逻辑体系表示系统随着时间的变化）；③验证：理想上的验证应该是完全自动的。但实际上常常需要人的帮助，其中之一就是分析结果。当得到失败结果后，通常会给用户提供一个错误轨迹，可以把它看作检测性质的一个反例。

模型检测方法已被证明是一种非常有效的方法。它具有自动化程度高,检测过程不需要用户参与,如果协议存在安全缺陷,就能自动产生反例等优点。但是,因为这一方法是通过穷尽搜索存在攻击的情况下所有可能的执行路径,发现协议可能存在的安全缺陷的,所以它的缺点是容易产生状态空间爆炸问题,因而不适合复杂协议的检测。

3. 定理证明方法

定理证明方法旨在构建数学证明,证实协议满足既定的安全属性,而非直接搜索潜在的攻击路径。这种方法中,SPI 演算、归纳方法和串空间方法等都提供了不同的分析途径。定理证明是一种发展中的分析方法,具有强大的潜力,尽管其自动化程度较低,通常需要专家手动分析。

通常情况下,协议的安全需求均可以在理想/现实框架中进行形式化定义和模块化证明。现实世界中参与方与半诚实/恶意敌手执行协议,理想世界中参与方与模拟器和预言机进行交互,其中预言机定义了所有协议的安全需求或攻击目标且不可腐化。根据敌手能力:在信息论意义下安全的模型中,敌手拥有无限计算能力;在计算意义下安全的模型中,敌手能力是(非均匀)概率多项式时间的;形式化证明常用的模拟模型有两种:独立假设(stand-alone)和通用可组合(Universal Composability,UC)。相比于独立假设,UC 模型增加了环境假设,在 UC 模型中,环境可以决定诚实参与方的输入并接收诚实方的输出。独立假设仅需要保证顺序组合时的安全性,而 UC 模型需要考虑协议在与其他安全或非安全协议并发执行时的安全性,因此 UC 模型在证明时也更为复杂。已有研究确认:任何独立假设下证明安全的协议,即只要在黑盒直线程模拟器中证明是安全的,并且各参与方的输入在协议开始前已固定(也称为同步启动或输入可用性),那么该协议在并发组合下也是安全的。

通过上述方法的应用,密码协议的设计和实施可以在更高的安全基础上进行,从而确保在广泛的网络环境中应对各种威胁。

9.3 密码协议分析举例

Diffie-Hellman 密钥协商协议是一种用于双方在不安全的通信信道上协商共享密钥的方法,该协议由图灵奖获得者 Diffie 和 Hellman 在 1976 年提出。在这个协议中,两个通信方通过交换信息生成一个共享的密钥,而不需要事先共享任何秘密信息,这一工作是公钥密码学的开创性基础工作之一。本节首先介绍 Diffie-Hellman 密钥协商协议,然后分析它的安全性。

1. Diffie-Hellman 密钥协商协议步骤

首先建立系统公共参数:选择一个大素数 p 和有限域 GF(p)的一个本原元 g,p 和 g 为系统公开参数。用户 Alice 和用户 Bob 共享系统公共参数,并希望通过公开信道协商生成共享的一个密钥,具体执行流程如下。

(1) 用户 Alice 选择一个随机整数 $1<x_a<p$,已知本原元 g,计算 $y_a=g^{x_a} \bmod p$,其中 x_a 作为自己的私钥,y_a 作为自己的公钥。Alice 发送自己的公钥给 Bob,即

$$\text{Alice} \rightarrow \text{Bob}: y_a$$

(2) 用户 Bob 选择一个随机整数 $1<x_b<p$，计算 $y_b=g^{x_b} \bmod p$，其中 x_b 作为自己的私钥，以 y_b 作为自己的公钥。Bob 发送自己的公钥 y_b 给 Alice。

$$\text{Bob} \rightarrow \text{Alice}: y_b$$

(3) 用户 Alice 收到 y_b 后，计算 $sk_a=(y_b)^{x_a} \bmod p$，并将 sk_a 作为密钥。用户 Bob 收到 y_a 后，计算 $sk_b=(y_a)^{x_b} \bmod p$，并将 sk_b 作为密钥。显然，$sk_a=sk_b$，这是因为

$$sk_a=(y_b)^{x_a} \bmod p=(g^{x_b})^{x_a} \bmod p=(g^{x_a})^{x_b} \bmod p=(y_a)^{x_b} \bmod p=sk_b$$

令 $sk_a=sk_b=k$，即用户 Alice 和用户 Bob 协商了密钥 k。

2. Diffie-Hellman 密钥协商协议的安全性分析

Diffie-Hellman 密钥协商协议的安全性依赖于两个基本假设：离散对数问题的困难性和 Diffie-Hellman 假设的成立。攻击者可能通过截获通信中的公钥 $y_a=g^{x_a} \bmod p$ 和 $y_b=g^{x_b} \bmod p$ 试图破解协议求出私钥 x_a 和 x_b，但是该攻击过程需要解决离散对数问题，对于足够大且合理选择的素数 p 和本原元 g 来说，这是困难的。另一种攻击方式是根据截获的公钥 $y_a=g^{x_a} \bmod p$ 和 $y_b=g^{x_b} \bmod p$ 直接计算出协商密钥 $k=g^{x_a x_b} \bmod p$，这个问题的困难程度尚未得到严格证明，尽管研究人员普遍认为它是难以解决的，并称为 Diffie-Hellman 假设或计算 Diffie-Hellman 假设。

基于上述前提，如果离散对数问题难解且 Diffie-Hellman 假设成立，那么 Diffie-Hellman 密钥协商协议被认为是安全的。然而，需要强调的是，这只是在理论上的安全性。由于 Diffie-Hellman 密钥协商协议是原理性的设计，并没有经过严格的协议设计过程，也没有考虑到实际应用中可能存在的各种攻击方式，因此，如果考虑到这些攻击，Diffie-Hellman 密钥协商协议可能存在安全缺陷。

Diffie-Hellman 密钥协商协议中最典型的安全缺陷是中间人攻击，这是一种典型的主动攻击，攻击者需要在通信信道中注入消息。该攻击的具体过程如下。

假设 Alice 与 Bob 通信过程中存在一个攻击者$\mathcal{A}$，他能够截获 Alice 和 Bob 的通信，并能够与 Alice 和 Bob 进行通信。于是，攻击者$\mathcal{A}$进行如下攻击。

(1) 攻击者$\mathcal{A}$为了实施后续攻击，选择两个随机整数 $1<x_{a_1},x_{a_2}<p$ 作为私钥，并计算 $y_{x_{a_1}}=g^{x_{a_1}} \bmod p$ 和 $y_{x_{a_2}}=g^{x_{a_2}} \bmod p$ 作为公钥。

(2) 用户 Alice 发送公钥 y_a 给用户 Bob：Alice→Bob：$y_a=g^{x_a} \bmod p$。

(3) 攻击者$\mathcal{A}$实施如下攻击。

① 在通信过程中截获 y_a。

② 进一步计算 $sk_{a_2}=(y_a)^{x_{a_2}} \bmod p$。

③ 攻击者$\mathcal{A}$发送 $y_{x_{a_1}}$ 给 Bob。

(4) 用户 Bob 接收到 $y_{x_{a_1}}$ 后进行以下计算：

$$sk_{a_1}=(y_{x_{a_1}})^{x_b} \bmod p$$

执行到这里，用户 Bob 认为他与用户 Alice 协商密钥为 sk_{a_1}。注意：这里 Bob 把攻击者$\mathcal{A}$当作用户 Alice 了。

(5) 用户 Bob 发送公钥 y_b 给用户 Alice：Bob→Alice：$y_b=g^{x_b} \bmod p$。

(6) 攻击者$\mathcal{A}$实施如下攻击。

① 在通信过程中截获 y_b。

② 进一步计算 $\mathrm{sk}'_{a_1}=(y_b)^{x_{a_1}} \bmod p$。

由于 $\mathrm{sk}'_{a_1}=(y_b)^{x_{a_1}} \bmod p=(g^{x_b})^{x_{a_1}} \bmod p=(g^{x_{a_1}})^{x_b} \bmod p=(y_{x_{a_1}})^{x_b} \bmod p=\mathrm{sk}_{a_1}$,所以,至此攻击者$\mathcal{A}$与用户 Bob 协商了密钥 sk_{a_1}。

③ 攻击者$\mathcal{A}$发送 $y_{x_{a_2}}$ 给 Alice。

(7) 用户 Alice 接收到 $y_{x_{a_2}}$ 后进一步计算 $\mathrm{sk}'_{a_2}=(y_{x_{a_2}})^{x_a} \bmod p$,并以 sk'_{a_2} 作为他与用户 Bob 的协商密钥。这里,Alice 把攻击者$\mathcal{A}$当作用户 Bob 了。由于 $\mathrm{sk}'_{a_2}=(y_{x_{a_2}})^{x_a} \bmod p=(g^{x_{a_2}})^{x_a} \bmod p=(g^{x_a})^{x_{a_2}} \bmod p=(y_a)^{x_{a_2}} \bmod p=\mathrm{sk}_{a_2}$。

至此,攻击者$\mathcal{A}$与用户 Alice 协商了密钥 sk_{a_2}。

最终,攻击者$\mathcal{A}$与用户 Alice 协商了密钥 sk_{a_2},与用户 Bob 协商了密钥 sk_{a_1}。在整个协议执行过程中,用户 Alice 以为攻击者$\mathcal{A}$就是用户 Bob,用户 Bob 以为攻击者$\mathcal{A}$就是用户 Alice。在此情况下,用户 Alice 与用户 Bob 的基于该协商密钥的通信对于攻击者$\mathcal{A}$来说是无密可言了。例如,如果后续执行用户 Alice 和 Bob 之间传输加密密文,此密文用对称加密算法生成,那么当攻击者$\mathcal{A}$截获该密文后,可以执行对称解密操作获得明文消息。在中间人攻击中,攻击者$\mathcal{A}$位于用户 Alice 和 Bob 之间,冒充其中一方与另一方通信,同时拥有与两方之间的协商密钥。这使得攻击者能欺骗 Alice 和 Bob,发送假消息给双方,而双方都无法察觉到攻击者的存在。例如,攻击者$\mathcal{A}$可以发送伪装的消息——假消息 $E(M',\mathrm{sk}_{a_1})$给用户 Bob,同时发送伪装的消息 $E(M'',\mathrm{sk}_{a_2})$给用户 Alice,而双方都会认为这些消息来自对方。

这种攻击对 Diffie-Hellman 密钥协商协议构成了潜在威胁,因为协议本身没有提供身份验证机制,导致 A 和 B 无法确定与之通信的是否真正是对方。这突显了在实际应用中使用该协议时需要额外的安全措施,例如基于公钥密码基础设施的数字证书或者其他身份验证机制,以防止中间人攻击。改进后的协议称为认证密钥协商协议。若采用基于公钥密码基础设施实现身份验证,则需要维护所有与自己通信的实体的数字证书,这样会带来一定的管理负担。另一种思路是采用基于身份的密码技术。在基于身份的密码技术中,用户的身份,如姓名、邮箱、电话、身份证号等,就是他的公钥,从而消除了证书管理负担。然而,这种方式需要一个完全可信的中心为所有用户生成私钥,因此存在密钥托管问题。为了解决这一问题,可以采用无证书密码技术,在这种技术中,用户的私钥由密钥生成中心和用户共同生成。

习题与实验研究

1. 协议和算法有哪些相同点?有哪些差异?
2. 什么是密码协议?密码协议的基本特征是什么?
3. 安全多方计算协议的核心思想是什么?有哪些应用场景?
4. 零知识协议的核心思想是什么?有哪些应用场景?

5. 对密码协议的攻击有哪些类型？

6. 密码协议的安全设计原则主要有哪些？

7. 本例协议的目的是使 B 能相信 A 是自己的意定通信方。假设采用公钥密码，而且 A 和 B 事先已经共享了对方的公开加密钥 K_{eA} 和 K_{eB}。

① A→B：ID_A；

② B→A：R_B；

③ A→B：$E(R_B, K_{eB})$；如果 B 解密得到的 R_B 等于自己原来的 R_B，则 B 相信 A。

设 T 是攻击者，设计一种攻击方法，攻击此协议，使 B 相信 T 就是 A。

8. 本协议的目的是使 A 和 B 能相信对方是自己的意定通信方。假设采用对称密码，而且 A 和 B 事先已经共享了密钥 K_{AB}。

① A→B：R_A；A 发随机数 R_A 给 B。

② B→A：$E(R_A, K_{AB})$；如果 A 解密得到的 R_A 等于自己原来的 R_A，则 A 相信 B。

③ A→B：$E(R_A, K_{AB})$；如果 B 解密得到的 R_A 等于第①步收到的 R_A，则 B 相信 A。

分析本协议是否能够达到目的？为什么？如果不能，修改协议使之能达到此目的。

9. 编程实现 Diffie-Hellman 密钥协商协议，并进行中间人攻击实验。

10. 实验研究：对一种基于 RSA 或者 ECC 密码的协议进行协议安全分析，给出分析方案及实验过程。

第10章 认证

10.1 认证的概念

认证(Authentication)又称鉴别,其本质是对某人或某事的真实性、有效性进行验证的过程,旨在确保信息安全。与加密技术不同,认证更侧重于数据的真实性和完整性,防范敌手的主动攻击。认证通常被用作信息系统的第一道安全设防,因此是极重要的。

认证的基本思想是,通过验证被认证对象的一个或多个特征数据的真实性和有效性,达到确认被认证对象的真实性和有效性。这种验证过程需要确保特征数据与被认证对象之间存在严格的对应关系,最好是唯一的,这样才能避免冒用或误认的情况发生。认证原理如图10-1所示。

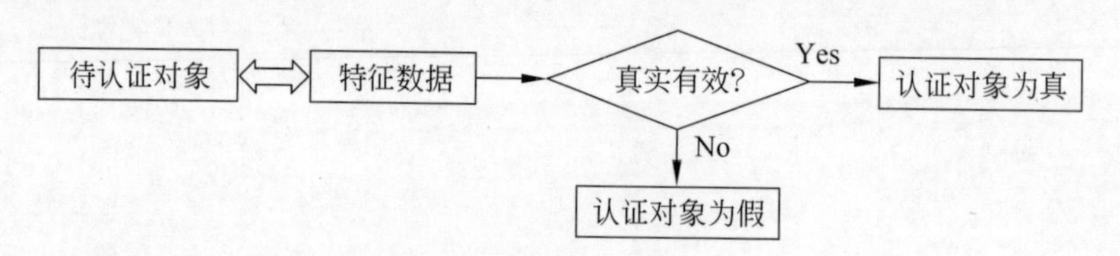

图10-1 认证原理

为了实现有效的认证,可以将多种参数作为验证的依据。其中,口令是一种常见且易于实施的认证参数,它要求用户输入预设的密码以证明身份。此外,标识符、密钥等也是常用的认证手段,它们通过独特的标识信息确认用户的身份。对于需要更高安全性的场合,我们还可以采用更复杂的认证参数,如信物、智能卡、USB-Key等。这些物理媒介具备更高的防伪性和保密性,可以有效防止身份冒用和数据泄露。

除了这些传统的认证参数,随着科技的发展,生物特征识别技术也逐渐应用于认证领域。例如,指纹、声纹、视网膜纹、人脸等生物特征信息,因其独特性和不可复制性,成为一种更安全、可靠的认证方式。这些生物特征信息可以与预先存储的模板进行比对,从而确认用户的真实身份。

在实施认证的过程中,还需要考虑参数的变化性。对于那些长时间保持不变的参数,如密钥和标识符,我们可以预先在保密条件下产生并存储位模式以进行认证。而对于那些经常变化的参数,如生物特征信息,则需要适时地生成位模式再进行认证,这样可以确保认证的有效性和实时性,提高信息系统的安全性。

在数字世界中，认证技术扮演着至关重要的角色。在众多认证方式中，基于口令和基于人体生理特征的认证是两种常见的方式。基于口令的认证方式简单易行，用户输入预设的密码即可进行身份验证。然而，这种方式的安全性相对较低，因为密码容易受到猜测、破解或泄露的威胁。相较之下，基于人体生理特征的认证方式安全性更高，如指纹、虹膜、声音等。这种认证方式要求用户提供独一无二的生理特征信息，因此具有更高的防伪性和安全性。然而，它也对技术和管理提出了更高的要求，需要专业的设备和算法支持。

无论是基于口令的认证，还是基于人体生理特征的认证，其前提都是认证双方共享某种保密的认证数据，通常是密钥。这种保密数据是认证顺利进行的关键，因此在设计和应用认证系统时，必须格外保护这些数据的安全性。

认证和数字签名技术虽然都是确保数据真实性的措施，但它们之间有明显的区别。

(1) 认证是基于双方共享的保密数据验证真实性，而数字签名则是通过公开的数据验证签名的真实性。

(2) 认证允许认证双方互相验证真实性，但不允许第三方验证，因为认证双方共享的保密数据不能向第三方泄露。而数字签名则允许当事双方和第三方都能进行验证，因为验证签名的数据是公开的。

(3) 数字签名还具有签名者不能抵赖、任何其他人不能伪造和在公证人面前解决纠纷的能力，而认证则不一定具备这些特点。

在通信过程中，如果通信的收发双方都是诚实的，那么仅有认证就足够了。利用认证技术，收发双方可以验证对方的真实性和报文的真实性、完整性。然而，如果接收方不诚实，他就可以伪造发送方的报文，且发送方无法进行有效辩驳；同样，如果发送方不诚实，他就可以抵赖其发出的报文，且接收方也无法进行有效辩驳。由于接收方可以伪造，发送方能够抵赖，因此第三方便无法进行仲裁。

因此，在实际应用中，认证总是要涉及认证方与被认证方，双方需要进行通信，并且认证的过程必须按照步骤有序地进行，这就需要依照认证协议进行。认证协议是密码协议中的一大类，它规定了认证双方如何交换信息、如何验证对方的身份，以及如何保护认证数据的安全性。设计认证协议时，需要充分考虑协议的安全要求，以确保认证过程的可靠性和有效性。

10.2 身份认证

身份认证作为信息系统安全的基石，发挥着至关重要的作用。它不仅是系统访问的第一道关卡，更是保障数据安全和用户隐私的重要手段。通过身份认证，系统能准确识别用户身份，从而有效阻止非法用户入侵和滥用。

在身份认证过程中，通常采用多种方法以确保其准确性和可靠性。这些方法包括但不限于：验证用户掌握的信息(如密码、密保问题等)、检查用户持有的物品(如智能卡、密钥等)，以及利用用户的生物特征(如指纹、面部识别等)。接下来深入探讨这些身份认证的原理与技术，帮助读者更好地理解其工作原理和应用场景。

10.2.1 口令

口令,作为双方预先约定的秘密信息,主要用于验证用户身份的有效性。尽管其安全性与其他方法相比略逊一筹,但因其简单易行,口令验证在身份认证领域应用广泛,如常见的银行卡口令验证。然而,口令也是黑客攻击系统的常用手段,因此其安全性不容忽视。

在一些基础的信息系统中,用户的口令通常以口令表的形式存储在系统中。当用户尝试访问时,系统会要求用户输入口令,并将其与口令表中的信息进行比对。若二者一致,则确认用户身份真实有效;否则,拒绝访问。

然而,这种口令验证机制存在以下问题:首先,攻击者可能利用系统漏洞从口令表中窃取用户口令,尤其是当口令以明文形式存储时。其次,若口令在传输过程中以明文形式存在,攻击者可能在线路上截获用户口令。此外,这种验证机制存在单向性,即只有系统验证用户身份,而用户无法验证系统身份,可能导致安全风险。为解决上述问题,我们需要对口令验证机制进行改进。接下来介绍几种改进的口令验证方法。

1. 利用单向函数处理口令

在现代身份验证机制中,我们不再直接存储用户的明文口令,而是利用单向函数对口令进行处理。这种处理后的口令保存在系统中,确保无法通过计算手段从处理后的口令恢复出原始口令。这种单向性意味着处理过程不可逆,仅支持正向操作,不支持反向操作,因此称为单向函数。当用户需要访问系统时,他们需要提供自己的口令。系统会对输入的口令执行相同的单向函数操作,并将结果与系统中存储的处理后的口令进行比较。如果两者匹配,则确认用户的身份真实有效;否则,系统拒绝访问请求。

为获得这样的单向函数,通常采用具有良好单向性和随机性的密码学 Hash 函数。这些函数可以有效地将口令转换为唯一的散列值,从而保证处理结果的安全性和唯一性。

假设用户 A 的口令为 p_A,系统在存储时不会直接保存 p_A,而是保存其经过 Hash 函数处理后的值 $Y=\text{Hash}(p_A)$。当 A 登录系统时,他输入自己的口令 p_A,系统再次执行 Hash 函数得到 $\text{Hash}(p_A)$,并与之前存储的 Y 进行比较。如果两者相等,则 A 的身份得到验证,允许其访问系统;否则,拒绝访问。

这种机制下,即使攻击者能获取到 Hash 函数处理后的口令 Y,他们也无法直接还原出原始的口令 p_A。攻击者唯一能做的就是尝试不同的口令,通过 Hash 函数处理后与 Y 进行比较。为了防范这种猜测攻击,系统通常会设定连续输入错误口令的次数限制,比如银行卡密码连续输入错误 3 次后会被锁定。

在一个拥有多个用户的系统中,每个用户的口令都会经过 Hash 函数处理后存储。攻击者为了尝试破解口令,会收集大量的可能口令并预先计算其 Hash 值,形成所谓的"口令字典"。然而,当系统中使用了"盐"(Salt)这种机制时,攻击者的字典攻击会变得更为困难。

"盐"是一个公开的随机数,它与用户的口令结合使用,在 Hash 函数处理过程中作为额外的输入参数。这意味着,即使两个用户的口令相同,由于"盐"的不同,它们在系统中的处理结果也会不同。攻击者如果要针对某个特定用户进行字典攻击，就必须为该用户的“盐”值单独构建字典，这大大增加了攻击者的计算量和时间成本。

综上所述，利用单向函数处理口令并结合“盐”的使用，可以大大提高系统的安全性，有效防范字典攻击等常见的口令破解手段。然而，为了成功实施这种机制，攻击者必须掌握系统的认证方式、能够获取到处理后的口令，并拥有庞大的口令字典。这些条件限制了字典攻击的成功概率，使其成为一种相对低效的攻击手段。

2. 利用数字签名方法验证口令

在现代的身份验证机制中，数字签名技术扮演着至关重要的角色。当利用数字签名验证口令时，用户 i 会将其公钥 K_{ei} 提交给系统作为验证口令的凭据。系统则会为每个用户设置一个已访问次数标志 T_i，这个标志可以看作一个访问次数的计数器。

当用户需要访问系统时，他们需要提供经过签名处理的数据，这个数据的形式是：

$$\mathrm{ID}_i \parallel D((\mathrm{ID}_i, N_i), K_{di})$$

这里，ID_i 是用户的标识符，N_i 表示这是用户的第 N_i 次访问。系统接收到这个签名数据后，会根据用户提供的明文形式的标识符 ID_i 查找对应的公钥 K_{ei}，接着，系统会使用这个公钥 K_{ei} 验证签名数据的真实性。它会对签名数据进行解密操作，得到 $<\mathrm{ID}_i^*, N_i^*>$。只有当 $\mathrm{ID}_i = \mathrm{ID}_i^*$，$N_i^* = T_i + 1$ 时，系统才会确认用户的身份是有效的。

这种验证机制的安全性在于，真正的口令实际上是用户保密的解密密钥 K_{di}，这个密钥并不存储在系统中，因此无法通过直接访问系统获取。尽管用于验证口令的公钥 K_{ei} 存储在系统中，但仅知道 K_{ei} 是无法推导出 K_{di} 的。此外，由于从用户终端到系统的通道上传输的是签名数据而不是 K_{di} 本身，攻击者也无法通过截取通道上的数据获取 K_{di}。

此外，由于系统为每个用户设置了已访问次数标志 T_i，并且只在 $N_i^* = T_{i+1}$ 的情况下才接受访问请求，这种机制可以有效抵御重播攻击。重播攻击是指攻击者截获用户的合法请求后，在稍后的时间点重新发送这些请求，以冒充用户的身份。

然而，这种认证方法的一个潜在不便之处在于，用户需要向系统提供经过签名处理的数据。这就要求用户使用的终端必须具备密码处理能力。幸运的是，随着个人计算机和智能手机的普及，这个问题已经得到很好的解决。这些设备通常都内置了密码处理功能，使得用户能方便地进行数字签名和身份验证操作。

3. 双向验证口令

仅依赖系统验证用户身份，而忽视用户验证系统身份的做法是不全面且不平等的。为了保障系统的安全性，用户和系统之间应能实现相互的身份验证，确保双方的平等性。

假设 A 和 B 是两个需要进行通信的实体，他们需要在通信前相互验证对方的身份。为此，他们事先约定并共享了彼此的口令，即 A 拥有口令 P_A，B 拥有口令 P_B。当 A 想与 B 通信时，B 需要验证 A 的身份；同样，当 B 想与 A 通信时，A 需要验证 B 的身份。

为了实现这种双向的、对等的身份验证，可以选择一个单向函数 f。下面是一个基于单向函数 f 的双向身份验证过程。

① A 向 B 发送随机数 R_A：A 首先选择一个随机数 R_A，并将其发送给 B。

② B 验证 A 的身份并发送加密信息：B 收到 R_A 后，生成另一个随机数 R_B。然后，B

利用单向函数 f 对自己的口令 P_B 和收到的随机数 R_A 进行加密,得到 $f(P_B \| R_A)$。接着,B 将 $f(P_B \| R_A)$ 和 R_B 一起发送给 A。

③ A 验证 B 的身份：A 收到 B 发送的信息后,使用自己保存的 P_B 和 R_A 通过单向函数 f 进行加密运算。然后,A 将得到的加密结果与接收到的 $f(P_B \| R_A)$ 进行比较。如果两者相等,A 确认 B 的身份是真实的;否则,A 认为 B 的身份是不真实的。

④ A 向 B 发送加密信息：确认 B 的身份后,A 利用单向函数 f 对自己的口令 P_A 和随机数 R_B 进行加密,得到 $f(P_A \| R_B)$,并将它发送给 B。

⑤ B 验证 A 的身份：B 收到 A 发送的 $f(P_A \| R_B)$ 后,使用自己保存的 R_A 和 R_B 通过单向函数 f 进行加密运算。接着,B 将得到的加密结果与接收到的 $f(P_A \| R_B)$ 进行比较。如果两者相等,B 确认 A 的身份是真实的;否则,B 认为 A 的身份是不真实的。

由于 f 是单向函数,即使攻击者截获了 $f(P_B \| R_A)$ 和 R_A,也无法计算出 P_B;同样,即使截获了 $f(P_A \| R_B)$ 和 R_B,也无法计算出 P_A。因此,在上述的口令验证机制中,即使有一方是假冒者,他也不能骗取到对方的口令。

为了进一步提高安全性,防止重播攻击,可以在 $f(P_B \| R_A)$ 和 $f(P_A \| R_B)$ 中加入时间标志,这样即使攻击者截获了这些信息,也无法在有效时间内进行重放。

4. 一次性口令

为了确保通信的安全性,口令应当具备可更换性,且其使用周期越短,对安全的保障越有利。因此,理想的情况是每次通信都使用不同的口令,即一次性口令。下面介绍一种利用单向函数实现一次性口令的方法。

假设 A 和 B 需要进行通信。在这个方案中,A 首先会选择一个随机数 x。然后,利用单向函数 f,A 会进行 n 次迭代计算,得到 $y_0 = f^n(x)$。这里,y_0 会被 A 发送给 B,作为初始的验证数据。由于 f 是单向函数,y_0 本身并不需要保密,接下来,A 会以以下方式生成后续通信的口令：$y_i = f^n - i(x)$,$(0 < i < n)$。这意味着,在第 i 次通信时,A 会发送 y_i 作为口令给 B。在 B 端,每当收到 A 发送的口令 y_i 时,B 会进行验证计算：$f(y_i) = y_{i-1}$? 如果两者相等,B 会确认 A 的身份是真实的;如果不相等,B 会认为 A 的身份是不真实的,并中断通信。

通过这种方式,每次通信都使用不同的口令,从而大大提高了通信的安全性。这种认证方式共可生成 $n-1$ 个不同的口令,确保了通信过程中口令的唯一性和不可预测性。

5. 口令的产生与应用

口令的生成方式多种多样,可以依据用户的个人选择设定,也可以由计算机自动生成。此外,还有结合用户选择和计算机检测的方式,或者计算机生成后供用户选择。用户自行设定的口令往往更为便捷且容易记忆,但正因如此,其随机性常常不够强。很多用户倾向使用与他们个人相关的信息,如姓名、生日、宠物名字、电话号码等作为口令,这一定程度上增加了口令被破解的风险。有研究显示,在收集到的 3289 个用户口令中,高达 86%的口令存在安全隐患。

相对而言,计算机生成的口令随机性较强,但相应地,用户可能觉得难以记忆。因此,在实际应用中,很多计算机系统采用用户选择结合计算机检测的方式确定口令,这样既可以保证口令的安全性,又兼顾了用户的记忆便利性。在UNIX系统中,用户设置的口令会被加密并转换为11个可打印字符,系统还会自动添加两个与时间和进程标识符相关的字符,以便区分不同用户的相同口令。

理想的口令应该是用户自己知道的,同时计算机能轻松验证其真实性,且其他任何人都无法获取。然而,在实际操作中,要达到这样的理想状态是非常困难的。因此,我们转而追求一种虽然不是最理想但足够安全的口令。一个好的口令应该具备以下几个特点。

① 字符多样。创建口令时,一个关键的原则是使用多种类型的字符。这意味着,你的口令中应该包含字母、数字、标点符号以及控制符等。很多现代的系统在验证用户设置的口令时,会检查其是否同时包含了字母和数字。如果口令仅是用户名的简单组合,或者没有包含足够的字符类型,系统通常会拒绝接受这样的口令。

② 长度足够。另一个重要的方面是口令的长度。一般来说,一个安全的口令应该包含6～10个字符。然而,不同的系统对口令长度的要求可能有所不同。例如,我国的银行卡通常要求6个字符的口令,而UNIX系统则要求口令至少有8个字符。Windows系统则允许更长的口令,长度可以为7～128个字符。口令的长度直接关系到其可能的组合数量,即口令空间的大小。如果口令空间太小,攻击者可能通过穷举攻击的方式尝试所有可能的组合来破解口令。因此,使用多种字符和足够长的口令是增强安全性的关键。此外,为了应对穷举攻击,许多系统还限制了在一定时间内尝试口令的次数。例如,有的系统规定一个用户在一段时间内最多只能尝试3次口令,超过次数后将被暂时禁止访问。

③ 尽量随机。选择口令时,应尽量避免使用与自己相关的个人信息,如人名、地名、生日、电话号码等。同样,也不应使用英文字典中的单词作为口令。这是因为攻击者尝试破解口令时,通常会首先尝试这些与用户个人相关的信息或常见的单词。黑客的口令字典往往包含了大量的常见单词和短语,因此使用这些作为口令是非常不安全的。

④ 时常更换。虽然经常更换口令可能带来一些不便,但这是一个有效的安全措施。长期使用相同的口令会增加被破解的风险。一些先进的系统,如基于System V的UNIX系统,采用口令时效机制强制用户定期更换口令。这种机制设定了一个最长时间期限,用户必须在这个期限内更换口令。同时,还设置了一个最短时间限制,确保用户在更换新口令之前已经使用了足够长的时间。这样的设计既保证了口令的安全性,又考虑到了用户的便利性。当然,定期更换口令也可能增加遗忘的风险。

⑤ 不同系统使用不同口令。随着信息技术的广泛应用,我们往往需要在多个不同的信息系统中使用账号和密码。然而,为了记忆方便,很多用户会选择在多个系统中使用相同的口令或在原有口令的基础上做简单修改。这种做法虽然方便了记忆,但大大降低了口令的安全性,攻击者若获得了一个系统的口令,则可以根据这个口令生成多个相似的口令,从而快速攻破用户其他系统的账号。近年来,国际上多次报道了黑客利用用户的这种不良习惯连续攻破多个重要信息系统的案例,给用户造成重大损失。因此,为了保障信息安全,我们应该为每个系统设置独立且安全的口令。

⑥ 单点登录。为了提升系统安全性,不同系统应采用独特的安全口令,这在理论上无疑是正确的。但在实际操作中,这种做法既烦琐,又困难。一个有效的解决方案是,将用户的应用系统按照业务相关性进行分类,并在同类系统中实现单点登录(Single Signon,SSO)。这样,用户仅需进行一次登录身份认证,即可访问所有业务系统。

以大学为例,各个部门,如教务、财务、设备管理、科研管理、图书馆和后勤保障等,均有各自的信息系统。师生需频繁使用这些系统办理业务,因此需记忆多个账号和口令,这无疑增加了使用的难度。为了方便师生,许多学校采用单点登录机制,将相关业务系统整合至统一的信息门户。师生仅验证一次账号和口令,即可在门户内自由访问各个业务系统。这不仅大大简化了操作,还降低了因口令过多而使用弱口令的风险,提升了安全性。

单点登录是身份认证管理在多个安全域上的扩展,它使得用户仅需一次身份认证即可访问多个域的资源与服务。实施单点登录需依托一系列协议、标准和技术,涉及用户身份、属性、访问权限及其在多个域之间的映射与共享等复杂管理和技术问题。经 SSO 服务器认证后,合法用户的身份属性、访问权限及多域映射由管理策略服务器确定,从而实现单点登录和多域访问,提供用户所需的服务。

10.2.2 智能卡和 USB-Key

智能卡和 USB-Key,作为现代身份认证的重要工具,它们以小巧便携的形式,为用户提供了一个有效的身份验证手段。通过验证用户是否持有这些设备,可以确认其身份的真实性。

在我国古代也有一种类似的身份验证工具,那就是虎符。虎符,作为皇帝调兵遣将的凭证,通常由青铜或黄金制成,形状如同一只伏卧的猛虎。虎符被巧妙地劈分为两半,其中一半交给将领掌管,另一半则留由皇帝亲自保管。只有当将领手中的那一半虎符与皇帝手中的那一半完全吻合,才能证明其身份的真实性,进而获得调兵遣将的权力。图 10-2 展示的就是我国古代的一种虎符。这种通过验证持有物确认身份的方式,与现代的智能卡和 USB-Key 有异曲同工之妙。

图 10-2 我国古代的虎符

1. 智能卡

智能卡,也被称为 IC(Intergrated Circuit)卡或芯片卡(Chip Card),其核心技术在于内部镶嵌的单片机芯片。这个芯片犹如一个微型的大脑,拥有中央处理单元(CPU)、随机访问存储器(RAM)、电可擦编程只读存储器(EEPROM)或 Flash、只读存储器(ROM)、密码部件以及 I/O 接口,它们共同构成了智能卡的核心功能。

值得一提的是，智能卡还配备了芯片操作系统（Chip Operating System，COS），这个系统就像智能卡的管家，负责管理和调配芯片资源，确保数据安全和保密。密码部件则是智能卡的另一大特色，它能实现数据的加解密、数字签名与验证等功能，为信息的安全传输提供了有力保障。

由于智能卡具备数据存储、数据处理和密码保护等多重能力，且得到了操作系统软件的支持，因此它在安全性、保密性和使用便捷性方面表现卓越。在我国，智能卡已经得到广泛应用。例如，银行系统已经大规模采用芯片卡作为客户的支付工具，为了方便老用户，银行还推出了芯片卡与磁卡合一的复合卡，既保证了安全性，又兼顾了便利性。

此外，智能卡在我国还有一个重要的应用领域——居民身份证。2003 年，我国颁布了《中华人民共和国居民身份证法》，明确规定了居民身份证的法律地位和作用。作为居民身份的重要证明文件，身份证在我国的应用范围非常广泛，涉及生活和工作的多个领域。

技术上，我国居民身份证采用了非接触式 IC 卡技术，通过无线通信方式可以近距离读取卡内数据，无须直接接触读卡器，使用非常方便。同时，居民身份证还采用了我国自主研发的商用密码 SM2 公钥密码，这种密码具有高度的安全性和保密性，能有效防止数据泄露和非法访问。

总的来说，智能卡作为现代生活的安全密钥，其在各个领域的应用越来越广泛，为我们的日常生活提供了极大的便利和安全保障。

2. USB-Key

在现代信息安全领域，USB-Key 作为一种便携式安全设备，以其独特的功能和便利性，受到广泛关注。它拥有 USB 接口，集成了身份认证、数据加解密、数字签名与验证等多种安全保密功能。从技术层面看，USB-Key 可以被视作一个具备 USB 接口的密码单片机或智能卡的集成体。

基于 USB-Key 可以开发出许多安全保密功能。以双因素身份认证为例，这一机制要求系统同时验证 USB-Key 的合法性和用户口令的正确性。只有当 USB-Key 是合法的，并且用户输入的口令也是正确的，才能通过身份认证。这种双重验证的方式，大大提高了身份认证的安全性和可靠性。

此外，USB-Key 还可用于文件加密保护。我们可以将某个专用文件夹设置为“文件保险柜”，利用 USB-Key 的加密功能，在设备层对保存到“文件保险柜”内的所有文件进行加密。这样，即使计算机被盗或丢失，也能有效防止数据泄密。

然而，仅依靠 USB-Key 作为身份凭证进行身份认证，仍然存在一定的不足。因为一旦 USB-Key 丢失，捡到它的人就有可能假冒真正的用户。为了弥补这一不足，我们需要一种 USB-Key 上不具有的身份信息作为补充。这种身份信息通常表现为个人识别说号（Personal Identification Number，PIN）。

每个 USB-Key 的持有者都应该拥有一个独特的 PIN。本质上，PIN 就是 USB-Key 拥有者的口令。为了保证 PIN 的安全性和保密性，它不能直接写在 USB-Key 上，而需要由持有者牢记。PIN 的产生和分配可以由金融机构完成，也可以由持有者自行选择并报管理机构核准。

以中国工商银行为例,他们早在 2003 年就推出了客户证书 USB-Key,即常说的 U 盾。U 盾是中国工商银行为办理网上银行业务提供的高级别安全工具,它实质上是用于在网络环境中识别用户身份的数字证书。U 盾采用了高强度信息加密、数字签名和数据认证技术,具有不可复制性,能有效防范支付风险,确保客户网上支付的资金安全。因此, U 盾在我国银行界得到广泛应用。图 10-3 所示为中国工商银行的一种 U 盾。

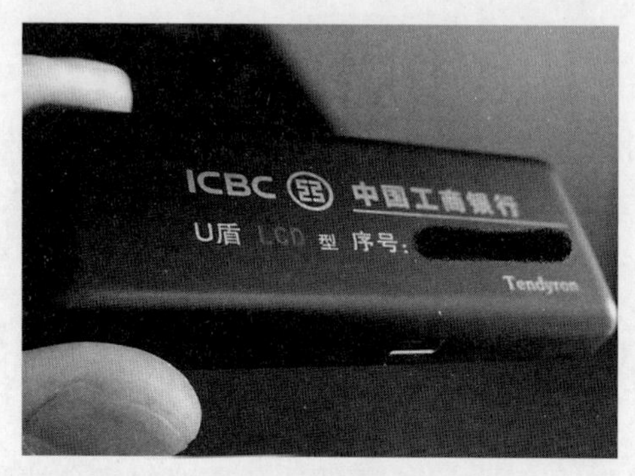

图 10-3　中国工商银行的一种 U 盾

通过深入了解 USB-Key 的工作原理和应用场景,我们可以更好地利用这一安全设备,保护我们的信息安全和资金安全。同时,我们也应该意识到,任何安全设备都不是万能的,只有结合多种安全措施,才能构建更加安全、可靠的信息安全体系。

10.2.3　生理特征识别

人类的某些生理特征,如 DNA、指纹、掌纹、声纹、视网膜以及人脸等,具有稳定性、唯一性和不可复制性。这些特性使得它们成为验证身份的有效手段。这些特征都是每个人独有的,且在一生中保持不变,因此,我们可以利用它们进行身份识别。

基于这些特性,科学家研发出多种生物识别技术,如 DNA 识别、指纹识别和人脸识别等,这些技术已日趋成熟。目前,DNA 识别技术在公安系统中得到广泛应用,而指纹和人脸识别技术则常见于门禁系统,用于安全验证。这些技术的应用,极大地提高了身份验证的准确性和效率。

生理特征识别又分为两类:一类是物理生理特征,如指纹、人脸等,本节后面将介绍其中的两种;另一类是行为生理特征,如步态、击键行为等。相对而言,物理生理特征更加稳定,因此在日常生活中主要采用物理生理特征。

1. 指纹识别

指纹识别技术的运用主要包括验证和辨识两大类。验证,即通过将现场采集的指纹与已登记的指纹进行比对,确认个体的身份。在验证过程中,用户的指纹需事先在指纹库中注册,以压缩格式存储,并与用户的姓名或特定标识相关联。系统首先验证标识,随后将库中的指纹与现场采集的指纹进行匹配,从而验证身份的合法性。这实质上是在回答:"此人是否如其所称?"辨识则涉及将现场采集的指纹与指纹库中所有指纹逐一比较,以找出与现场指纹相匹配的记录。辨识在犯罪指纹比对等传统领域尤为常见,通过比对不明身份者的指纹与库中犯罪记录者的指纹,确定其是否有犯罪前科。这实际上是在解决“他究竟是谁?”的问题。

然而,由于计算机处理指纹时仅使用有限信息,且比对算法并非精确匹配,因此识别结果无法确保百分之百准确。指纹识别系统的识别率是其性能的关键指标,由拒判率和误判率两部分构成。拒判指的是系统错误地否定用户指纹的情况,而误判则是系统错误地接受非用户指纹。显然,误判对安全性的威胁更大,而拒判率则直接关系到系统的易用性。由于拒判率和误判率之间存在矛盾,系统设计者需要在易用性和安全性之间找到平衡点。一种有效的策略是同时比对多个指纹,以提高系统安全性,而不牺牲易用性。

尽管指纹识别系统存在可靠性问题,但与同等可靠性级别的“用户 ID+口令”方案相比,其安全性更高。例如,一个四位数字口令系统的安全性相对较低,因为攻击者可以在短时间内尝试所有可能的口令。相比之下,即使指纹识别系统的误判率为0.01%,其安全性也很高,因为攻击者无法轻易获取大量指纹进行尝试。

指纹识别技术尤其适用于手持式电子设备,如手机和 PDA 等。武汉大学的科研小组在国家863计划项目的支持下,成功开发出我国首款可信 PDA,采用指纹识别技术进行开机身份认证,并利用指纹数据导出密钥对硬盘进行全盘加密,有效防止了 PDA 的非法使用和数据泄露。

2. 人脸识别

人脸识别技术历经数十年发展,得益于计算机技术和光学成像技术的日益精进,现已广泛应用于各领域。其基本原理与指纹识别类似,均涉及预先建立合法用户数据库,随后通过采集待认证者的特征信息与库中信息进行比对,从而验证身份。人脸识别系统主要由人脸图像采集、特征提取、人脸图像库和特征比对4部分组成,技术上也分为验证和辨识两类。验证是确认现场采集的人脸图像与库中图像是否一致,以判断身份真伪;而辨识则涉及将现场人脸图像与库中所有图像逐一比对,以确定身份。尽管原理相通,但人脸图像较指纹更为复杂,因此人脸识别技术难度更高。

下面简要介绍几种常用的人脸识别方法。

① 基于几何特征的方法。

该方法以人脸的器官特征为基础,通过分析眉、眼、鼻、口等部位的几何特征进行识别。虽然直观,但由于人脸的非刚性特点,特征提取较为复杂。

② 基于特征子空间的方法。

此类方法通过变换将人脸图像调整至特定空间,以区分人脸与非人脸特征。常用的算法包括主元分析(又称 K-L 变换法)和小波变换等。

③ 采用人工智能的识别方法。

随着人工智能技术的进步,尤其是深度学习技术的应用,人脸识别性能得到显著提升。卷积神经网络是其中的代表,它可以直接从图像像素出发,通过复杂计算构建识别模型。为增强识别效果,可结合多个卷积层,分别提取不同特征并融合,形成更高层次的特征表示,从而提高识别准确率。

目前,人脸识别技术已广泛商用,对信息安全起到关键作用,但亦存在亟待改进的问题。首先,人脸识别技术的过度使用与滥用现象频发,需加强监管力度。其次,识别准确率亟待提升。多项研究表明,人脸识别系统存在误判风险,如错误识别普通人为通缉犯,甚至被特制面具欺骗,这凸显了技术上的不足。此外,隐私保护亦不容忽视。人脸数据在无形中可能被采集,进而泄露个人行动轨迹、生活细节等敏感信息,其长期影响不容忽视。法律保障和约束的加强同样关键。尽管我国已有相关法规涉及生物识别信息保护,但针对人脸识别系统的具体侵权责任法律制度仍需完善。因此,我们应以开放、包容的态度推动人脸识别技术的发展,同时保持理性审慎,建立健全相关法规、技术标准及伦理规范,确保技术更好地服务于人民生活。

在前面章节中,我们探讨了 3 种主要的身份认证技术,它们分别是基于口令的认证、依赖智能卡和 USB-Key 的认证,以及利用生理特征进行认证。每种技术都有其独特的优点和不足。口令认证,以其简单易行的特点得到广泛应用。然而,这种方式的安全性相对较低,一旦口令泄露,账户便可能遭受攻击。智能卡和 USB-Key 认证则以其高安全性著称,它们需要用户随身携带。但这也带来一个明显的缺点,即一旦智能卡和 USB-Key 丢失,可能导致身份被冒用。为了弥补这一不足,智能卡和 USB-Key 与口令相结合的认证方法应运而生。这种方法不仅结合了前两者的优点,提高了安全性,还能有效防止因丢失而导致的身份冒用。最后,基于生理特征的身份认证技术以其高度的安全性受到关注。然而,生理特征的不可更改性也带来了潜在的风险。与口令不同,一旦生理特征信息泄露,便无法像更换口令那样简单解决。因此,生理特征信息的保护显得尤为重要,一旦泄露,可能引发严重的信息安全事件。

报文认证

10.3 报文认证

10.3.1 报文源和报文宿的认证

在报文通信中,攻击者可以冒充发送方发送一条报文,或冒充接收方发送收到或未收到报文的应答。因此,报文认证需要对报文通信中的报文源和报文宿进行认证,以确保发送方(接收方)正确发送(接收)了报文。接下来,设 Alice 为报文的发送方,称作报文源;Bob 为报文的接收方,称作报文宿。

首先讨论报文源的认证。报文源的认证可以通过对称密码算法或公钥密码算法实现。采用对称密码算法时,报文源的认证可以通过双方共享的秘密会话密钥加密身份信息实现。假设 Alice 和 Bob 共享的秘密会话密钥为 K_s,Alice 的标识符为 $\mathrm{ID_A}$,要发送的报文为 M。采用对称密码算法时,对报文源认证的具体过程如下。

(1) Alice 计算密文 $\mathrm{ct_A} \leftarrow \mathrm{Enc}(\mathrm{ID_A} \| M, K_s)$,将密文 $\mathrm{ct_A}$ 发送给 Bob。

(2) Bob 收到密文 $\mathrm{ct_A}$ 后,解密得到 $\mathrm{ID}' \| M \leftarrow \mathrm{Dec}(\mathrm{ct_A}, K_s)$。如果 $\mathrm{ID}' = \mathrm{ID_A}$,则报文源认证成功。

若采用公钥密码算法,报文源的认证可以通过对报文添加身份标识,并对报文进行数字签名来实现。假设 Alice 的公私钥对为$(\mathrm{pk_A}, \mathrm{sk_A})$。采用公钥密码算法时,对报文源认证的具体过程如下。

(1) Alice 计算签名 $\sigma_A \leftarrow \text{Sign}(\text{ID}_A \parallel M, \text{sk}_A)$，将签名 σ_A 和 $M' = \text{ID}_A \parallel M$ 发送给 Bob。

(2) Bob 收到签名 σ_A 后，验证签名 $0/1 \leftarrow \text{Verify}(\sigma_A, \text{pk}_A)$。如果签名有效且身份标识符为 ID_A，则报文源认证成功。

对于报文宿的认证，可以参考报文源的认证方式。采用对称密码算法时，同样通过双方共享的秘密会话密钥加密身份信息实现。不同的是，此时在报文中加入接收方的身份标识符是 ID_B。采用对称密码算法时，对报文宿认证的具体过程如下。

(1) Alice 计算密文 $\text{ct}_B \leftarrow \text{Enc}(\text{ID}_B \parallel M, K_s)$，将密文 ct_B 发送给 Bob。

(2) Bob 收到密文 ct_B 后，解密得到 $\text{ID}' \parallel M \leftarrow \text{Dec}(\text{ct}_B, K_s)$。如果 $\text{ID}' = \text{ID}_B$，则自己为目标的接收方，报文宿认证成功。

采用公钥密码算法认证报文宿时，假设 Bob 的公私钥对为 $(\text{pk}_B, \text{sk}_B)$，发送方可以使用接收方的公钥加密添加了接收方的身份标识符 ID_B 的报文。采用公钥密码算法时，对报文宿认证的具体过程如下。

(1) Alice 计算密文 $\text{ct}_B \leftarrow \text{Enc}(\text{ID}_B \parallel M, \text{pk}_B)$，将密文 ct_B 发送给 Bob。

(2) Bob 收到密文 ct_B 后，解密得到 $\text{ID}' \parallel M \leftarrow \text{Dec}(\text{ct}_B, \text{sk}_B)$。如果 $\text{ID}' = \text{ID}_B$，则自己为目标的接收方，报文宿认证成功。

以上认证方法都只对报文源或报文宿进行认证，在实际应用中，往往需要对报文源和报文宿同时进行认证。

基于对称密码算法实现报文源和报文宿认证的过程如图 10-4 所示。当采用对称密码算法时，发送方在报文中添加自己和接收方的身份标识，加密发送给接收方即可，具体过程如下。

(1) Alice 计算密文 $\text{ct}_{AB} \leftarrow \text{Enc}(\text{ID}_A \parallel \text{ID}_B \parallel M, K_s)$，将密文 ct_{AB} 发送给 Bob。

(2) Bob 收到密文 ct_{AB} 后，解密得到 $\text{ID}' \parallel \text{ID}'' \parallel M \leftarrow \text{Dec}(\text{ct}_{AB}, K_s)$。如果 $\text{ID}' = \text{ID}_A$ 且 $\text{ID}'' = \text{ID}_B$，则报文源和报文宿认证成功。

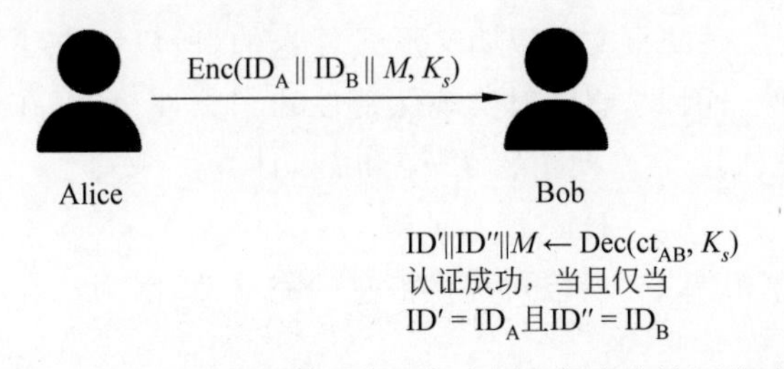

图 10-4　基于对称密码算法实现报文源和报文宿认证的过程

采用公钥密码算法时，发送方自己的身份标识可以通过签名的方式进行认证，接收方的身份则通过添加到报文中，使用接收方的公钥加密身份消息即可，具体过程如下。

(1) Alice 计算密文 $\text{ct}_B \leftarrow \text{Enc}(\text{ID}_B \parallel M, \text{pk}_B)$，计算签名 $\sigma_{AB} \leftarrow \text{Sign}(\text{ID}_A \parallel \text{ct}_B, \text{sk}_A)$，将签名 σ_{AB} 和 $M' = \text{ID}_A \parallel \text{ct}_B$ 发送给 Bob。

(2) Bob 收到签名 σ_{AB} 后，验证签名 $0/1 \leftarrow \text{Verify}(\sigma_{AB}, \text{pk}_A)$。如果签名有效，则解密

得到 $ID' \| M \leftarrow Dec(ct_B, sk_B)$。如果身份标识符为 ID_A 且 $ID' = ID_B$,则报文源和报文宿认证成功。

10.3.2 报文内容认证

1. 消息认证码

在报文认证中,攻击方可以插入、删除或者更改报文内容。为了保证接收方收到真实完整的报文,需要对报文内容进行认证,以确保通信的各方能够知道报文内容是否被篡改。消息认证码(Message Authentication Code,MAC)是实现这项任务的常用密码学方案。消息认证码的目的是防止攻击者修改发送方发送给接收方的消息,或注入新消息,而接收方无法检测到该消息并非源自发送方。与加密方案一样,只有当通信双方共享一些攻击者不知道的秘密时,消息认证码方案才有可能实现(否则没有什么可以阻止攻击者冒充发送消息的一方)。

定义(消息认证码: MAC)消息认证码为一个函数,其中输入为消息 m 和密钥 k,输出为标签 t。

$$t = \mathrm{MAC}(m, k)$$

假设发送方和接收方共享一个密钥 k。当发送方向接收方发送报文 m 时,通过 MAC 函数计算得到标签 t,然后将报文 m 和标签 t 一起发送给接收方。接收方收到后,根据消息 m 和密钥 k 计算标签,如果与收到的标签相同,则认为收到的报文是正确的。

通过消息认证码,报文的完整性得到保障,如果攻击者试图篡改报文内容,由于攻击者并不掌握密钥,因此无法在不被发现的情况下修改消息 m 和标签 t。因为修改后会导致接收方计算出的标签与接收到的标签不匹配,这时就表明消息已被攻击者篡改。由于密钥是发送方和接收方共享的,且只有这两方知道,其他人无法生成消息 m 的标签,因此,当接收方收到报文及其对应的标签后,并且验证为正确无误时,可以确信报文确实来自预期的发送方,同时自己也是预期的接收方,这样就确保了通信双方的身份安全和信息的可靠性。

通过消息认证码发送的报文是以明文形式传送的,所以该方法可以保证报文的完整性,但不能提供保密性。因此,想同时实现保密性和完整性,可以在计算完消息认证码之后对报文加密。假设 A、B 共享两个密钥 k_1 和 k_2,计算:

$$\mathrm{Enc}(m \| \mathrm{MAC}(m, k_1), k_2)$$

因为 A 和 B 共享密钥 k_1,所以可提供消息的完整性;因为 A 和 B 共享密钥 k_2,所以可提供消息的保密性。

消息认证码方案可以由其他加密原语构建,在实际应用中,比较常见的消息认证码方案有基于分组密码的消息认证码和基于 Hash 函数的消息认证码。然而,许多最快的 MAC 算法(如 UMAC 和 VMAC)都是基于 Hash 函数构建的。

2. 基于分组密码的消息认证码

CBC-MAC 是一种基于对称密钥分组加密技术的消息认证码,它源于对称加密中的 CBC 加密模式。它主要应用于保护较短的消息的完整性,例如消息头部或摘要部分。同时,CBC-MAC 也能用于确保较长消息的完整性,不过此时需要将长消息分割成多个较短的片段进行加密处理。在实际应用中,采用分组密码 SM4 的消息认证码因其出色的安全性与效率而得到广泛应用。接下来详细阐述 CBC-MAC 方案的构造原理。

构造(CBC-MAC):设 F 为伪随机函数,输入为固定长度 $\ell(n)$。

Gen:输入安全参数 1^λ,输出密钥 $k\in\{0,1\}^n$。

MAC:输入密钥 $k\in\{0,1\}^n$ 和长度为 $\ell(n)\cdot n$ 的消息 m,执行以下步骤。

将 m 解析成 $m=m_1,m_2,\cdots,m_{\ell(n)}$,其中 m_i 的长度为 n。

设 $t_0:=0^n$。从 $i=1$ 到 ℓ,计算:

$$t_i:=F_k(t_{i-1}\oplus m_i)$$

输出 t_ℓ 以其作为标签。

Vrfy:输入密钥 $k\in\{0,1\}^n$,消息 m 和标签 t。如果消息 m 的长度不为 $\ell(n)\cdot n$,则输出 0。如果 $t=\mathrm{MAC}_k(m)$,则输出 1。

从上述定义中,可以很容易地将其扩展为处理长度为 n 的任意倍数的信息,但只有被验证信息的长度是固定的,且发送方和接收方事先达成一致时,该结构才是安全的。CBC-MAC 方案的优势在于:一方面,可以认证更长的消息;另一方面,更加高效,对于长度为 dn 的数据,只需要计算 d 次分组密码,同时输出的标签长度仅为 n。图 10-5 展示了基础的 CBC-MAC 结构(对于固定长度的消息)。首先将消息分成 $\ell(n)$ 片,从 m_1 开始,通过分组密码计算的结果与下一条消息异或,进行下一次分组密码,以此类推,最后得到标签 t。图 10-6 展示了用于认证任意长度报文的 CBC-MAC 安全变体,它与图 10-5 的区别在于在消息前面附加了消息长度 $|m|$。把附加后的消息作为新消息计算标签。

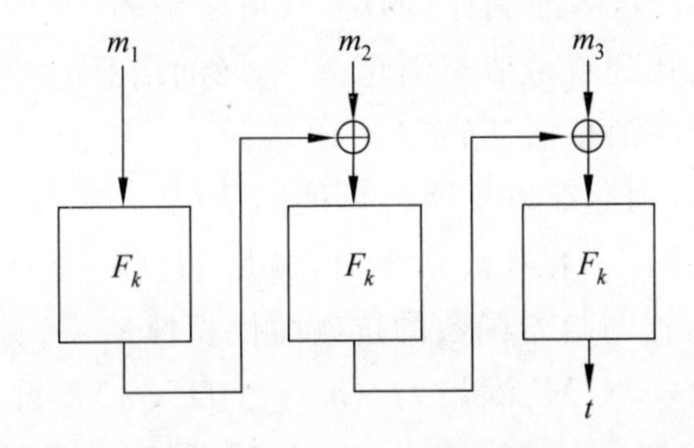

图 10-5　基础的 CBC-MAC(对于固定长度的消息)

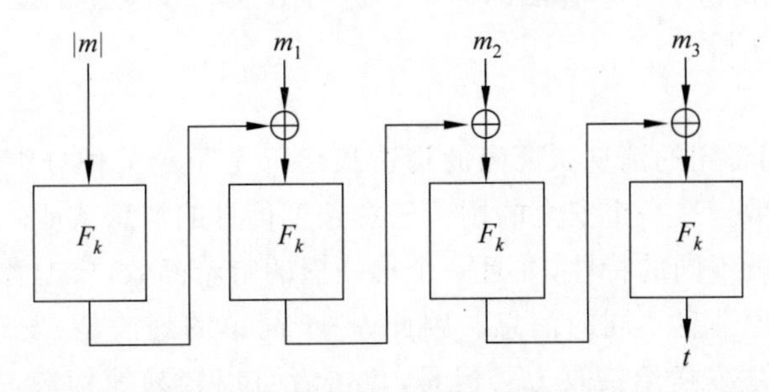

图 10-6　用于认证任意长度报文的 CBC-MAC 安全变体

3. 基于 Hash 函数的消息认证码

1) Hash-and-MAC

哈希函数可以接收任意长度字符串的输入,并输出固定长度的字符串。因此,一个哈希函数和一个定长的消息认证码方案可以组合成一个接收任意长度的消息认证码方案。具体思路如下:假设有一个输出为$\ell(n)$的哈希函数以及一个接收长度为$\ell(n)$的消息认证码。首先,将一个任意长度的消息 m 通过哈希函数得到一个长度为$\ell(n)$的输出。然后,通过接收长度为$\ell(n)$的消息认证码即可得到最后的标签。我们给出 Hash-and-MAC 的构造。

构造(Hash-and-MAC):设$\Pi=(\text{Mac},\text{Vrfy})$为接收消息长度为$\ell(n)$的消息认证码方案,$\Pi_H=(\text{Gen}_H,H)$为输出长度为$\ell(n)$的哈希函数,我们可以通过以下步骤构造一个接收任意长度的消息认证码方案$\Pi'=(\text{Gen}',\text{Mac}',\text{Vrfy}')$:

Gen′:输入安全参数1^n。选择一个均匀随机的$k\in\{0,1\}^n$,执行$s\leftarrow\text{Gen}_H(1^n)$。输出密钥$k':=\langle k,s\rangle$。

Mac′:输入密钥$\langle k,s\rangle$和消息$m\in\{0,1\}^*$。输出$t\leftarrow\text{Mac}_k(H^s(m))$。

Vrfy′:输入密钥$\langle k,s\rangle$,消息$m\in\{0,1\}^*$和 MAC 标签 t。输出 1 当且仅当 $\text{Vrfy}_k(H^s(m),t)=1$。

接下来讨论 Hash-and-MAC 方案的安全性。当 Π 为一个安全的固定消息长度的消息认证码方案,并且哈希函数 Π_H 是抗碰撞的,那么构造的接收任意长度的消息认证码方案 Π'也是安全的。直观地说,由于哈希函数具有抗碰撞性,因此认证 $H^s(m)$和认证消息 m 本身就是等价的:如果发送方能确保接收方获得正确的 $H^s(m)$值,则哈希函数的抗碰撞性可以保证攻击者无法找到哈希值与消息 m 不同的信息 m^*。正式地说,假设发送方使用定义中接收任意长度的消息认证码方案 Π'认证了一组消息 M,然后攻击者$\mathcal{A}$能在新信息上伪造一个有效标签,则存在以下两种可能的情况。

情况 1:攻击者$\mathcal{A}$找到了一条消息 $m\in M$,满足 $H^s(m^*)=H^s(m)$。那么表明攻击者$\mathcal{A}$在 H^s 中发现了碰撞,这与哈希函数的抗碰撞性相悖。

情况 2:对于每条消息 $m\in M$,满足 $H^s(m^*)\neq H^s(m)$。设 $H^s(M)=\{H^s(m)\mid m\in M\}$,$H^s(m^*)\notin H^s(M)$。在这个情况下,攻击者$\mathcal{A}$在固定消息长度的消息认证码方案 Π 中,在新消息 m^* 上伪造了一个合法的标签。这与 Π 为一个安全的固定消息长度的消息认证码方案的假设矛盾。

2) HMAC

迄今为止,我们看到的消息认证码的构造最终都是基于某种分组密码的。接下来我们直接通过哈希函数构造一个安全的用于任意长度信息的消息认证码。由于哈希函数具有输入改变则输出就不同的特性,并且一个抗碰撞的哈希函数,攻击者很难找到一个拥有相同的哈希值且与原消息不同的消息。因此,一个简单的想法是,发送方可以将消息 M 和哈希值 $H(M)$一块发送给接收方。但是,攻击者可以轻易地伪造一条消息 M'和它的哈希值 $H(M')$,并且接收方无法察觉到这种篡改。我们可以将密钥纳入哈希函数计算的过程中,构造基于哈希函数的消息认证码,这就是我们所说的 HMAC。图 10-7 给出了

HMAC 的结构。

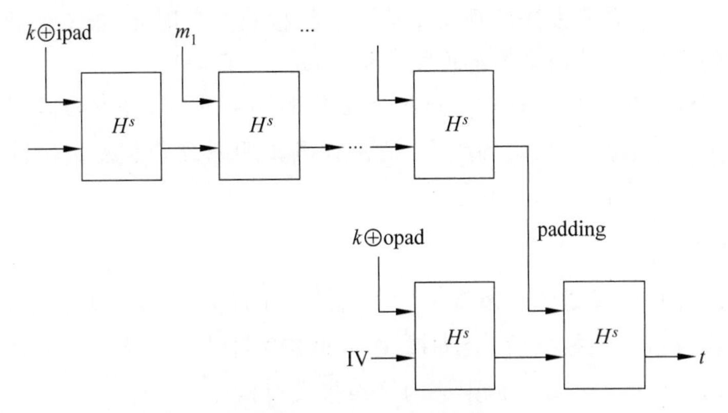

图 10-7　HMAC 的结构

相较于基于分组密码的消息认证码，HMAC 在执行速度上更出色，在实际应用中具备更高的效率。接下来给出 HMAC 的具体构造。

构造(HMAC)：设 $\Pi_H=(\text{Gen}_H,H)$ 为输出长度为 $\ell(n)$ 的哈希函数，opad 和 ipad 是长度为 n' 的常量。可以通过以下步骤构造一个接收任意长度的消息认证码方案 $\Pi'=(\text{Gen}',\text{Mac}',\text{Vrfy}')$。

Gen′：输入安全参数 1^n。选择一个均匀随机的 $k\in\{0,1\}^{n'}$，执行 $s\leftarrow\text{Gen}_H(1^n)$。输出密钥 $k':=\langle k,s\rangle$。

Mac′：输入密钥 $\langle k,s\rangle$ 和消息 $m\in\{0,1\}^*$，输出

$$t:=H^s((k\oplus\text{opad})\parallel H^s((k\oplus\text{ipad})\parallel m))$$

Vrfy′：输入密钥 $\langle k,s\rangle$，消息 $m\in\{0,1\}^*$ 和 MAC 标签 t，输出 1 当且仅当 $t=H^s((k\oplus\text{opad})\parallel H^s((k\oplus\text{ipad})\parallel m))$。

其中，H^s 为哈希函数(如 SM3 或 SHA-3)。s 为哈希函数的密钥。k 是随机选择的密钥，如果 k 的长度小于哈希函数输入块的大小，则向右边填充 0；如果 k 的长度大于哈希函数输入块的大小，则对 k 进行哈希。m 是需要认证的消息正文。$\parallel$ 表示串接。$\oplus$ 表示逐位异或(XOR)。opad 表示外部填充。ipad 表示内部填充。

接下来对 HMAC 的安全性进行分析，通常，HMAC 的安全性与所采用的 Hash 函数强度有关。正式地说，消息认证码的安全性是指在特定时间范围内，发送方使用相同的密钥生成一定数量的消息-标签对时，伪造者成功伪造一个有效的标签(不同于以往生成的标签，但可以是之前生成过标签的消息)的概率是一个可忽略函数。我们可以证明，若伪造者掌握了若干消息-标签对后，那么他们成功伪造一个有效的标签成功的概率与以下对 Hash 函数的攻击方式相当。第一种攻击情形是，即便 IV(初始化向量)是秘密的，攻击者仍能得到哈希函数的输出。而第二种攻击方式是寻找 Hash 函数中的碰撞，即找到两条不同的消息 M 和 M'，它们的 Hash 值是相同的：$H(M)=H(M')$。

10.3.3　报文时间认证

在报文通信中，攻击者可以修改发送方发送的报文顺序，例如将一条报文插入报文流

其他位置,又或者将发送的报文重新排序。攻击者也可以将发送方的报文延时发送给接收方,或者将之前发送方已发送的报文重播发送给接收方。因此,报文认证也需要验证每份报文时间上的真实性,这通常被称作报文的时间性认证。

报文的时间性认证本质上是对一组报文接收顺序的认证,接收方需要在收到一组报文后确保这组报文是否保持正确的顺序,是否有报文遗漏或者重复。比较简单的可以实现报文时间性认证的方法有以下 3 种。

1. 添加序列号

发送方可以在自己发送的每条报文后面附加一个序列号 N_i,以标识这是其发送的第几条报文。接收方接收到报文后,会将报文后面的序列号 N_i 与自己之前存储的报文序列号 N_{old} 比较,如果 $N_i = N_{\text{old}} + 1$,则认为这条报文有效。

然而,直接在报文后添加序列号会带来一个问题:如果有多名发送方,那么接收方必须记录每一名发送方最后的序列号,因此在实现上比较麻烦。故现实应用中,认证和密钥交换不采用添加序列号的方案,而是采用添加时间戳和随机数的方法。

2. 添加时间戳

发送方可以在自己发送的每条报文后面附加一个时间戳 T_i,时间戳可以由年(Y)、月(M)、日(D)、时(H)、分(M)、秒(S)构成。这样,发送方发送一组报文时,接收方可以从报文中提取出一串时间戳($T_1, T_2, \cdots, T_n$)。接收方进行数据处理时,需要确保所接收报文中的时间戳顺序逻辑合理。此外,当报文中的时间戳与接收方当前的本地时间较为吻合,即时间戳与当前时间差距不大时,接收方才会认定该报文为最新接收的有效报文。

通过添加时间戳的方式实现报文的时间性认证,需要保证通信双方的信息同步,这要求各方时钟必须保持高度的一致性。为了达成这一目标,需要一种能确保时钟同步的协议。该协议不仅须具备容错能力以应对网络错误,还须能够抵御恶意攻击。值得注意的是,如果通信中有一方的时钟机制发生故障,导致同步失效,那么攻击者成功实施攻击的可能性将会增大。因此,任何基于时间戳的程序都应设计尽可能短的失步恢复时限,从而最大限度地降低遭受攻击的风险。然而,由于网络延迟具有不可预测性,我们无法确保各分布式时钟能够完全精确地同步。因此,任何基于时间戳的程序又需要有足够长的失步恢复时限来适应这种网络延迟。实际应用中,我们需要在这两方面进行权衡,以确定合适的失步恢复时限,这也是使用时间戳方式面临的挑战之一。

3. 添加随机数

发送方可以通过挑战-响应的方式在报文后添加一个随机数实现报文时间性的认证,设 Alice 为报文的发送方,Bob 为报文的接收方,Alice 和 Bob 共享一个秘密会话,密钥为 K_s。具体流程如下。

① Alice 向 Bob 提出报文发送请求。

② Bob 动态地生成一个随机数 R_B,加密 $ct \leftarrow \text{Enc}(R_B, K_s)$发送给 Alice。

③ Alice 解密密文得到随机数 $R_B \leftarrow \text{Dec}(ct, K_s)$,将随机数加入报文 M 中并发送给 Bob。

④ Bob收到后，检查报文中的随机数是否为R_B，若为R_B，便确认报文的顺序是正确的。

通过挑战-响应的方式在报文中添加随机数需要发送方和接收方在传输之前必须先握手，因此挑战-响应方式比较适用于全双工通信中，但不适合于无连接的应用。

重播攻击(Replay Attacks)是指攻击者发送一个接收方已接收过的报文，以达到欺骗系统的目的。这种攻击方式常见于身份认证过程，旨在破坏认证的正确性。攻击者可以通过网络监听或其他方式盗取认证报文，例如API请求，然后将其重新发送给认证服务器。由于这个包是之前合法接收过的，因此系统可能误认为它是新的、有效的请求，从而允许攻击者进行未经授权的访问或操作。报文的时间性认证可以抵抗重播攻击。Needham-Schroeder协议是一种常见的抗重播攻击的方案。

Needham-Schroeder协议：协议中包含3个实体A、B和KDC(Key Distribution Center)，该协议将会话密钥K_s安全地分配给A和B。其中，A和KDC共享秘密钥K_A，B和KDC共享秘密钥K_B。该协议流程如下。

① A向KDC发送$ID_A \| ID_B \| R_A$。A向密钥分发中心发送一条包含A和B身份标识的消息，表明A想和B通信。

② KDC向A发送$Enc(K_s \| ID_B \| R_A \| Enc(K_s \| ID_A, K_B), K_A)$。密钥分发中心生成会话密钥$K_s$，将其发送给A，同时还有一个用密钥$K_B$加密的会话密钥，由A转交给B。由于A可能同时发出多份通信认证请求，所有随机数保证响应消息是新的和并与某一请求对应，并在响应中加入了B的标识以告诉A将与谁共享该密钥。

③ A向B发送$Enc(K_s \| ID_A, K_B)$。A将会话密钥K_s转交给B，B能通过密钥K_B(和密钥分发中心的共享密钥)解密出该密钥。

④ B向A发送$Enc(R_B, K_s)$。B向A发送一个通过会话密钥K_s加密的随机数R_B，表示已获得会话密钥。

⑤ A向B发送$Enc(R_B-1, K_s)$。A对接收到的随机数进行简单的操作(例如减去1)，重新加密发送回B，表示已持有密钥并且仍处于活跃状态。

该协议会受到重播攻击。如果攻击者使用一个陈旧的被窃取的会话密钥K_s，重复步骤③，将$Enc(K_s \| ID_A, K_B)$发送给B。B并不知道这个密钥已过期，会接收这个请求。那么攻击者就可以冒充A，使得B相信他正在与A进行通信。

① 攻击者(伪造A的身份)向B发送$Enc(K_s \| ID_A, K_B)$。

② B向攻击者(伪造A的身份)发送$Enc(R_B, K_s)$。

③ 攻击者(伪造A的身份)向B发送$Enc(R_B-1, K_s)$。

可以在步骤②和步骤③中通过加入时间戳T修复这一缺陷，具体流程如下。

① A向KDC发送$ID_A \| ID_B \| R_A$。

② KDC向A发送$Enc(K_s \| ID_B \| R_A \| T \| Enc(K_s \| ID_A \| T, K_B), K_A)$。

③ A向B发送$Enc(K_s \| ID_A \| T, K_B)$

④ B向A发送$Enc(R_B, K_s)$。

⑤ A向B发送$Enc(R_B-1, K_s)$。

时间戳T的作用在于确保A和B确信会话密钥是最新生成的。为了验证这一及时

性,A 和 B 会进行以下检验:

$$|\text{Clock} - T| \leqslant \Delta t_1 + \Delta t_2$$

其中,Clock 是当前时间,Δt_1 代表 KDC 时钟与 A 或 B 本地时钟之间正常误差的预估范围,而 Δt_2 则是预计在网络传输过程中可能产生的延迟时间。通过比对时间戳 T、A 和 B 可以确认密钥是在最近产生的,从而确保通信的安全性和有效性。

这种方法的不足之处在于,它高度依赖于时钟的准确性,而要在整个网络上保持时钟的完全同步是相当困难的。分布式系统的时钟很难做到完全一致。当发送方的时钟快于接收方的时钟时,存在一种潜在的安全风险:攻击者可能截获传输的报文,并在报文内的时间戳与接收方当前时钟相符时重新发送该报文。这种特定的攻击手段被称为抑制-重播攻击(Supress-replay attacks),即攻击者先抑制或拦截报文,然后在合适的时机进行重播。

为了应对抑制-重播攻击,可以采取如下措施:一种方法是,通信各方按照 KDC 的时钟,定期校准和验证各自的时钟,确保时间的准确性;另一种方法则是引入随机数 nonce 的握手协议。这种协议无需时钟同步,能抵御抑制-重播攻击。通过采用这些方法,我们可以有效增强通信的安全性,降低受攻击的风险。

Neuman-stubblebine 协议:协议中包含 3 个实体 A、B 和 KDC,该协议将会话密钥 K_s 安全地分配给 A 和 B。其中,A 和 KDC 共享秘密钥 K_A,B 和 KDC 共享秘密钥 K_B。该协议流程如下。

① A 向 KDC 发送 $ID_A \| R_A$。A 生成随机数 R_A,向密钥分发中心发送一条包含身份标识和随机数的消息,表明 A 想和 B 通信。

② B 向 KDC 发送 $ID_B \| R_B \| \text{Enc}(ID_A \| R_A \| T_B, K_B)$。B 向 KDC 申请会话密钥。B 用 K_B 加密其身份标识和随机数 R_B 并将结果发送给 KDC,用于请求 KDC 给 A 发证书,它指定了证书接收方、证书的有效期(时间戳)和接收方要使用的随机数。

③ KDC 向 A 发送 $\text{Enc}(ID_B \| R_A \| K_s \| T_B, K_A) \| \text{Enc}(ID_A \| K_s \| T_B, K_B) \| R_B$。KDC 使用密钥 K_A 对 ID_B、R_A、K_s 和 T_B 加密,用密钥 K_B 对 ID_A、K_s 和 T_B 加密,连同 B 的随机数一起发送给 A。A 解密即可验证 B 曾收到过 A 最初发出的报文(ID_B),可知该报文不是重播的报文。

④ A 向 B 发送 $\text{Enc}(ID_A \| K_s \| T_B, K_B) \| \text{Enc}(R_B, K_s)$。A 用密钥 K_B 对会话密钥 K_s 加密,同时附带使用会话密钥 K_s 对 R_B 加密的结果。B 首先用 K_B 解密得到会话密钥 K_s,再用会话密钥 K_s 解密验证是否为 R_B。用会话密钥对 B 的随机数加密可保证该报文是来自 A 的非重播报文。

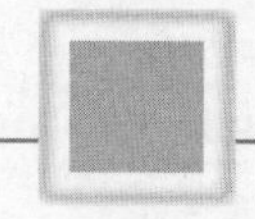

习题与实验研究

1. 认证包含哪些参与者?能完成认证的前提是什么?
2. 身份认证包含哪 3 类因素?它们的优缺点各是什么?
3. 消息认证码和数字签名有哪些相同点和不同点?

4. 在报文认证中添加序列号的作用是什么？与添加时间戳和随机数的方法相比，它的优缺点分别是什么？

5. 设计软件，实现一个基于单向函数和数字签名技术的双向验证口令系统并分析该系统的安全性。

6. 采用中国商用密码算法 SM4 设计软件并实现一个报文源认证的方案。

第11章 密码学发展与应用中的几个问题(选修)

密码是确保信息安全的关键技术。我国的密码科学技术水平已处于国际先进水平。密码学应当持续发展,不断提高,扩展应用,发挥实效。本章讨论密码学发展与应用中的几个重要问题。本章的内容对读者研究密码或应用密码都具有参考价值。

11.1 密码是确保数据安全性的最有效技术

国际标准化组织(ISO)对计算机系统安全的定义是:为计算机系统建立和采用技术和管理的安全保护,保护计算机硬件、软件和数据不因偶然和恶意的原因遭到破坏、更改和泄露。由此,数据安全可以理解为:通过采用技术和管理措施,使系统正常运行,从而确保数据的保密性、完整性和可用性。

理论与实践都表明:密码是确保数据安全性的最有效技术。具体地,密码可以确保数据在传输与存储状态下的保密性和完整性(真实性)。

信息论的基本观点告诉我们,信息只有存储、传输和处理3种状态。据此,要确保信息安全,就必须确保信息在存储、传输和处理3种状态下安全。下面从信息论角度简单分析一下信息在存储、传输和处理3种状态下的特点,以及它们与信息安全的关系。

首先分析信息的传输状态。信息在正确传输状态下,信息的形态不发生变化。例如,通信设备发送一个“0”,如果通信是正确的,则接收设备收到的也是一个“0”。信息的形态没有发生变化。如果通信设备发生故障,或信道有干扰,或遭受攻击,则接收设备收到的将是一个错误的“1”,信息的形态发生了变化。通信设备发送一个“1”,如果通信是正确的,则接收设备收到的也是一个“1”。信息的形态没有发生变化。如果通信设备发生故障,或信道有干扰,或遭受攻击,则接收设备收到的将是一个错误的“0”,信息的形态发生了变化。

因为信息存储本质上也是一种信息传输,所以信息存储的情况与信息传输相同。

信息在正确的传输和存储状态下,信息形态不发生变化,接收(读出)数据等于发送(写入)数据。这一事实成为密码技术得以成功应用的基础。

信息传输的理论模型是著名的二元对称信道(BSC)模型,如图 11-1 所示,其中 P_c 为正确传输的概率,P_e 为错误传输的概率,$P_c > P_e$ 且 $P_c + P_e = 1$。

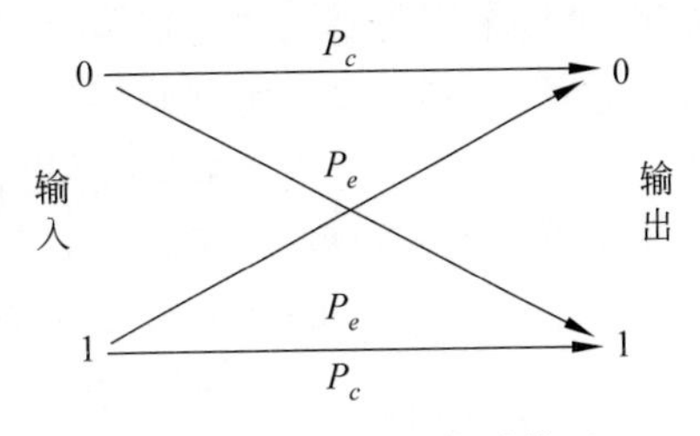

图 11-1　二元对称信道模型

香农提出利用密码确保通信中的数据保密性和完整性(真实性)的理论和技术。实践证明,密码的理论和技术是十分成功的、有效的。密码具有坚实的数学理论基础,从而成为一门科学。由于信息存储和信息传输的数学模型一致,存储本质上也是一种传输,因此,密码的理论与技术用于存储系统也是十分成功的、有效的。由此可见,在理论上利用密码,就能把单纯的信息传输和单纯的信息存储的数据安全问题解决得比较好。

为什么能针对信息传输和存储,建立并利用密码确保数据保密性和完整性(真实性)的理论和技术呢？答案很简单:密码的作用是建立在信息在正确的传输和存储状态下信息形态不发生变化,接收(读出)数据等于发送(写入)数据的事实之上。换言之,密码能建立并发挥作用的基础是

$$\text{Data(Output)} = \text{Data (Input)} \tag{11-1}$$

对于保密通信,可采用任一安全适用的密码。设 E 为加密算法,D 为解密算法,K 为密钥,M 为明文,C 为密文,则 $C=E(M,K)$,$M=D(C,K)$。

保密通信是将密文 C 送入信道传输:

$$\text{Data(Input)} = C = E\ (M,K) \tag{11-2}$$

在信息正确传输状态下,由式(11-1)和式(11-2)有

$$\text{Data(Output)} = \text{Data(Input)} = C = E\ (M,K) \tag{11-3}$$

所以,接收到的数据能够正确解密:

$$D[\text{Data(Output)},K] = D[\text{Data(Input)},K] = D[C,K] = M \tag{11-4}$$

如果没有式(11-1)这一基础,则接收到的数据将不能正确解密。

通过密钥管理,只给合法者分配密钥。由于非法者没有密钥,使得非法者不能正确解密获得明文,也不能伪造出合理的密文而不被发现,从而确保了传输数据的保密性和完整性(真实性)。

由上可知,式(11-1)是密码能建立并正确发挥作用的基础。

对于密码的应用,还需要强调以下两点。

① 这里说密码的理论和技术用于信息传输与存储是十分成功有效的,主要是指理论上是十分成功有效的。因为任何一种信息安全技术只有融入信息系统中,才能发挥实际作用,否则是不能发挥实际作用的。据此,必须把密码变成软件或硬件,还要把密码的软件或硬件融入实际的通信系统和存储系统中,才能发挥实际作用。又因为通信系统和存储系统都存在设备安全和行为安全等问题,所以只有这些方面都安全,信息系统和信息才是安全的。所以千万不能认为,密码算法是安全的,实际的通信系统和存储系统就是安全的。

② 密码对信息的保密作用体现在密文的作用上。把数据加密成密文,不给非法者分

配密钥。非法者没有密钥不能解密,信息得到保密。但是,密文对于合法者来说,也是看不明白的,也是不能直接使用的。合法者要使用信息,必须把密文解密成明文。合法者有密钥,可以解密得到明文。但是,一旦把密文解密成明文,密码的保密作用就消失了。这就告诉我们,必须高度重视确保信息在合法者使用时的安全保密。这往往需要通过法律、教育、管理和技术等措施共同确保信息的安全保密。历史上,世界上许多国家都发生过信息在使用时失密的事情,千万不能忘记这些沉痛的教训!

根据前面的分析得知,信息在传输和存储状态下,信道的输出数据等于输入数据,密码能够正常发挥作用,从而使得密码成为确保信息传输与存储安全的最有效技术。

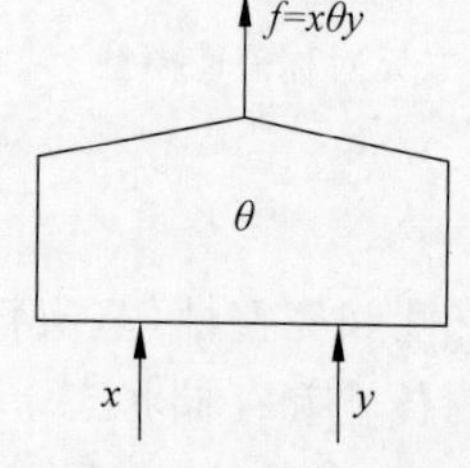

图 11-2　二输入计算模型

下面分析信息处理(计算)的情况。二输入计算模型如图 11-2 所示。与信息在正确的传输和存储状态下信息形态不发生变化不同,信息在正确的处理状态下信息形态也会发生变化。例如,向运算器 θ 输入一个 x 和一个 y,如果运算是正确的,则从运算器输出的是一个 $x\theta y$,信息的形态发生了变化。具体举例,设 $x=1,y=1,\theta=+$,则 $x\theta y=10$,产生了进位,信息的形态发生了变化。

由于运算器即使在运算正确的情况下,运算器输出的信息也会发生形态变化,因此输出信息不等于输入信息,而是等于输入信息的运算结果,这就使得不能直接应用普通密码确保运算信息的安全保密,必须根据此特性设计新密码(同态密码)确保运算信息的安全保密。

综上可见,解决信息处理中的信息安全问题比解决信息存储和传输中的信息安全问题更困难。这就使得现在信息处理(计算)中的信息安全问题解决得没有信息传输和存储那样好。这也正是为什么现在一提起信息安全好像与计算机关系更密切,而与通信和存储关系不太密切的根本原因。

11.2　保密计算与同态密码

目前,保密计算已经成为信息安全领域的一个研究热点,所用名称有保密计算、密文计算、密态计算、隐私计算等多种。本书使用保密计算一词。从研究内容上看,目前研究比较多的是同态密码、密文检索和安全执行环境(Trusted Execution Environment, TEE)等。

20 世纪 70 年代出现了统计数据库。统计数据库对用户提供数据的统计值,而不能泄露个体数据。由此,人们提出了保密计算的需求。21 世纪出现了云计算,云计算是面向服务的计算。用户不用自己购买硬件和软件,将数据交给云,云替用户进行计算,把计算结果返给用户。云计算可为用户节省开支,但数据和计算的非自主可控性使用户担心自己的数据会被泄露,这就使保密计算的需求更加迫切了。

为了实现保密计算,用户希望对输入数据和计算结果保密,不仅要对非法人员保密,而且还要对计算机保密。人们希望能够继续采用密码技术。为了输入数据保密,可把输入数据加密后再送入计算机进行计算。设 E 为加密算法,D 为解密算法,K 为密钥,M 为明文,C 为密文,$C=E(M,K)$,$M=D(C,K)$。对于图 11-2 所示的二输入计算模型,输入变成 $E(x,K)$ 和 $E(y,K)$。设运算 $\theta=+$,则运输结果为 $E(x,K)+E(y,K)$。整个过程中,输入数据的保密实现了,无论对非法人员,还是对计算机都是保密的。但是问题来了:第一个问题是计算结果不是真正需要的计算结果,是无意义的结果;第二个问题是合法接收者也无法解密得到真正需要的计算结果。进一步希望计算的结果是真正需要的计算结果的密文,这样既实现了对计算保密,又可以让合法接收者可正确解密,得到真正需要的计算结果。将这一要求归纳成式(11-5):

$$E(x,K)\theta E(y,K)=E(x\theta y,K) \tag{11-5}$$

满足这一要求的密码称为同态密码(Homomorphic Encryption)。由式(11-5)可立即得到如下结论。

结论 11-1　如果密码算法 E 对于运算 θ 满足分配率,即有

$$E(x\theta y,K)=E(x,K)\theta E(y,K) \tag{11-6}$$

则密码算法 E 对于运算 θ 是同态密码。

同态密码分为两种:部分同态(Somewhat Homomorphic Encryption,SWHE)和全同态(Fully Homomorphic Encryption,FHE)。部分同态只支持特定的运算,如加法,或者乘法等。全同态支持任意的运算函数,只要这种函数可以通过算法描述,并用计算机能够实现。

通常,对加法同态的密码称为加法同态密码,对乘法同态的密码称为乘法同态密码。对于加法和乘法都同态的密码称为全同态密码。这是因为根据有限域的知识可知,加法和乘法是最基本的运算,有了加法和乘法,就可以组合得到其他更多的运算。

众所周知,乘法对加法满足分配率,乘方对乘法满足分配率。所以,如果密码算法 E 是乘法运算,则该密码是加法同态密码。如果密码算法 E 是乘方运算,则该密码是乘法同态密码。

例 11-1　希尔(Hill)密码是一种著名的古典密码,它是加法同态密码。它将明文表示为一个向量 $\boldsymbol{M}$,选一个满秩矩阵 $\boldsymbol{K}$ 为密钥。加密时用明文向量 $\boldsymbol{M}$ 乘以密钥矩阵 $\boldsymbol{K}$,得到密文向量 $\boldsymbol{C}=\boldsymbol{MK}$。解密时用密文向量 $\boldsymbol{C}$ 乘以密钥矩阵的逆矩阵 $\boldsymbol{K}^{-1}$,$\boldsymbol{M}=\boldsymbol{CK}^{-1}$。这显然满足式(11-6),$(M_1+M_2)\boldsymbol{K}=(M_1)\boldsymbol{K}+(M_2)\boldsymbol{K}$。所以,希尔(Hill)密码是加法同态密码。

例 11-2　著名的 RSA 密码是乘法同态密码。因为 RSA 密码的密码运算是加密指数 e 的乘方运算,显然满足式(11-6),$(xy)^e=(x)^e(y)^e$。

为了安全,近代密码算法都设计成复杂的非线性运算,因此要求密码算法 E 对运算 θ 满足分配率,显然是不容易的。实际上,密码算法 E 对于运算 θ 满足分配率,只是构成同态密码的一个充分条件,除此之外,还有其他的充分条件。根据任何一个充分条件,都可以设计同态密码。

同态密码除可用于云计算领域外,还可用于密文检索、安全多方计算、电子投票等领域。

同态密码的概念已经提出几十年了,学术界取得了丰硕的理论成果,但是至今实际应用尚少,这是因为同态密码尚存在以下不足之处。

① 只能实现单比特同态加密,效率低。

② 大多数同态加密方案依赖的困难问题尚未经过严格论证,安全性需要进一步论证。

③ 同态加密方案需要额外的消除噪声的算法。

我们期待,同态密码能进一步发展完善,走向应用,发挥实际作用。

鉴于纠错码用于通信和存储十分成功有效,于是许多学者研究用于运算器的纠错码,希望得到能用于信息处理中的有效纠错码,并且提出了许多理论上成功的方案。但是,由于运算器纠错码的时间消耗会明显降低运算器的效率,因而至今没有得到实际应用。用于运算器的纠错编码的经验教训,值得同态密码参考借鉴。

同态密码的出现使我们看到确保信息处理安全的希望,成为一个研究热点。现在已经设计出许多同态密码方案。但是,从其安全性和效率两方面看,目前的研究成果尚不能够实际使用,还需进一步研究。运算器纠错码的经验教训告诉我们,安全高效是同态密码能否成功的关键。已经有报道,美国北卡罗来纳州立大学的研究人员对同态密码实施侧信道攻击获得成功,可从同态密码的加密过程中窃取数据。安全的同态密码应当能够经得起基于数学的攻击和基于物理学的侧信道攻击。

目前的同态密码在运算上只考虑了加法和乘法的同态问题,尚没有考虑逻辑运算的同态问题。逻辑运算是计算机指令系统中的一大类运算,只考虑算术运算的同态,不考虑逻辑运算的同态,显然是不够的。

另外,同态密码只是在理论上考虑了一个运算步骤的保密,没有考虑把数据提交给计算机进行计算,并输出计算结果这一实际计算过程的保密。实际上,把数据交给计算机进行计算是由软件和硬件完成的。从明文数据的输入和加密,密文运算,到输出结果和解密应用,中间任何一个环节出问题都可能造成泄密。要同态密码解决这么多安全问题是不现实的。

可信计算技术和近年发展起来的一种可信执行环境(TEE)技术,通过构建一个安全可信的计算环境确保代码和数据的完整性和隐私性,实现保密计算,从而回避了同态密码的困难。作者团队与企业合作研制的我国第一款可信计算机 SQY14 嵌入密码型计算机,ARM 公司的 TrustZone 和 Intel 公司的 SGX 就以这方面探索的典型实例。

为什么可信计算或 TEE 技术,可以实现保密计算呢?

普通密码的服务场景是信息传输和信息存储,传输信道是传输数据的通路,存储信道是存储数据的存储器。普通密码是信任信道,不信任信道上的人,信道上有坏人,要对坏人保密。同态密码的服务场景信息计算,其信道是计算机。同态密码是既不信任信道上的人,信道上有坏人,也不信任信道(实施计算的计算机),不仅要对坏人保密,还要对计算机保密,从而使问题复杂化。要解决这一复杂问题,使得同态密码本身也复杂了。于是,同态密码要做到安全、高效就困难了。

同态密码不信任计算机,却又要计算机进行计算,从而形成矛盾。这是造成问题复杂化的根本原因。

如果有办法确保计算机是安全可信的,构成一个安全可信的计算环境,于是就可以信任计算机。不再需要对计算机保密,只需要对坏人保密,问题就变得简单了。这样反而可以安全、高效地完成计算,回避同态密码的困难,实现保密计算。

作者与企业合作研制出我国第一款嵌入式安全模块(ESM)和第一款可信计算平台,嵌入密码型计算机 SQY14,分别如图 11-3 和图 11-4 所示。这一成果获得国家科技部等四部委联合授予的"国家级重点新产品"证书和国家密码科技进步奖二等奖。

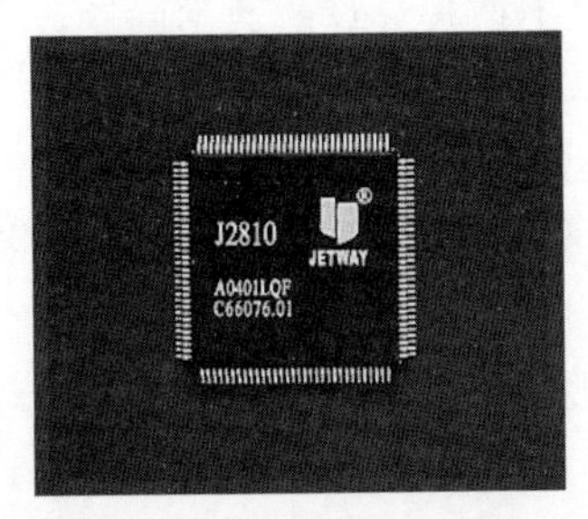

图 11-3　嵌入式安全模块的核心芯片 J2810

图 11-4　SQY14 嵌入密码型计算机

SQY14 嵌入密码型计算机采用自主研制的主板和 ESM,并以为 ESM 为计算机安全的控制核心,对计算机的所有 I/O 实施基于物理的安全管控,内存隔离保护,安全增强国产操作系统红旗 LINUX,增强的访问控制,病毒免疫,基于智能卡的双因素身份认证,中国商用密码与合理的密钥管理,数据备份恢复等安全措施。众多的安全措施,特别是可以物理关断所有 I/O,从而可以形成一个物理封闭的安全计算环境,实现保密计算。

TrustZone 和 SGX 是在计算机系统中通过底层软硬件构建一个隔离的安全区域,通过访问控制确保该区内的代码和数据的完整性和隐私性。

SQY14 嵌入密码型计算机,TrustZone 和 SGX 是基于安全计算环境 TEE 实现保密计算的有益尝试。它们是成功的,但还需要进一步发展、完善、提高。

由此可见,要解决数据计算的安全问题,应当同时采用密码、硬件安全、软件安全、系统安全、网络安全等多种安全措施,任何单一措施都是不够的。

显然,将密码与安全计算环境 TEE 相结合实现保密计算,是一个值得研究的方向。

必须指出,由于信息技术和应用的发展,现在已经很少有单纯的存储、传输和处理系统。现在的信息系统几乎都是存储、传输和处理的综合系统。例如,计算机系统中有信息处理,也有传输和存储。通信系统中有传输,也有存储和处理。因此,应当从信息系统安全角度综合考虑,解决信息传输、存储和处理的安全问题。

11.3　抗量子计算密码

11.3.1　量子计算对现有公钥密码的挑战

量子计算机技术已经取得了重要的进展。量子计算机由于具有并行性,因此具有超强的计算能力,从而使得基于计算复杂性理论的现有公钥密码的安全受到挑战。

理论分析表明:1448 量子位的量子计算机可以破译 256 位的椭圆曲线密码,利用 2048 量子位的量子计算机可以破译 1024 位的 RSA 密码。

在量子计算环境下我们仍然需要确保信息安全,仍然需要使用密码,但是我们使用什么密码呢?这成为摆在我们面前的一个重大战略问题。

哲学的基本原理告诉我们:凡是有优点的东西,一定也有缺点。因此,量子计算机有优势:有其擅长计算的问题,有其可以破译的密码。但它也有劣势:有其不擅长计算的问题,有其不能破译的密码。据此,只要依据量子计算机不擅长计算的数学问题设计构造密码,就可以抵抗量子计算机的攻击。

目前的研究认为,基于纠错码的一般译码问题困难性的 McEliece 密码,基于多变量二次方程组求解困难性的 MQ 密码,基于格困难问题的格密码,基于 Hash 函数的签名方案等,都是抗量子计算密码。

出于对抗量子计算密码需求的迫切性,2016 年 12 月,美国 NIST 启动了在全球范围内征集抗量子计算密码算法并制定标准的工作。经过 3 轮评审,于 2022 年 7 月 5 日公布 Kyber、Dilithium、Falcon、Sphincs 4 个密码胜出,同时宣布 Bike、Classic McEliece、Hqc、Sike 4 个密码进入第 4 轮评审。其中选定的 Kyber、Dilithium、Falcon 密码是格密码,Sphincs 是一种基于 Hash 函数的签名方案。

2024 年 4 月 10 日,NIST 召开第五届抗量子计算密码(PQC)标准化会议,目的是对抗量子计算密码算法(包括已选定的和正在评估的算法)进行全面讨论评估,以获得有价值的意见。会议要求,2024—2030 年,美国必须将密码升级到抗量子计算密码。估计 2030 年传统密码的破解专用量子计算机(CRQC)会出现。这意味着密码升级到抗量子计算密码的准备工作成为当务之急,必须建立安全且有弹性的 PKI 基础设施,以维护信息交互的安全性和可靠性。由此可见,美国对把传统密码升级到抗量子计算密码的工作十分重视。

我国也应高度重视这一工作,确保我国在量子计算时代的信息安全!

11.3.2 格密码的一些基础知识

目前,在抗量子计算密码中研究比较多的是格密码。在 NIST 选定的抗量子计算密码标准中,多数也是格密码,因此这里介绍与格密码相关的一些基础知识。有了这些基础知识,读者掌握格密码算法就容易了。

1. 格的概念

定义 11-1 设$\mathbb{R}$为实数集合,$\mathbb{R}^m$为$\mathbb{R}$上的 m 维向量空间(或称欧几里得空间),$\mathbb{Z}$为整数集合,$\boldsymbol{b}_0,\boldsymbol{b}_1,\cdots,\boldsymbol{b}_{n-1}\in\mathbb{R}^m$为 $n(n\leqslant m)$个线性无关的向量,称 $\boldsymbol{b}_0,\boldsymbol{b}_1,\cdots,\boldsymbol{b}_{n-1}$一切整系数线性组合的向量集合 $\boldsymbol{L}$ 为格:

$$\boldsymbol{L}=\left\{\sum_{i=0}^{n-1}k_i\boldsymbol{b}_i \mid k_i\in\mathbb{Z}\right\} \tag{11-7}$$

并称 $\boldsymbol{b}_0,\boldsymbol{b}_1,\cdots,\boldsymbol{b}_{n-1}$为格 $\boldsymbol{L}$ 的一组基底,格 $\boldsymbol{L}$ 为向量 $\boldsymbol{b}_0,\boldsymbol{b}_1,\cdots,\boldsymbol{b}_{n-1}$生成的格,格 $\boldsymbol{L}$ 的秩为 n。当 $m=n$ 时称格为满秩格。由式(11-7)可知,格是由一组基底向量的整系数线性组合生成的向量集合。

根据格的定义,显然它与线性代数中的线性空间相似。

把格的基底作为列向量排成矩阵,$\boldsymbol{B}=[\boldsymbol{b}_0,\boldsymbol{b}_1,\cdots,\boldsymbol{b}_{n-1}]_{m\times n}$,则格可写成矩阵 $\boldsymbol{B}$ 与列向量 $\boldsymbol{x}$ 乘积的形式,即

$$\boldsymbol{L}(\boldsymbol{B})=\{\boldsymbol{Bx}\mid \boldsymbol{x}\in\mathbb{Z}^n\} \tag{11-8}$$

定义 11-2 设$\mathbb{Z}$为全体整数的集合,q 为一个正整数,$\mathbb{Z}_q$为全体整数模 q 余数的集合,$\boldsymbol{b}_0,\boldsymbol{b}_1,\cdots,\boldsymbol{b}_{n-1}\in\mathbb{Z}_q^m$为 $n(n\leqslant m)$个线性无关的向量,称 $\boldsymbol{b}_0,\boldsymbol{b}_1,\cdots,\boldsymbol{b}_{n-1}$一切线性组合的向量集合为模 q 格,记为 $\boldsymbol{L}_q$:

$$\boldsymbol{L}_q=\left\{\sum_{i=0}^{n-1}k_i\boldsymbol{b}_i \bmod q \mid k_i\in\mathbb{Z}_q\right\} \tag{11-9}$$

目前,多数格密码都建立在模 q 格的基础之上,而且选 q 为素数,这样处理的好处是运算简单,可提高密码运算的效率。

许多格密码都以多项式商环作为基础。NIST 选定的抗量子计算密码 Kyber,选用 $n=256$,素数 $q=3329$,以商环$\mathbb{R}=\mathbb{Z}[x]/(x^{256}+1)$和$\mathbb{R}_{3329}=\mathbb{Z}_{3329}[x]/(x^{256}+1)$ 为基础。NIST 选定的抗量子计算密码 Dilithium 签名方案,选定 $n=256$,素数 $q=8380417$,以商环$\mathbb{R}=\mathbb{Z}[x]/(x^{256}+1)$和$\mathbb{R}_q=\mathbb{Z}_q[x]/(x^{256}+1)$为基础。

2. 格上的困难问题

众所周知,公钥密码都建立在一些困难问题的基础之上。据此,要在格上建立公钥密码,必须首先了解格上的困难问题。目前最常用的格上困难问题如下。

① 最短向量问题(SVP):给定格的一组基底 $\boldsymbol{b}_1,\boldsymbol{b}_2,\cdots,\boldsymbol{b}_n$,找到格 $\boldsymbol{L}(\boldsymbol{b}_1,\boldsymbol{b}_2,\cdots,\boldsymbol{b}_n)$的最短非零向量,即找到一个非零向量 $\boldsymbol{u}\in\boldsymbol{L}(\boldsymbol{b}_1,\boldsymbol{b}_2,\cdots,\boldsymbol{b}_n)$,而 u 的长度(欧几里得范数)$\|u\|$ 最小。

② 最近向量问题(CVP):给定格的一组基底 $\boldsymbol{b}_1,\boldsymbol{b}_2,\cdots,\boldsymbol{b}_n$ 和一个向量 $\boldsymbol{v}$(不需要在格内),找到一个与 $\boldsymbol{v}$ 最接近的向量,即找到一个向量 $\boldsymbol{u}\in\boldsymbol{L}(b_1,b_2,\cdots,b_n)$,而 $\|\boldsymbol{v}-\boldsymbol{u}\|$ 的值最小。

③ 最短独立向量问题(SIVP):给定格的一组基 B,找到 n 个独立向量 $\boldsymbol{S}=[s_1,s_2,\cdots,s_n]$,其中 $s_i\in\boldsymbol{L}(B)$且使得 $\|\boldsymbol{S}\|=\max\limits_i\|s_i\|$ 最小。

3. LWE 和 SIS 问题

LWE 和 SIS 问题是由方程组求解衍生出的两个困难问题。通过量子归约表明,平均情况下 LWE 和 SIS 问题的困难性大于或等于最坏情况下近似最短向量问题(SVPγ)和近似最短独立向量问题(SIVPγ)的困难性。因此,在 LWE 和 SIS 问题之上建立的密码方案,都能将其安全建立在格问题的最坏情况下的困难性之上,容易确保其安全性。由此,LWE 和 SIS 问题在抗量子计算密码设计中得到广泛应用。

1) 带错误的学习(LWE)问题

2005 年,Oded Regev 提出了带错误的学习(Learning With Errors,LWE) 问题。此后,LWE 问题发展成为构建密码的一种理论模型。基于 LWE 问题能构造一大批功能强大且安全的加密方案。因此,Oded Regev 荣获了 2018 年的哥德尔奖。

所谓带错误的学习问题,就是求解带噪声的线性方程组的问题,本质上属于理论计算机科学中的计算复杂度问题。设有如下线性方程组,试求出解向量(s_1,s_2,s_3,s_4)。

$$\begin{cases}14s_1+15s_2+5s_3+2s_4\approx 8 \bmod 17\\13s_1+7s_2+14s_3+6s_4\approx 16 \bmod 17\\6s_1+10s_2+13s_3+5s_4\approx 3 \bmod 17\\7s_1+13s_2+9s_3+11s_4\approx 9 \bmod 17\end{cases}$$

如果所有方程都是等于(=),那这个问题就简单了,使用高斯消元法,在多项式时间内就容易求出。现在这一问题的关键在于每个式子都是约等于(≈),不是等于(=),也就是说有一定误差(出错)。这个误差可以遵循一个离散概率分布。例如,有的时候左边比右边大1,有的时候左边比右边小1,还有的时候两边相等。由于误差的引入,使用高斯消元法时,所有式子加到一起之后误差也加了起来。噪声过大,导致无法从噪声中获取任何正确信息。这问题就非常困难了。这里误差的作用对于每个方程式来说,相当于添加了一个干扰或噪声,对于整个方程组来说就是添加了一个干扰向量或噪声向量。

用矩阵表示这一线性方程组可得:系数矩阵$\boldsymbol{A}$乘以未知数向量$\boldsymbol{s}$,再加上干扰向量$\boldsymbol{e}$。又因为这一运算的结果为一个向量,所以称为结果向量$\boldsymbol{b}$,于是便抽象出如下的理论模型:

$$\boldsymbol{b}=\boldsymbol{A}\boldsymbol{s}+\boldsymbol{e} \tag{11-10}$$

根据式(11-10),可将上述方程组表示为$\boldsymbol{b}_i=(\boldsymbol{A}\boldsymbol{s})_i+e_i \bmod p(i=1,2,\cdots,n)$。其中每个$\boldsymbol{e}_i$是从某一概率分布(如高斯分布、二项式分布等)中独立采样的随机数,$\boldsymbol{s}$是从$\mathbb{Z}_p{}^n$中随机选取的n维向量。

所谓带错误学习问题,是指在式(11-10)中,已知$\boldsymbol{A}$和$\boldsymbol{b}$,要求出$\boldsymbol{s}$,由于干扰$\boldsymbol{e}$的影响,使得这一问题是很困难的。研究表明,这一问题的困难性取决于向量$\boldsymbol{s}$的维数$\boldsymbol{n}$。目前最好的算法的计算复杂度为$O(2^n)$。只要n足够大,求解就是很困难的。

从密码学角度看,可以把$\boldsymbol{s}$看成私钥,把$(\boldsymbol{A},\boldsymbol{b})$看成公钥。因为,已知$\boldsymbol{A}$和$\boldsymbol{b}$,要求出$\boldsymbol{s}$,由于干扰$\boldsymbol{e}$的影响,这是很困难的,所以可以把LWE问题用作公钥密码设计的一个基础框架。

当LWE问题的元素为环上的元素时,LWE问题就变为环上的LWE问题,记为RLWE。

NIST选定的Kyber密码和Dilithium签名方案的安全性,就建立在RLWE问题的基础之上。

2) 短整数解问题

首先回忆线性代数中的线性齐次方程组求解。

$$\begin{cases}a_{11}x_1+a_{12}x_2+\cdots+a_{1n}x_n=0\\a_{21}x_1+a_{22}x_2+\cdots+a_{2n}x_n=0\\\vdots\\a_{m1}x_1+a_{m2}x_2+\cdots+a_{mn}x_n=0\end{cases}$$

写成矩阵形式,$\boldsymbol{A}\boldsymbol{x}=0$。其中,

$$\mathbf{A}=\begin{bmatrix} a_{11} & a_{12} & \cdots & a_{1n} \\ a_{21} & a_{22} & \cdots & a_{2n} \\ \cdots & \cdots & & \cdots \\ a_{m1} & a_{m2} & \cdots & a_{mn} \end{bmatrix},\quad \mathbf{x}=\begin{bmatrix} x_1 \\ x_2 \\ \vdots \\ x_n \end{bmatrix}$$

根据线性代数的知识,利用高斯消元法容易求出解向量 $\boldsymbol{x}$。但是,只要对矩阵元素和解向量加以限制,问题就变得困难了。例如,求式(11-10)中的解向量就是一个著名的困难问题。

设 q 为素数,m,n 为正整数,$n>m$。给定一个 $\mathbb{Z}_q$ 上的随机矩阵 $\mathbf{A}_{m\times n}$ 和一个正实数 $d>0$,找到一个 $\mathbb{Z}_q$ 上的 n 维向量 $\boldsymbol{x}$,使得

$$\mathbf{A}\boldsymbol{x}=\mathbf{0} \bmod q,且 \|\boldsymbol{x}\|<d \tag{11-11}$$

学术界称这一问题为短整数解(Short Integer Solution,SIS)问题。

由于目前 SIS 问题尚无有效的量子求解算法,因此基于 SIS 问题的密码方案被认为是抗量子计算的。

NIST 选定的 Dilithium 签名方案的安全性,就建立在 RLWE 问题和 SIS 问题的基础之上。

4. 格密码的优缺点

格密码具有以下两个突出优点。

① 格上的运算多为线性运算,计算效率高,因而格密码的运算效率高。

② 基于格困难问题设计的密码,密码是安全的概率高。

计算复杂性理论认为,一个困难问题的困难性是指其在最困难情况下的困难度。为了公钥密码的安全,人们基于困难问题设计公钥密码。为了公钥密码能够实用,还要考虑效率等问题。因此,一个实际的公钥密码往往不一定工作在最困难的情况下。这是许多公钥密码被攻破的原因之一。已经证明:某类格上困难问题在最困难情况下的困难度等于其在平均困难情况下的困难度。这就告诉我们,基于这类格上困难问题设计密码,密码是安全的概率高。

格密码也具有以下一些不足之处。

(1) 格密码的密钥尺寸比较大。

因为格上的运算都是线性运算,合法用户加解密计算很快,非法用户攻击计算也很快。为了使格密码具有足够的安全性,抵抗量子计算机的攻击,必须加大格的维数和密钥的尺寸。

(2) 密码算法复杂,而且需要很多辅助计算和支撑算法。传统公钥密码 RSA 和 ElGamal 都是既可加密,又可签名,但格密码一般是加密的,只能加密不能签名。签名的,只能签名不能加密。这是因为量子计算机具有比电子计算机更强大的计算能力,密码算法没有足够的复杂度是不能抵抗量子计算机的攻击的。另外,理论研究已经得知:为了能够抵抗量子计算机的攻击,抗量子计算密码不能基于交换代数结构,必须基于非交换代数结构,这样就失去了一些优美的数学性质。这也使得密码很难做到既能加密又能签名,并由此导致必须采用许多辅助计算和支撑算法,增加了密码算法的复杂性。

目前,虽然量子计算机技术发展很快,但是其核心关键技术,维持大规模量子纠缠态,仍没有突破。所以现在的量子计算机多数仍是专用计算机,量子位不是工作在纠缠状态,不能执行 Shor 算法,不能有效攻击公钥密码,而能执行 Shor 算法的量子计算机的量子位数又太少,也不能攻击实际公钥密码。因此,格密码目前的应用尚少。可以预计,随着量子计算机的发展和格密码的进一步完善,格密码将会得到广泛应用。

11.3.3 研究抗量子计算密码的困难

虽然人们在研究抗量子计算密码方面取得了可喜的成果,特别是 NIST 已经选定了一批抗量子计算密码标准算法。但是,在抗量子计算密码的研究方面,还是存在许多困难的。主要的困难有以下两点。

1. 人们缺乏对量子计算机并行性的感性认识和实际体会

因为现在大多数人都没有见过量子计算机,更没有机会亲自使用一下量子计算机,所以人们对量子计算机并行性的认识是理论上的、含糊的,完全不像对电子计算机那样,人人都经常使用电子计算机,因此对电子计算机解决问题的过程和能力都十分清楚。

试问,n 个量子位的量子计算机的计算能力到底有多大呢?另外,它解决问题的过程是怎样的呢?与电子计算机有什么不同?这些问题如果不清楚,就会影响人们设计出能够抵抗量子计算机攻击的密码。

2. 量子计算复杂性理论发展迟缓,不能有力支撑抗量子计算密码的设计

密码安全的理论基础之一是计算复杂性理论,因此抗量子计算密码安全的理论基础之一是量子计算复杂性理论。人们借鉴电子计算复杂性理论,初步建立了量子计算复杂性理论,并取得了一些重要成果。人们用 QP 表示量子计算环境下的易解问题,用 QNP 表示量子计算环境下的困难问题。量子计算机的并行性,使得一部分电子计算环境下的 NP 困难问题转换为量子计算环境下的 QP 易解问题。这正是量子计算机可以有效攻击 RSA、ECC、ElGamal 等公钥密码的理论基础。然而,并非所有的 NP 问题都能转换为 QP 问题,仍有部分 NP 问题在量子计算环境下仍是困难的 QNP 问题。这就从理论上告诉我们,量子计算机并不能有效攻击所有密码,为我们研究设计抗量子计算密码提供了理论依据。

为了设计抗量子计算密码,需要知道哪些具体的 NP 问题,到量子计算环境下转换为 QP 问题?哪些仍然是 QNP 问题?这就需要量子计算复杂性理论能解决并回答这些问题。否则就会影响人们设计抗量子计算密码。

在电子计算环境下设计的 McEliece 密码,其安全性基于纠错码的一般译码问题是 NPC 问题,它到了量子计算环境下仍然是安全的。于是人们希望基于电子计算环境下的 NPC 问题设计密码,使之到量子计算环境下仍是安全的。这种希望是否能够成功,需要量子计算复杂性理论给出回答。电子计算环境下的 NPC 问题,到了量子计算环境下会成为什么问题?量子计算环境下有 QNPC 问题码?这些都依赖量子计算复杂性理论的提升来解决。

另外,目前破译密码的量子计算算法主要有两种:第一种是 Grover 算法,用于攻击

密码,其作用相当于把密码的密钥长度减少一半,对现有密码构成了一定的威胁,但是并没有构成本质的威胁,因为只要把密钥加长一倍,就可以抵抗这种攻击;第二种是 Shor 算法,它可在多项式时间复杂性内求解整数分解、离散对数和椭圆曲线离散对数问题,对密码的攻击是本质的。进一步的研究发现,Shor 算法还能有效求解可交换群上的隐藏子群问题(HSP),而且求解 HSP 是分解整数和求解离散对数问题的一般化。这一发现告诉我们,凡是建立在交换群 HSP 问题上的密码,都不能抵抗量子计算机的攻击。受此启发,可提出一个问题,Shor 算法还能有效攻击什么问题?

众所周知,在电子计算机环境下,攻击密码的算法有很多,但是在量子计算环境下,攻击密码的算法目前只有 Grover 算法和 Shor 算法,于是可以提出另一个问题,在量子计算环境下,攻击密码的算法永远只有这两个算法吗?不会产生新的攻击算法吗?我们的回答是一定会产生新的密码攻击算法,但现在无法知道具体会产生什么算法。

综上可知,上面这些问题都影响抗量子计算密码的设计,这些问题的解决都依赖量子计算复杂性理论的提升与支持!

11.4　密码系统智能化

人工智能(Artificial Intelligence)是研究、开发用于模拟、延伸和扩展人的智能的理论、方法、技术及应用系统的一门新的技术科学。通俗地说,人工智能就是让计算机模拟人的智能思维与行为,执行完成特定任务,为社会服务。

人工智能研究的范围十分广泛,主要包括机器人、语言识别、图像识别、自然语言处理、专家系统、机器学习、计算机视觉等。

近年来,随着计算机技术、大数据和智能算法的提升,人工智能技术已经取得突破性进展。例如,AlphaGo 下棋战胜世界冠军,提出 GPT-4 深度学习模型、Chat-GPT 人工智能聊天机器人等标志性成果,给人们展示出人工智能的空前成功与诱人的前景,在全世界掀起了一场人工智能热潮。

当前,人工智能技术已经深入各行各业,并得到广泛应用。例如,基于人脸识别技术的门卫系统,工业与生活机器人,机器翻译软件系统,汽车牌照自动识别系统等,都得到十分广泛的应用。

人工智能广泛服务社会,信息系统智能化已经成为一股不可阻挡的大潮。对于信息安全领域,应当而且完全可以利用人工智能技术实现信息安全系统智能化,进而更好地确保信息安全。基于人脸识别的身份认证系统的广泛应用,就一个成功的范例。密码是确保信息安全的关键技术,因此密码系统智能化就成为密码技术发展与应用中的一个重要方向。人工智能在这里是可以大有作为的。由于人工智能技术的融入,可以使密码系统更加安全、高效。密码系统与人工智能技术融合的研究方向,显然包括以下几方面。

(1) 密码破译智能化　密码破译是以破译敌人密码为目的的密码对抗工作。密码破译是一种高智力工作,世界上第一台电子计算机一出现就被用于密码破译。完全可以相信,人工智能技术可以在密码破译中发挥重要作用。

(2) 密码部件的智能化设计 密码部件是构成密码算法的基本构件,例如对称密码中广泛使用的S盒。相对于密码算法来说,密码部件的规模较小,因此十分适合计算机的智能化设计,而且可以设计得到非常好的密码部件。后面将会介绍,作者的团队在这方面有一定的成功经验。例如,作者的研究团队利用演化计算编制软件,一分钟就可产生100多个安全性能优良的8×8的S盒。

(3) 密码算法的智能化设计 密码算法是密码技术的核心,它由一些密码部件构成。相对于密码部件智能化设计,密码算法智能化设计更着重密码算法的整体安全性、高效率和易用性,因此更加复杂,更加困难。有了密码部件的设计自动化做基础,密码算法的智能化设计是完全可以实现的。

(4) 密码性能的智能化测试与完善 对于一个设计好的密码算法,还要进行性能测试,包括安全性、易用性和效率等多方面的指标,并进行优化。这一工作是密码能走向应用的质量保证,因而是十分重要的。这一工作通常要反复进行多次,因此使这一工作智能化是十分必要的。

(5) 密码系统遭受攻击的智能化检测与防御 密码系统在工作时可能会遭受攻击,包括密码攻击(侧信道攻击)、网络攻击、恶意代码攻击等。智能化的密码系统应当能自动检测发现这些攻击,并采取合理的防御措施,确保密码系统能够正确完成预定任务。

1999年,在国家自然科学基金项目的支持下,作者借鉴生物进化的思想,将密码学与智能计算中的演化计算相结合,提出了演化密码的概念和利用演化密码的思想实现密码设计和密码分析自动化的技术路线,并在演化密码体制、演化分组密码安全性分析、演化DES密码、演化密码芯片、密码函数的演化设计和分析、密码部件的设计自动化、安全椭圆曲线选取等方面取得了实际的成功。后来,文献[26,27]的研究团队又把演化密码扩展到量子计算机领域,采用量子模拟退火算法,实际利用加拿大的D-Wavc量子计算机,进行大整数因子分解,多次创造了量子计算机整数分解的世界纪录,目前已经能够分解小于2^{80}的大整数。

今天,演化密码已经得到实际应用,为确保我国信息安全发挥了实际作用。

实践表明,演化密码是人工智能与密码结合的产物,是实现密码系统智能化的一种有益探索与实践。

11.5 扩展密码应用

密码是确保信息安全的关键技术,密码只有应用,才能发挥实际作用,因此应当大力扩展密码的应用。

密码具有保密和保真两个作用。过去,人们对密码的保密作用应用比较多。现在,应当同时重视对密码保真作用的应用。本节介绍的可信计算和区块链就是主要利用密码Hash函数的保真作用,确保计算机系统和区块链系统中信息安全的成功范例。

11.5.1 可信计算中的密码应用

实践表明,许多信息安全事件都是由于计算机系统不安全引起的。显然,要确保信息安全,必须提高计算机系统的安全性。然而,如何才能提高计算机系统的安全性呢?

本书作者曾提出如下学术观点:信息系统的硬件系统安全和操作系统安全是信息系统安全的基础,密码技术、网络安全等技术是关键技术。而且只有从整体上采取措施,特别是从底层做起,综合采取多种措施,才能比较有效地解决信息安全问题。

根据这些学术观点,要增强计算机系统的信息安全,就必须从计算机的芯片、主板、硬件结构,BIOS 和操作系统等软硬件底层做起,从数据库、网络、应用等方面综合采取措施。可信计算正是依据这样的思路发展起来的。

1. 可信计算的概念

可信计算是一种旨在增强计算机系统可信性和安全性的综合性信息安全技术,其终极目标是构建安全可信的计算环境。

可信计算的基本思想:在计算机系统中建立一个信任根,从信任根开始对计算机系统进行可信度量,并综合采取多种安全防护措施,确保计算机系统的可信性和安全性,进而构成安全可信的计算环境。

几十年来的发展和应用实践证明,可信计算是提高计算机系统安全性和可信性的有效措施。

2. 可信计算的关键技术

可信计算主要采用了以下几种关键技术。

1) 信任根

信任根是计算机的可信基点,也是计算机实施安全控制的基点。功能上,它包含 3 个信任根,分别是可信度量根(Root of Trust for Measurement,RTM)、可信存储根(Root of Trust for Storage,RTS)和可信报告根(Root of Trust for Report,RTR)。

特别强调指出,中国的可信计算机必须采用中国的信任根。

2) 度量存储报告机制

基于信任根对计算平台的可信性进行度量,并对度量的可信值进行安全存储,当访问客体询问时提供报告,这一机制称为度量存储报告机制。它是可信计算机确保自身可信,并向外提供可信服务的一项重要机制。

由于目前尚没有一种简单的方法对计算平台的可信性进行方便的度量,因此国际可信计算组织(Trusted Computing Group,TCG)对可信性的度量采用了度量其重要软件完整性的方法。对重要的软件,事先计算出其 Hash 值并安全存储。进行可信度量时,重新计算其 Hash 值,并与事先存储的值进行比较。如果两者不相等,便知道该软件的完整性被破坏。完整性被破坏的原因,可能是物理损坏或病毒传染,也可能是人为篡改。一旦发现系统资源的完整性被破坏,便可以采取各种措施,如备份恢复等。

可信度量的值必须安全存储。为了节省存储空间,TCG 采用了一种扩展计算 Hash 值的方式,即将现有值与新值相连,再次计算 Hash 值并被作为新的完整性度量值存储到平台配置寄存器 PCR 中。

$$\text{New PCR}_i = \text{Hash}(\text{Old PCR}_i \parallel \text{New Value}) \tag{11-12}$$

其中,符号 ‖ 表示连接,$i=0,1,\cdots,n$。

这种扩展计算 Hash 值的优点在于：PCR 中的值是一系列的扩展计算的结果，它不仅反映了计算平台当前的可信性，而且也记录了系统可信度量的历史过程。Hash 函数的性质可以确保，不可从当前的值求出以前的值，而且存储空间固定，不随度量次数的增加而增加。

度量存储之后，当访问客体询问时，向用户提供平台可信状态报告，供访问客体判断平台的可信性。向访问客体提供报告的内容包括 PCR 值和日志等信息。为了确保报告内容安全，还必须采用加密、数字签名和认证技术，这一功能被称为平台远程证明。

3）可信平台模块

可信平台模块(TPM)是一种片上芯片(System on Chip，SoC)，它是可信计算平台的信任根(RTS 和 RTR)，也是可信计算平台实施安全控制的基点。它由执行引擎、存储器、I/O 部件、密码协处理器、随机数产生器等部件组成。其中，执行引擎主要是 CPU 和相应的固件。密码协处理器是公钥密码的加速引擎。密钥产生部件的主要功能是产生公钥密码的密钥。随机数产生部件是 TPM 的随机源，主要功能是产生随机数和对称密码的密钥。Hash 函数引擎是 Hash 函数的硬件引擎。HMAC 引擎是基于 Hash 函数的消息认证码硬件引擎。电源管理部件的主要功能是监视 TPM 的电源状态，并做出相应处理。配置开关的主要功能是对 TPM 的资源和状态进行配置。非易失存储器是一种掉电保持存储器，主要用于存储密钥、标识等重要数据。易失存储器主要用作 TPM 的工作存储器。I/O 部件主要完成 TPM 对外、对内的通信。TCG 的 TPM 结构如图 11-5 所示。

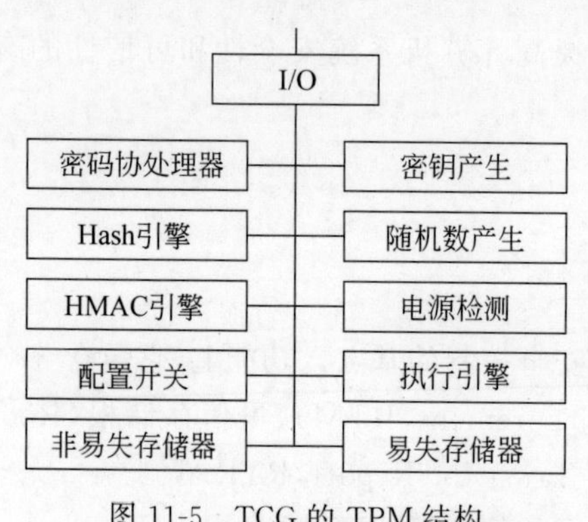

图 11-5　TCG 的 TPM 结构

除 TCG 的 TPM 外，我国在《可信计算平台密码方案》规范中提出了可信密码模块(TCM)。TCM 强调采用中国商用密码，其密码配置比 TCG 的 TPM 更合理。在《可信平台主板功能接口》标准中，强调了 TPM 的安全控制功能，并将其命名为可信平台控制模块(TPCM)。这些都是我国对可信计算的创新性贡献。

4）可信计算平台

TCG 提出了可信服务器、可信 PC、可信 PDA 和可信手机的概念，并且给出了系统结构和主要技术路线。目前，可信 PC 和可信服务器都已实现了产业化。

武汉瑞达公司与作者团队合作，于 2003 年开发出我国第一款可信 PC 平台 SQY14 嵌入密码型计算机。作者团队在国家 863 项目的支持下，开发出我国第一款可信 PDA。

5）可信软件栈

可信计算平台的一个主要特征是在系统中增加了可信平台模块(TPM、TCM、TPCM)芯片，并且以它们为信任根。然而。如何让这个可信平台模块芯片发挥作用呢？如何让操作系统和应用软件方便地使用这个可信平台模块芯片呢？这就需要一个软件中间件把可信平台模块与应用联系起来。这个软件中间件被 TCG 称为 TCG 软件栈(TCG Software Stank，TSS)。在国内被简称为可信软件栈(Trusted Software Stank，TSS)。

TSS 是可信计算平台上 TPM 的支撑软件。它的主要作用是为操作系统和应用软件提供使用 TPM 的接口,有了 TSS 的支持,可信计算平台可以方便地使用 TPM 提供的安全功能。

6）远程证明

因特网是一个开放的网络,它允许两个实体未经过任何事先安排或资格审查就可以进行交互。如果无法判断对方平台是否可信就贸然交互,很可能造成巨大的损失。因此,应当提供一种方法使用户能够判断与其交互的平台是否可信。这种判断与其交互的平台是否可信的过程简称为远程证明。

远程证明建立在可信计算的度量存储报告机制和密码技术的基础之上。当可信计算平台需要进行远程证明时,由可信报告根向用户提供平台可信性报告(PCR 值和日志等)。在存储和网络传输过程中,通过密码加密和签名保护,实现平台可信性的远程证明。

7）可信网络连接

今天,没有网络的计算机是不能广泛应用的。因此,光有计算机的可信,没有网络的可信是不行的。TCG 通过可信网络连接 (Trusted Network Connect,TNC)技术,实现从平台到网络的可信扩展,以确保网络可信。

TNC 的主要思想:验证访问网络请求者的完整性,依据一定的安全策略对其进行评估,以决定是否允许请求者与网络连接,从而确保网络连接的可信性。传统的网络接入,仅进行简单的身份认证,这显然是不够安全的。TNC 在此基础上又增加了对接入申请者的完整性验证,提高了安全性。

3. 可信计算中的密码技术

密码技术是信息安全的关键技术,也是可信计算的关键技术。强调指出,中国的可信计算必须采用中国密码。

可信计算的主要特征技术、度量存储报告机制,就建立在密码技术的基础之上。对系统的重要软件,事先计算出其 Hash 值并安全存储。进行可信度量时,重新计算其 Hash 值,并与事先存储的值进行比较。如果两者不相等,便知道该软件的完整性被破坏。将度量的 Hash 值存储到平台配置寄存器 PCR 中。系统还配置了存储加密密钥,用以对重要数据进行加密。当访问客体询问时,向用户提供平台可信状态报告,供访问客体判断平台的可信性。向访问客体提供报告的内容包括 PCR 值和日志等信息。为了确保报告内容安全,采用了密码加密、数字签名和认证技术。由此可以看出,可信计算的度量存储报告机制,就建立在密码技术基础之上。

可信平台模块(TPM、TCM、TPCM)就是一个以密码功能为主的芯片,而且是可信计算最成功的技术和产品之一。

起初,TCG 的 TPM 1.2 在密码配置与密钥管理方面存在明显的不足。例如,只配置了公钥密码,没有明确配置对称密码。密钥证书太多,管理复杂,使用不方便。中国的 TCM 配置了中国商用密码,既有公钥密码,也有对称密码:SM2、SM3 和 SM4,而且密码配置和密钥管理比 TPM1.2 更合理。

随着可信计算技术的发展与应用,特别是在了解到中国的 TCM 技术后,TCG 认识到 TPM 1.2 存在的不足。2012 年 10 月 23 日,TCG 发布了 TPM 2.0。TPM 2.0 与 TPM 1.2 相比,做了许多改进。

① 支持多种密码算法:TPM 2.0 不仅支持公钥密码,也支持对称密码。对于公钥密码,既支持 RSA,也支持 ECC 和其他密码。对于对称密码,既支持 AES,也支持其他密码。对于 Hash 函数,既支持 SHA-384 和 SHA-3,也支持其他 Hash 函数。

② 支持密码算法更换:TPM 1.2 不支持密码算法更换。中国学者发现 SHA-1 的安全缺陷后,使得 TPM 1.2 的可用性下降。TPM 2.0 支持密码算法更换。

③ 支持密码算法本地化:由于 TPM 2.0 支持密码算法更换,所以 TPM 2.0 支持各国使用自己的密码算法,从而实现密码本地化。TCG 在 TPM 2.0 规范中特别强调了完全支持中国商用密码 SM2、SM3、SM4。

与 TPM 1.2 相比,TPM 2.0 的密码配置更加合理,特别是支持中国商用密码。2015 年 6 月,ISO/IEC 接受 TPM 2.0 成为国际标准。由此,中国商用密码算法第一次成体系地在国际标准中得到应用。

4. 中国的可信计算

1999 年,美国 IBM、Intel、Microsoft,日本 Sony 等企业发起成立了可信计算平台联盟(Trusted Computing Platform Alliance,TCPA)。TCPA 的成立,标志着可信计算高潮的出现。2003 年,TCPA 改组为可信计算组织(Trusted Computing Group,TCG)。TCG 的出现标志着可信计算技术的应用领域进一步扩大。

中国的可信计算有自己的特色和创新。

1999 年年底,武汉瑞达公司和武汉大学开始合作研制安全计算机。2003 年研制出我国第一款嵌入式安全模块(Embedded Security Module,ESM)和第一款可信计算平台 SQY14 嵌入密码型计算机,并通过了国家密码管理局的安全审查,2004 年 10 月通过国家密码管理局主持的技术鉴定,2006 年获国家"密码科技进步奖二等奖"。这一新产品被国家科技部等四部委联合认定为"国家级重点新产品",并得到实际应用。ESM 的核心芯片如图 11-3 所示,SQY14 嵌入密码型计算机如图 11-4 所示。

2004 年之前,中国的可信计算是独立发展的。2004 年之后,中国和 TCG 开始交流。中国向 TCG 学习了许多有益的东西,但仍然坚持独立自主的发展道路,因此有自己的特色和创新。通过交流,TCG 也向中国学习了许多有益的东西。

在我国第一款可信计算平台 SQY14 嵌入密码型计算机中,利用 ESM 对计算机的 I/O 设备、部分系统资源和数据进行安全管控。这一实践奠定了后来的"可信平台控制模块"(Trusted Platform Control Module,TPCM)的技术思想。除此之外,在 SQY14 中还采用了强访问控制、内存隔离保护、基于物理的系统保护、入侵对抗、中国商用密码、两级日志、程序保护、数据备份恢复等安全措施。在可信 PDA 中实现了基于星形信任度量模型的信任根芯片(J2810)主动全面度量,在可信云服务器中实现了基于 BMC 芯片的安全启动、可信度量与安全管控。这些都是 TCG 的可信计算不具备的。

此外,我国学者创新性地提出了主动免疫可信计算和可信计算 3.0。它是指计算机在运算的同时进行安全防护,确保为完成计算任务的逻辑组合不被篡改和破坏、计算全过程可测可控、不被干扰,使计算结果与预期一样。这也是 TCG 的可信计算不具备的。

中国可信计算的实践表明：中国的可信计算起步不晚,创新很多,成果可喜,中国已跻身在国际可信计算领域的前列!

11.5.2　区块链中的密码应用

区块链(Block Chain)技术,也被称为分布式账本技术。其特点是去中心化、公开透明、不可篡改。区块链技术被认为是继大型计算机、个人计算机、互联网之后的一种新型计算模式,特别适合在金融、财务等众多领域中应用。

1. 区块链的概念

目前业界尚没有对区块链形成一个统一的定义。根据 2016 年中国工业与信息化部指导发布的《中国区块链技术和应用发展白皮书》,狭义来讲,区块链是一种按照时间顺序将数据区块以顺序连接的方式组合成的一种链式数据结构,并以密码学方式保证分布式账本不可篡改和不可伪造。广义来讲,区块链技术是利用块链式数据结构验证与存储数据,利用由自动化脚本代码组成的智能合约编辑和操作数据的一种全新的基础架构与计算模式。

因为在区块链中每一个区块中都保存了相应的数据,并按照各自产生的时间顺序连接成链条,这个链条被保存在所有的服务器中,只要整个系统中有一台服务器可以工作,整条区块链就是可靠、可用的。这些服务器在区块链系统中被称为节点,它们为整个区块链系统提供了存储空间和算力支持。如果要修改区块链中的信息,必须征得半数以上节点的同意,并修改所有节点中的信息。由于这些节点通常掌握在不同的主体手中,因此篡改区块链中的信息是一件极其困难的事。

区块链具有以下突出特点。

① 去中心化。去中心化是区块链最突出、最本质的特征。区块链技术不依赖第三方管理机构或硬件设施,没有中心管制,除了自成一体的区块链本身,通过分布式计算和存储,各个节点实现了信息自我验证、传递和管理。

② 信息公开透明。区块链技术基础是开源的,除交易各方的私有信息被加密外,区块链的数据对所有人开放,任何人都可以通过公开的接口查询区块链数据和开发相关应用,因此整个系统信息高度透明。

③ 数据难以篡改。如果要修改区块链中的信息,必须征得半数以上节点的同意,并修改所有节点中的信息。由于这些节点通常都掌握在不同的主体手中,因此篡改区块链中的信息是一件极其困难的事。这使区块链本身变得很安全,避免了个别人的主观篡改。

④ 匿名性。除非有法律和规范要求,单从技术上讲,各区块节点的身份信息不需要公开或验证,信息传递可以匿名进行。

这些特点使得区块链记录的信息更加真实、可靠,从而解决了人们之间的信任问题。

从应用角度看,目前区块链有以下几种类型。

1) 公有区块链

公有区块链(Public Block Chains)：世界上任何个体或者团体都可以发送交易,且交易能获得该区块链的有效确认,任何人都可以参与其共识过程。公有区块链是最早的区块链,也是应用最广泛的区块链,至今各大比特币系列的虚拟数字货币都基于公有区块链。

2）行业区块链

行业区块链(Consortium Block Chains):由某个群体内部指定多个预选的节点为记账人,每个块的生成由所有的预选节点共同决定(预选节点参与共识过程),其他接入节点可以参与交易,但不过问记账过程,其他任何人可以通过该区块链开放的 API 进行限定的查询。这种记账方式本质上还是托管记账,只是变成分布式记账。预选节点的多少,如何决定每个块的记账者成为这种区块链的主要风险点。

3）私有区块链

私有区块链(Private Block Chains):仅使用区块链的总账技术进行记账,可以是一个公司,也可以是个人,独享该区块链的写入权限。传统金融都想实验尝试私有区块链。虽然公链的应用(例如比特币)已经成功,但私链的应用还在摸索之中。

下面以比特币的区块链为例,简单介绍区块链的基本概念和密码应用。

2. 区块的结构

从应用角度看,区块链是一个分布式的账本。既然区块链是账本,那么账本的每一页就是一个区块,区块里面的内容就是交易记录等信息。页码就是本页上交易数据的 Hash 值。

区块由区块头和区块主体组成。区块的结构如图 11-6 所示。区块头存储结构化的数据,大小是 80 字节。区块主体采用一种 Merkle 树状结构,记录区块挖出的这段时间的所有交易信息。区块主体所占的空间比较大。平均来讲,比特币一个区块内有 1000～2000 笔交易信息,平均每个交易至少占 250 字节,因此区块主体可能比区块头大 1000 倍以上。

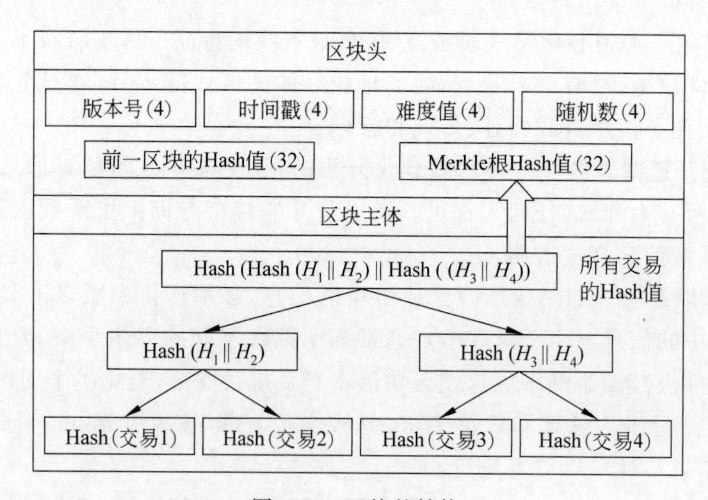

图 11-6　区块的结构

区块头内的数据有:

① 版本号(Version),占 4 字节,用来标识所用的区块版本号。

② 前一区块的Hash值，占32字节，也称为“父区块Hash值”。这个Hash值通过对前一个区块的区块头数据进行两次Hash计算(SHA-256算法)而得出。它表明，每个新挖出的区块都按秩序接在前一区块的后面。在区块链中，每个区块中都有前一个区块的Hash值。

③ Merkle根(Merkle Root)Hash值，占32字节。这种区块主体结构叫作Merkle树，它是一棵倒挂的二叉树。假设区块主体中有4笔交易数据，分别是交易1、交易2、交易3、交易4。根据Merkle树计算Hash值的规则，先计算交易1、交易2、交易3、交易4的Hash值，分别得出H_1、H_2、H_3、H_4。到第二层，两个拼在一块，再计算其Hash值，得到Hash($H_1 \| H_2$)和Hash($H_3 \| H_4$)，其中符号‖表示两个符号串首尾相连。到第3层，两个又拼在一块，再进行Hash计算，得到Hash(Hash($H_1 \| H_2$)‖Hash($H_3 \| H_4$))。最后的这个Hash值就是区块头中的Merkle根的值，简称为Merkle根。

采用Merkle树的优点是能方便地检验交易数据的完整性，即检查交易数据是否被篡改。根据密码学Hash函数的性质，即使对数据做了一点篡改，计算出的Hash值也会变得完全不一样，从而可以发现篡改，确保交易数据的完整性。

④ 时间戳(Time)，占4字节。记录这个区块生成的时间，精确到秒。每诞生一个新的区块，就会被盖上相应的时间戳，这样就能保证整条链上的区块都按照时间顺序进行排列。时间戳可以作为区块数据的存在证明，有助于形成不可篡改和不可伪造的区块链数据库，为区块链用于公证、知识产权等对时间敏感的领域提供了时间因素基础。

⑤ 难度值(Target_bits)，占4字节。挖出该区块的难度值。每产生2016个区块，区块运算难度会调整一次。比如，比特币区块链网络能自动调整挖矿的难度，让矿工每10分钟才挖出一个区块。挖矿就是矿工利用计算机，经过大量的计算，将过去一段时间内发生的、尚未经过网络公认的交易信息收集、检验、确认，并打包计算出Hash值，使之成为一个无法篡改的交易记录信息块，从而成为一个网络公认的已完成的交易记录。因此，本质上可以把挖矿称作争夺记账权。

⑥ 随机数(Nonce)，占4字节。为满足挖矿难度目标所设定的随机数，在比特币系统中，各个节点(矿工)基于各自的算力相互竞争求解一个求解困难而验证容易的数学难题，即SHA-256的逆向求解问题，并被通俗地称为挖矿。最先求解出这一问题的节点获得该区块的记账权及其奖励。这是一个著名的难题，目前只能通过穷举，一点一点试探。运气好的节点，可能求出一个合适的Nonce，使得区块头各元数据的二次Hash(SHA-256)值小于或等于目标Hash值。

Nonce值的设定使得该块的Hash值是以一串0开头的数据，开头的0越多，Hash值就越小，而0的数量是根据难度值设定的。最终产生的Hash值必须是一个小于或等于当前难度值的数据。因为这种穷举计算是非常耗费时间和计算资源的，一个合理区块的出现也就是得到了正确的Nonce值，这也就构成了工作量证明(Proof of Work，PoW)。

用于标识一个区块的标识符有以下两种。

① 本区块的Hash值(Block Hash)，将区块头的信息经过两次Hash处理得到的32字节的Hash值。它是区块的数字指纹，可以唯一地、明确地标识这个区块。任何节点都可以通过对该区块头的信息进行两次Hash计算而进行验证。本区块的Hash值并不包

含在区块头中。通常把它作为该区块的元数据的一部分,存储在一个独立的数据库中。

② 区块高度(Base Height),也称为区块序号。在比特币中,中本聪的创世纪的区块为第 0 块,即高度为 0,以后的区块高度递增,序号递增。区块的高度也不包含在区块头中。通常把它作为该区块的元数据的一部分,存储在一个独立的数据库中。

3. 密码在区块链中的应用

密码是区块链的关键技术,是区块链的主要基础支撑之一。密码中的对称密码和公钥密码,加密、解密、数字签名、验证签名、认证等技术在区块链中都有应用。有密码应用,自然就离不了密钥管理、密码协议等配套技术。

1) Hash 函数的应用

由于密码学 Hash 函数具有单向性、抗碰撞和随机性等安全性质,密码学 Hash 函数在区块链中发挥了重要的基础支撑作用,成为区块链的基础性支撑技术。每个区块的头部都有 3 个重要的 Hash 值,分别是本区块的 Merkle 根 Hash 值、本区块的 Hash 值和前一区块的 Hash 值。

① 本区块的 Merkle 根 Hash 值。

Merkle 根 Hash 值是本区块的交易数据,按 Merkle 树结构逐级计算 Hash 值,最后得到本区块的 Merkle 根 Hash 值。它起到保护本区块的交易数据不能篡改,确保交易数据的完整性、真实性的作用。由于采用了 Merkle 树结构,如果某个交易数据出错,很容易查找定位。

② 本区块的 Hash 值。

本区块的 Hash 值将本区块头的信息经过两次 Hash(SHA-256 算法)处理得到 32 字节的 Hash 值。它是区块的数字指纹,可以唯一地、明确地标识这个区块。任何节点都可以通过对该区块头的信息进行两次 Hash 计算(SHA-256 算法)而验证该区块的完整性。但是,本区块的 Hash 值并不包含在区块头中,通常把它作为该区块的元数据的一部分,存储在一个独立的数据库中。对于下一个区块来说,本区块的 Hash 值就是它的父区块的 Hash 值。如此构成区块链的主链条。

③ 前一区块的 Hash 值,又称为“父区块的 Hash 值”。这个 Hash 值通过对前一个区块的区块头数据进行两次 Hash 计算(SHA-256 算法)而得出,是前一区块的数字指纹。每个新挖出的区块都按秩序接在前一个区块的后面,从而形成区块链的主链条。

2) 公钥密码的应用

在比特币系统中,用户的账户也称为用户的地址,由用户自动产生。用户的账户或地址就是其椭圆曲线公钥密码的公钥。根据公钥密码的安全性质,由公钥不可能求出私钥。据此,公钥是公开的,私钥是保密的。所以,比特币选择用户的公钥作为自己的账户或地址,可以公开,便于用户之间的交易。

比特币用户的账户或地址就是自己的公钥,因此可以把自己的账户或地址公开。别人发过来的加密信息,用户自己用私钥解密,得到明文。任何其他人由于没有私钥,而不能得到明文,确保了通信是保密的。用户向别人支付,用自己的私钥进行数字签名,接收方用支付方的公钥验证签名,确保支付是安全的。

用户的账户或地址以及私钥都保存在比特币钱包文件中。钱包文件受严格的访问控制保护。钱包文件的安全十分重要,一旦钱包文件丢失,账户和比特币就不安全了。由于比特币的去中心化和匿名性,一旦比特币丢失,没有任何人有权力和能力找回丢失的比特币。同样,如果钱包文件损坏了,就意味着钱包里的比特币彻底丢了。任何人都只能在交易数据中看到它,因为没有私钥,无法获得它,且因为私钥是拥有比特币的唯一凭证。由此可见,确保钱包文件安全、可靠是十分重要的。

由于比特币中应用公钥密码,涉及对公钥和私钥的管理,因此 PKI 密钥管理技术以及安全的密码协议应当得到应用。

3) 对称密码的应用

因为比特币是一种公有区块链系统,所以交易数据不需要加密。账户之间的少量保密通信用公钥加密进行,这是可以的。但是,对于私有区块链系统,其中部分交易数据需要保密,这时需要加密的数据量就比较大,再采样公钥密码加密就不合适了,因为公钥密码加密的效率比较低。这时采样对称密码加密就更合适了,因为对称密码加密的效率高。

我国已经建立了完善的商用密码体系,并被接受为国际标准。为了确保我国的信息安全,中国的区块链必须使用中国的密码,其中 SM2、SM3、SM4 就能很好地满足区块链的应用。

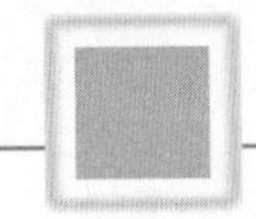

习题

1. 为什么说密码是确保数据安全性的最有效技术?

2. 为什么一说起信息安全,好像它与计算机联系很紧密,而与通信和存储联系不那么紧密?

3. 什么是同态密码? 目前影响它广泛应用的问题是什么?

4. 上网收集资料,了解同态密码的研究和发展情况。

5. 什么是保密计算? 为什么可信计算技术与 TEE 可以支持保密计算?

6. 上网收集资料,了解量子计算机技术的发展情况。

7. 什么是抗量子计算密码?

8. 格密码有什么优缺点?

9. 说明密码系统智能化的作用和意义。

10. 上网收集资料,了解中国可信计算技术的发展与创新。

11. 什么是可信计算? 阐述可信计算的关键技术。

12. 说明密码技术在可信计算中的应用。

13. 上网收集资料,了解区块链的发展与应用。

14. 什么是区块链? 阐述区块的结构。

15. 说明密码技术在区块链中的应用。

参考文献

[1] 张焕国，韩文报，来学嘉，等. 网络空间安全综述[J]. 中国科学（信息科学版），2016，46（2）：125-164.

[2] 教育部高等学校信息安全专业教学指导委员会. 高等学校信息安全专业指导性专业规范[M]. 北京：清华大学出版社，2014.

[3] 教育部高等学校网络空间安全专业教学指导委员会. 高等学校信息安全专业指导性专业规范[M]. 2 版. 北京：清华大学出版社，2021.

[4] 张焕国，唐明. 密码学引论[M]. 4 版. 武汉：武汉大学出版社，2023.

[5] 张焕国，王后珍，杨昌，等. 抗量子计算密码[M]. 北京：清华大学出版社，2015.

[6] Paul Lunde. 密码的奥秘[M]. 刘建伟，王琼，等译. 北京：电子工业出版社，2015.

[7] 王善平. 古今密码学趣谈[M]. 北京：电子工业出版社，2012.

[8] 张焕国，余发江，严飞，等. 可信计算[M]. 北京：清华大学出版社，2023.

[9] 张焕国，赵波，王骞，等. 可信云计算基础设施关键技术[M]. 北京：机械工业出版社，2019.

[10] 张焕国，赵波. 可信计算[M]. 武汉：武汉大学出版社，2008.

[11] SHANNON C E. Communication theory of secrecy system[J]. Bell System Technical Journal，1949，27(4)：656-715.

[12] DIFFIE W，HELLMAN M E. New direction in cryptography[J]. IEEE Trans. on Information Theory，1976，IT-22(6)：644-654.

[13] BLASER M. Protocol failure in the escrowed encryption standard，2nd ACM Conference on Computer and Communications Security[C]. New York：ACM Press，1995：59-67.

[14] 张焕国，覃中平，等. 演化密码引论[M]. 武汉：武汉大学出版社，2010.

[15] 张焕国，冯秀涛，覃中平，等. 演化密码与 DES 密码的演化设计[J]. 通信学报，2002，23（5）：57-64.

[16] 张焕国，冯秀涛，覃中平，等. 演化密码与 DES 的演化研究[J]. 计算机学报，2003，26（12）：1678-1684.

[17] 冯秀涛. 演化密码与DES类密码的演化设计[D]. 武汉：武汉大学硕士学位论文，2003.

[18] 孟庆树，张焕国，王张宜，等. Bent 函数的演化设计[J]. 电子学报，2004，32(11)：1901-1903.

[19] ZHANG H G，WANG Y H，WANG B J，et al. Evolutionary Random number Generator Based on LFSR[J]. Wuhan University Journal of Natural Science，2007，12(1)：75-78.

[20] ZHANG H G，QIN Z P，MENG Q S，et al. Recent Advancement in Evolutionary Cryptography [J]. Journal of Scientific and Practical Computing，2007，1(1)：30-45.

[21] 孟庆树. Bent 函数的演化设计[D]. 武汉：武汉大学博士学位论文，2005.

[22] 王张宜. 密码学 Hash 函数的分析与演化设计[D]. 武汉：武汉大学博士学位论文，2006.

[23] 唐明，演化密码芯片研究[D]. 武汉：武汉大学博士学位论文，2007.

[24] ZHANG H G，LI C L，TANG M. Evolutionary cryptography against multidimensional linear cryptanalysis[J]. SCIENCE CHINA：Information Sciences，2011，54(12)：2565-2577.

[25] ZHANG H G，LI C L，TANG M. Capability of evolutionary cryptosystems against differential cryptanalysis[J]. SCIENCE CHINA：Information Sciences，2011：54(10)：1991-2000.

[26] PENG W C，WANG B N，HU F，et al. Factoring larger integers with fewer qubits via quantum

annealing with optimized parameters[J]. Sci. China-Phys. Mech. Astron.,2019,62(6):060311

[27] 王潮,王启迪,洪春雷,等. 基于 D-Wave Advantage 的量子退火公钥密码攻击算法研究[J]. 计算机学报,2024,47(5):1030-1044.

[28] WANG X Y,YIN Y L,YU H B. Finding collisions in the full SHA-1,advances in cryptology-crypto 05,LNCS 3621[C]. Berlin,Springer-Verlag 2005:17-36.

[29] GROVER L K. A fast quantum mechanical algorithm for database search,Proceedings of the Twenty-Eighth Annual Symposium on the Theory of Computing[C]. New York:ACM Press,1996:212-219.

[30] SHOR P. Polynomial-time Algorithms for Prime Factorization and Discrete Logarithms on a Quantum Computer[J]. SIAM Review,1997,41(2):303-332.

[31] ZHANG H G,JI Z X,WANG H Z,et al. Survey on Quantum Information Security[J]. China Communication,2019,16(10):1-36.

[32] 曾贵华. 量子密码学[M]. 北京:科学出版社,2006.

[33] LU M X,LAI X J,XIAO G Z,et al. A symmetric key cryptography with DNA technology[J]. Science in China Series F:Information Sciences,2007,50(3):324-333.

[34] LAI X J,LU M X,QIN L,et al. Asymmetric encryption and signature method with DNA technology[J]. Science China:Information Sciences,2010,53(3):506-514.

[35] 马志强,张焕国. SuperBase 程序密码保护机制的破译[J]. 微计算机应用,1997,18(1):19-23.

[36] 中华人民共和国密码法[M]. 北京:法律出版社,2019.

[37] 丁存生,肖国镇. 流密码学及其应用[M]. 北京:国防工业出版社,1994.

[38] 冯登国. 频谱理论及其在密码学中的应用[M]. 北京:科学出版社,2000.

[39] 温巧艳,钮心忻,杨义先. 现代密码学中的布尔函数[M]. 北京:科学出版社,2000.

[40] 胡予濮,张玉清,肖国镇. 对称密码学[M]. 北京:机械工业出版社,2002.

[41] 陶仁骥. 有限自动机及在密码学中的应用[M]. 北京:清华大学出版社,2008.

[42] 冯登国. 信息安全中的数学方法与技术[M]. 北京:清华大学出版社,2009.

[43] 冯登国. 序列密码分析方法[M]. 北京:清华大学出版社,2021.

[44] 戚文峰. 移位寄存器序列理论[M]. 北京:科学出版社,2023.

[45] 戚文峰,田甜,徐洪,等. 非线性序列[M]. 北京:科学出版社,2024.

[46] 关杰,丁林,张凯. 序列密码的分析与设计[M]. 北京:科学出版社,2019.

[47] ZUC 算法研制组. ZUC-256 流密码算法[J]. 密码学报,2018,5(2):167-179.

[48] 冯秀涛. 祖冲之序列密码算法[J]. 信息安全研究,2016,2(11):1028-1041.

[49] PRENEEL B. The state of cryptography hash functions. Lectures on Data Security[C]. Springer-Verlag,LNCS,1561(1999),158-182.

[50] 冯登国,裴定一. 密码学导引[M]. 北京:科学出版社,1999.

[51] WANG X Y,YU H B. How to break MD5 and other hash functions. Advances in Cryptology-Eurocrypt'05[C]. Springer-Verlag,2005,LNCS,3494,19-35.

[52] WANG X Y,LAI X J,FENG D G,et al. Cryptanalysis for hash functions MD4 and RIPEMD. Advances in Cryptology-Eurocrypt'05[C]. Springer-Verlag,2005,LNCS 3494,1-18.

[53] WANG X Y,YU H B,YIN Y L. Efficient Collision Search Attack on SHA-0. CRYPTO'05[C]. LNCS 3621,Springer-Verlag,2005:1-16.

[54] GB/T 32905—2016. 信息安全技术 SM3 密码杂凑算法[S]. 北京:中国标准出版社,2016.

[55] BERTONI G,DAEMEN J,PEETERS M. The KECCAK SHA-3 submission[EB/OL].http://

keccak. noekeon. org/Keccak-submission-3.pdf.

[56] 汉克森. 椭圆曲线密码学引论[M]. 张焕国,王张宜,译. 北京：电子工业出版社,2005.

[57] BAUER F L. 密码编码和密码分析[M]. 吴世忠、宋晓龙、李守鹏,译. 北京：机械工业出版社,2008.

[58] 吴文玲,冯登国,张文涛. 分组密码的设计与分析[M]. 北京：清华大学出版社,2009.

[59] 李超. 分组密码的攻击方法与实例分析[M]. 北京：科学出版社,2010.

[60] 郭世泽,王韬,赵新杰. 密码旁路分析原理与方法[M]. 北京：科学出版社,2014.

[61] 王美琴. 密码分析学[M]. 北京：科学出版社,2023.

[62] 张方国. 椭圆曲线离散对数问题[M]. 北京：科学出版社,2023.

[63] 郑建华,陈少真. 密码分析学[M]. 北京：科学出版社,2024.

[64] 王亚辉,张焕国,王后珍. 基于 e 次根攻击 RSA 的量子算法[J]. 工程科学与技术,2018,50(2)：163-169.

[65] 张焕国,唐明. 密码学引论[M]. 3 版. 武汉：武汉大学出版社,2015.

[66] 密码行业标准化委员会网站：http://www.gmbz.org.cn/main/bzlb.html.

[67] BARBULESCU R, GAUDRY P, JOUX A, et al. A heuristic quasi-polynomial algorithm for discrete logarithm in finite fields of small characteristic, In Proc. of the Advances in Cryptology-EUROCRYPT 2014, Berlin, Heidelberg：Springer-Verlag, 2014：1-16.

[68] 闫鸿滨. 密钥管理技术研究综述[J]. 南通职业大学学报,2011,25(1)：79-83.

[69] LEWIS P A W, GOODMAN A S, MILLER J M. A pseudo-random number generator for the System/360[J]. IBM Systems Journal, 1969, 8(2)：136-146.

[70] BHATTACHARJEE K, DAS S. A search for good pseudo-random number generators：Survey and empirical studies[J]. Computer Science Review, 2022, 45：100471.

[71] DAEMEN J, RIJMEN V. AES proposal：Rijndael[J]. 1999.

[72] 吴筱,郭培源,何多多. DES 和 SM4 算法的可重构研究与实现[J]. 计算机应用研究,2014,31(3)：853-856.

[73] KATZ J, LINDELL Y. Introduction to modern cryptography：principles and protocols[M]. California：Chapman and Hall/CRC, 2007.

[74] FUMY W, LANDROCK P. Principles of key management[J]. IEEE Journal on Selected Areas in Communications, 1993, 11(5)：785-793.

[75] 朱宏峰,陈柳伊,王学颖,等. 量子密钥分发网络架构、进展及应用[J]. 沈阳师范大学学报(自然科学版),2023,41(6)：515-525.

[76] BLAKE-WILSON S, MENEZES A. Authenticated Diffie-Hellman key agreement protocols[C]. International Workshop on Selected Areas in Cryptography, Berlin, Heidelberg：Springer Berlin Heidelberg, 1998：339-361.

[77] 郭晨阳. 面向安全加密系统的真随机数发生器的设计[D]. 上海：上海交通大学博士学位论文,2019.

[78] GM/T 0003—2012. SM2 椭圆曲线公钥密码算法规范. 国家密码管理局,2010.

[79] SHAMIR A. How to share a secret[J]. Communications of the ACM, 1979, 22(11)：612-613.

[80] 徐秋亮,李大兴. 椭圆曲线密码体制[J]. 计算机研究与发展,1999(11)：2-9.

[81] MACKENZIE P, REITER M K. Two-party generation of DSA signatures[C]. Annual International Cryptology Conference, Springer, Berlin, Heidelberg, 2001：137-154.

[82] MARK S. Information Security：Principles and Practice[M]. John Wiley & Sons, 2005.

[83] 尚铭，马原，林璟锵，等. SM2 椭圆曲线门限密码算法[J]. 密码学报，2014，1(2)：155-166.

[84] LINDELL Y. Fast secure two-party ECDSA signing [C]. Annual International Cryptology Conference，Springer，Cham，2017：613-644.

[85] 王亚辉，张焕国，吴万青，等. 基于方程求解与相位估计攻击 RSA 的量子算法[J]. 计算机学报，2017，40(12)：2688-2699.

[86] CASTAGNOS G，CATALANO D，LAGUILLAUMIE F，et al. Two-party ECDSA from hash proof systems and efficient instantiations [C]. Annual International Cryptology Conference，Springer，Cham，2019：191-221.

[87] Doerner，Jack. Threshold ECDSA from ECDSA assumptions：The multiparty case[C]. 2019 IEEE Symposium on Security and Privacy (SP)，IEEE，2019.

[88] Garillot，François. Threshold schnorr with stateless deterministic signing from standard assumptions [C]. Advances in Cryptology-CRYPTO 2021，Proceedings，Part Ⅰ，Springer International Publishing，2021.

[89] Ruffing，Tim. ROAST：Robust asynchronous Schnorr threshold signatures[C]. Proceedings of the 2022 ACM SIGSAC Conference on Computer and Communications Security，2022：2551-2564.

[90] 冯琦，何德彪，罗敏，等. 移动互联网环境下轻量级 SM2 两方协同签名[J]. 计算机研究与发展，2020，57(10)：2136-2146.

[91] ZHANG Y D. A provable-secure and practical two-party distributed signing protocol for SM2 signature algorithm[J]. Frontiers of Computer Science，14 (2020)：1-14.

[92] LIANG H Q，CHEN J H. Non-interactive SM2 threshold signature scheme with identifiable abort [J]. Frontiers of Computer Science，18.1 (2024)：181802.

[93] FAN D，LONG Y H，WU P L. Study on secret sharing for SM2 digital signature and its application[C]. 2018 14th International Conference on Computational Intelligence and Security (CIS)，IEEE，2018.

[94] 赵泽茂. 数字签名理论[M]. 北京：科学出版社，2007.

[95] 关振胜. 公钥基础设施 PKI 与认证机构 CA[M]. 北京：电子工业出版社，2002.

[96] 汤素锋. 基于 LDAP 协议的独立证书服务器的设计与实现[C]. 第三届中国信息和通信安全学术会议论文集，北京：科学出版社，2003.

[97] 冯登国. 安全协议－理论与实践[M]. 北京：清华大学出版社，2010.

[98] 王亚弟. 密码协议形式化分析[M]. 北京：机械工业出版社，2007.

[99] 曹珍富，薛锐，张振峰. 密码协议发展研究，《2009—1010，密码学学科发展报告》[M]. 北京：中国科学技术出版社，2010.

[100] BONEH D，DEMILLO R A，LIPTON R J. On the Importance of Checking Cryptographic Protocols for Faults [C]. In Advances in Cryptology-EUROCRYPT '97，volume 1233 of LNCS，Springer-Verlag，1997：37-51.

[101] NEEDHAM R，SCHROEDER M. Using Encryption for Authentication in Large Network of Computers [J]. Communications of the ACM，1978，21(12)：993-999.

[102] BAO F，DENG R，HAN Y，et al. Breaking Public Key Cryptosystems on Tamper Resistant Devices in the Presence of Transient Fault [C]. In 5th Security Protocols Workshop，volume 1361 of LNCS，Springer-Verlag，1997：115-124.

[103] 张焕国，吴福生，王后珍，等. 密码协议代码执行的安全验证分析[J]. 计算机学报，2018，41(2)：288-308.

[104] 吴福生. 密码协议实现的安全分析与设计[D]. 武汉：武汉大学博士学位论文，2018.
[105] 朱建明，高胜，段美娇，等. 区块链技术与应用[M]. 北京：机械工业出版社，2018.
[106] 王晓虎，林超，伍玮. 基于 SM2 的标识认证密钥交换协议[J]. 信息安全学报，2024，9(2)：84-95.
[107] 盛焕烨，王珏. 基于 Kerberos 的公开密钥身份认证协议[J]. 计算机工程，1998(9)：39-42.
[108] 沈昌祥. 用可信计算 3.0 筑牢网络安全防线[J]. 信息通信技术，2017，3(3)：290-298.
[109] 沈昌祥. 用可信计算构筑网络安全[J]. 求是，2015(20)：33-34.
[110] GB/T 42756.4—2023. 卡及身份识别安全设备无触点接近式对象　第 4 部分：传输协议[S].
[111] 黄海. 认证密钥交换协议及其安全模型的研究[D]. 上海：上海交通大学博士学位论文，2009.
[112] 霍炜，郁昱，杨糠，等. 隐私保护计算密码技术研究进展与应用[J]. 中国科学：信息科学，2023，53(9)：1688-1733.
[113] 韩伟力，宋鲁杉，阮雯强，等. 安全多方学习：从安全计算到安全学习[J]. 计算机学报，2023，46(7)：1494-1512.
[114] 张正铨，胡森，莫晓康. 零知识证明研究综述[J]. 数字通信世界，2023(6)：79-81.
[115] 李威翰，张宗洋，周子博，等. 简洁非交互零知识证明综述[J]. 密码学报，2022，9(3)：379-447.
[116] 威尔·亚瑟. TPM2.0 原理及应用指南[M]. 王鹃，余发江，严飞，等译. 北京：机械工业出版社，2017.
[117] 赵波，张焕国，李晶，等. 可信 PDA 计算平台系统结构与安全机制[J]. 计算机学报，2010，33(1).
[118] CANETTI R，YEHUDA L，RAFAIL O，et al. Universally composable two-party and multi-party secure computation[C]. In Proceedings of the thirty-fourth annual ACM symposium on Theory of computing，2002：494-503.
[119] DIFFIE W，VAN OORSCHOT P C，Wiener M J. Authentication and authenticated key exchanges[J]. Designs，Codes and Cryptography，1992，2(2)：107-125.
[120] BRYANT B. Designing an authentication system：a dialogue in four scenes[M]. MIT，Project Athena，1988.
[121] TUNG B. Kerberos：a network authentication system[M]. Addison-Wesley Longman Publishing Co.，Inc.，1999.
[122] SHIM S S Y，BHALLA G，PENDYALA V. Federated identity management[J]. Computer，2005，38(12)：120-122.
[123] BOYD C，MATHURIA A，STEBILA D. Protocols for authentication and key establishment[M]. Heidelberg：Springer，2003.
[124] 李金库，张德运，张勇. 身份认证机制研究及其安全性分析[J]. 计算机应用研究，2001，18(2)：126-128.
[125] 王新房，易文飞，邓亚玲. 基于单向 Hash 函数的口令保护策略[J]. 现代电子技术，2001(11)：4.
[126] 叶锡君，吴国新，许勇，等. 一次性口令认证技术的分析与改进[J]. 计算机工程，2000(9)：27-29.
[127] 张宁，臧亚丽，田捷. 生物特征与密码技术的融合——一种新的安全身份认证方案[J]. 密码学报，2015(2)：18.
[128] 张建晓. 身份认证技术及其发展趋势[J]. 信息通信，2015(2)：2.
[129] 龙威. 基于生物特征的匿名身份认证研究[D]. 北京：北京交通大学硕士学位论文，2015.
[130] 王平，汪定，黄欣沂. 口令安全研究进展[J]. 计算机研究与发展，2016，53(10)：16.
[131] 魏福山，马建峰，李光松，等. 标准模型下高效的三方口令认证密钥交换协议[J]. 软件学报，2016(9)：11.
[132] 汪定，王平，雷鸣. 基于 RSA 的网关口令认证密钥交换协议的分析与改进[J]. 电子学报，2015，43(1)：9.

[133] 张艳硕,刘宁,袁煜淇,等. 基于ISRSAC数字签名算法的适配器签名方案[J]. 通信学报,2023,44(3):8.

[134] 王涛,谢冬青,周洲仪. 一种新的双向认证的一次性口令系统TAOTP[J]. 计算机应用研究,2005,22(9):3.

[135] 郭佳鑫,黄晓芳,徐蕾,等. 基于FIDO协议的双向动态口令认证方案[J]. 计算机工程与设计,2017,38(11):6.

[136] 赵宗渠. 基于格的两方口令认证密钥交换协议[J]. 重庆邮电大学学报:自然科学版,2019,31(6):9.

[137] 于昇. 可分发密钥的双向口令认证方案[J]. 计算机工程与设计,2009(23):4.

[138] 姜明富,孙剑. 云计算环境下一次性口令身份认证系统设计[J]. 科技通报,2017,33(10):5.

[139] 余卿斐,杨晓元,周宣武,等. 基于ECC的远程用户智能卡认证方案[J]. 计算机工程,2009,35(5):142-143.

[140] 邓栗,王晓峰. 基于双线性对的智能卡口令认证改进方案[J]. 计算机工程,2010,36(18):3.

[141] 洪璇,王鹏飞. 基于口令和智能卡的认证与密钥协商协议[J]. 计算机系统应用,2021,30(11):298-303.

[142] 赵广强,凌捷. 两个基于智能卡口令认证方案的改进[J]. 计算机应用与软件,2015,32(5):5.

[143] 丁士明,刘连忠,陆震. 一种基于USB-Key的身份认证协议[J]. 计算机技术与发展,2005,15(10):3.

[144] 于江,苏锦海,张永福. 基于USB-Key的强口令认证方案设计与分析[J]. 计算机应用,2011,31(2):3.

[145] 杨霞,刘志伟,雷航. 基于TrustZone的指纹识别安全技术研究与实现[J]. 计算机科学,2016,43(7):7.

[146] 王崇文,李见为,周宏文,等. 指纹识别系统的设计与实现[J]. 计算机应用,2001,21(12):3.

[147] 解梅,佟异. 基于脊线采样的指纹识别算法[J]. 电子学报,2003,31(10):3.

[148] 张翠平,苏光大. 人脸识别技术综述[J]. 中国图像图形学报:A辑,2000(11):10.

[149] 张溪瑨,王晓丽. 人脸识别技术与应用的风险及治理研究[J]. 科学学研究,2023,41(3):9.

[150] 贺怀清,闫建青,惠康华. 基于深度残差网络的轻量级人脸识别方法[J]. 计算机应用,2022,42(7):2030-2036.

[151] 刘建伟,石文昌,李建华,等. 网络空间安全导论[M]. 北京:清华大学出版社,2020.

[152] 张焕国,毛少武,吴万青,等. 量子计算复杂性理论综述[J]. 计算机学报,2016,39(12):2403-2428.

[153] WU W Q, ZHANG H G, MAO S W, et al. A Public Key Cryptosystem Based on Data Complexity under Quantum Environment [J]. SCIENCE CHINA Information Science, 2015, 58(11): 1-11.

[154] 王小云,刘明洁. 格密码学研究[J]. 密码学报,2014,1(1):13-27.

[155] 周福才,徐剑. 格理论与密码学[M]. 北京:科学出版社,2013.

[156] ODED R. On Lattices, Learning with Errors, Random Linear Codes, and Cryptography [J]. J. ACM, 2009, 56(6): 1-40.

[157] WANG C, ZHANG H G, LIU L L, Evolutionary Cryptography Theory based Generating Method for Secure Kobtliz EC and It's Improvement by HMM [J]. SCIENCE CHINA: Information Sciences, April 2012, 55(4): 911-920.

[158] WANG C, ZHANG H G, LIU L L, Koblitz Elliptic Curves Generating Based on Evolutionary

Cryptography Theory and Verifying Parameters Recommended by NIST [J]. China Communications,2011,8(7),41-49.

[159] 张焕国,毋国庆,覃中平,等.一种新型安全计算机[J].第一届中国可信计算与信息安全学术会议论文集:武汉大学学报(理学版),2004,50(1):1-6.

[160] 张焕国,刘玉珍,余发江,等.一种新型嵌入式安全模块[J].第一届中国可信计算与信息安全学术会议论文集:武汉大学学报(理学版),2004,50(1):7-11.

图书资源支持

感谢您一直以来对清华版图书的支持和爱护。为了配合本书的使用，本书提供配套的资源，有需求的读者请扫描下方的“书圈”微信公众号二维码，在图书专区下载，也可以拨打电话或发送电子邮件咨询。

如果您在使用本书的过程中遇到了什么问题，或者有相关图书出版计划，也请您发邮件告诉我们，以便我们更好地为您服务。

我们的联系方式：

清华大学出版社计算机与信息分社网站：https://www.shuimushuhui.com/

地　　址：北京市海淀区双清路学研大厦 A 座 714

邮　　编：100084

电　　话：010-83470236　010-83470237

客服邮箱：2301891038@qq.com

QQ：2301891038（请写明您的单位和姓名）

资源下载：关注公众号“书圈”下载配套资源。

资源下载、样书申请

书圈

图书案例

清华计算机学堂

观看课程直播